Leslie McDevitt

Stressfrei ins Hundeleben

Das Welpenprogramm

Titel der amerikanischen Originalausgabe:
Control Unleashed. The Puppy Program
Erschienen bei Clean Run Productions LLC, South Hadley, MA 0107 www.cleanrun.com
Übersetzt aus dem Amerikanischen von Christine Dosdall und Dr. Jeanette Ludwig

www.kynos-verlag.de

Bildnachweis:
Lynne Brubaker Photography, INC.: S. 20–26, 34–35, 62–67, 145–147, 157–159, 163 oben, 164–168, 172–173, 175–178, 188–195, 203, 208 unten, 209–212, 219, 220 oben, 224–227, 243, 275–277;
Clean Run: S. 75, 109–113, 130–131, 163 unten, 170, 208 oben, 216–218, 220 unten, 221;
Mitch Grabert: S. 126;
Diane Lewis Photography: Titelbild, S. 18, 28–33, 38–61, 69–73, 77–104, 116–124, 133–144,154–156, 162, 169, 174, 184, 199, 215, 223, 231–236, 240–242, 254–273;
Natalia Kostikova S. 152, 206, 239

Gedruckt in Lettland

ISBN: 978-3-95464-090-4

Mit dem Kauf dieses Buches unterstützen Sie die
Kynos Stiftung Hunde helfen Menschen
www.kynos-stiftung.de

Inhaltsverzeichnis

Über die Autorin ... 11
Dank ... 11
Vorwort ... 12
Stressfrei – Ein Name ist Programm ... 15
Einleitung ... 16

Teil 1: Überblick ... 19

Was ist »Stressfrei – Welpenprogramm«? ... 20
  Agilitytraining und Aufmerksamkeitstraining sind zwei Paar Schuhe ... 21
  Schlüsselkonzepte des Stressfrei-Welpenprogramms ... 22
  Was tun wir wann? ... 24
Lernen Sie Ihren Welpen kennen ... 28
  Späterer Sporthund vs. »normaler« Hund ... 28
  Alle guten Sporthunde müssen erst lernen, ein guter Welpe zu sein ... 29
  Versuchen Sie keine Quadratur des Kreises ... 30
Fokus: Eine neue Perspektive ... 33

Teil 2: Voraussetzungen ... 39

Reaktivität kann man vorbeugen ... 40
  Was ist »Reaktivität«? ... 42
  Warnsignale ... 44
  Bleiben Sie immer unter der Reizschwelle ... 48
Bevor Sie anfangen ... 51
  Setzen Sie Ihren Welpen nicht unter Druck! ... 52
Das Premack-Prinzip ... 56
  Premacks Rolle bei den Stressfrei-Spielen ... 59
Die Macht des Freizeichens ... 61
  »Bleib« und »Frei«, »Komm« und »Lauf« ... 62
  Das normale Abbruchverhalten nutzen ... 65
  Beispiel für eine Trainingsstunde: Speedy lernt zu warten ... 67
Auszeiten ... 69
  Auszeit vs. Freizeit ... 70
Leslies Rezept für den Umgang mit Futter ... 73
  Futter als Verstärkung beim Turnierwelpen ... 74
  Wer wartet, bekommt gute Sachen ... 74

Verstärkung klug einsetzen: Druck und Premack....77
Kontrolle vs. Kooperation....92
Ihr Welpe bekommt sein Leckerchen und darf es auch fressen!....94
Eine Belohnung sollte den Welpen belohnen!....95
Lernen Sie, darüber zu lachen....99
Aufmerksamkeit ist auch nur ein Verhalten....100
Betrachten Sie »Aufmerksamkeit« und »Fokus« emotionsloser....103
Bestätigungsuchendes Verhalten....104
Wissen Sie, was gerade vor sich geht?....106
Sind Sie das Problem?....107
Targetarbeit....109
Lehren Sie ein Target-Verhalten....111

Teil 3: Schlüsselkonzepte....115

Standardverhalten....116
Wie formt man ein Standardverhalten?....117
Standardverhalten zur Selbstkontrolle....118
Verfügbarkeit....121
Biofeedback....124
Luftholen....125
Dr. Overalls Entspannungsprotokoll....128
Shaping....130
Integratives Training....133
Energiesparen....138
Das Beißschwellen-Training....141
Übergänge....144
Aktivitäten mit passiver und aktiver Aufmerksamkeit....147
Lernen Sie, Ihren Welpen zu lesen....148
Bereiten Sie sich auf das Lesen des Welpen vor....150

Teil IV: Spiele und Übungen....155

Umorientieren....156
»Lass es«....162
Aber wann sage ich »Lass es«?....166
Die Blitzwendung....169
»Guck mal da«!....174
»Guck mal da« – angeboten vs. auf Signal....179
Nutzen Sie die Umgebung....181
Arbeit auf der Decke....184
Decken-Geschichten....185

Die vier Schritte der Deckenarbeit ... 188
Die Geschichte eines Deckenprofis ... 195
Ausschalt-Spiele ... 199
Das »Mach mal Pause«-Spiel ... 206
Das »Mach mal Pause«-Spiel zur Orientierung zum Hundeführer nutzen: Die Aufmerksamkeitsvariante ... 207
Das »Frei« lehren ... 207
Fokus und Trieb für komplexere Aufgaben aufbauen: Die Stuhlvariante ... 210
Wann können Sie vom Stuhl aufstehen? ... 212
Die Aufmerksamkeitsvariante als Aufwärmübung für die Stuhlvariante ... 213
Die Stuhlvariante für Abläufe nutzen ... 213
Und wenn mein Welpe den Fokus vor seinem Freizeichen verliert? ... 213
Und wenn mein Welpe nicht aufhört, mich zu fokussieren und mich nicht alleine lässt? ... 214
Parallel-Spiele ... 215
Parallel-Spiele: Der nächste Schritt ... 220
Arbeit in der Box ... 223
Welpen-Pingpong ... 231
Beobachte Deinen abgelenkten Hundeführer ... 236

Teil 5: Schlussfolgerungen ... 241

Welpenführung in der Übungsstunde und auf Turnieren ... 242
Begrüßen oder nicht begrüßen, das ist hier die Frage: Stellen Sie Ihren Welpen in einer Übungsstunde oder auf dem Turnier vor ... 245
Was ist das Gegenmittel für das »Zwanzig-Fernseher-Syndrom«? ... 250
Das »Mach mal Pause«-Spiel nutzen, um Aufmerksamkeit in der Turnierumgebung zu bekommen ... 253
Erregung ist nicht Trieb ... 254
Das Gesamtbild gehört immer dazu ... 257
Wie finden Sie den richtigen Agilitylehrer? ... 258
Ihr Welpe verdient ein maßgeschneidertes Training ... 263
Leslies zwei Lieblingshilfsmittel für den Umgang mit Erstarren ... 270
Quintessenz ... 273
Testsystem ... 273
Zum guten Schluss ... 275
Literaturempfehlungen der Autorin ... 276

Über die Autorin

Leslie McDevitt, MLA, CDBC, CPDT-KA[1] ist Verhaltensberaterin für Hunde und Verfasserin des international hoch gelobten Buchs »Control Unleashed: Creating a Focused and Confident Dog«[2], das in viele Sprachen übersetzt wurde. Durch ihre Arbeit mit ängstlichen und reaktiven Hunden und ihre Erfahrungen im Hundesporttraining hat Leslie eine einzigartige Sicht auf Stressvorbeugung und –management bei Arbeitshunden. Leslie ist als einfühlsame und intuitive Lehrerin für Menschen und Hunde bekannt. Sie lebt in der Nähe von Philadelphia, USA mit vier Hunden, zwei Katzen, einem Pferd und einem sehr verständnisvollen Ehemann.

1 MLA = Master of Liberal Arts; CDBC = International Association of Animal Behavior Consultants; CPDT-KA = Certification Council for Professional Dog Trainers

2 in deutscher Sprache erschienen unter *Stressfrei über alle Hürden. Leistungsbereite Hunde durch Aufmerksamkeitstraining*. Kynos, 2012

Dank

Danke an Clean Run Productions, besonders an meine Verlegerin Pam Green – meine Superheldin und mein Rockstar.

Danke an meine Freunde beim Y2K9 Dog Sports Club, besonders an Alexa Karoulis und Jacky Judd, und an Dr. Karen Overall für ihren Enthusiasmus, ihre emotionale Unterstützung und ihren Humor.

Danke erneut an die Quicksilver Border Collies für die Jahre der Freundschaft und für meinen »Blue Boy«.

Danke an meine Schüler – Menschen und Hunde – und an meine eigenen Hunde: Sie haben meine Erfahrungen beim Entwickeln von »Control Unleashed« mit mir geteilt und versorgen mich ohne Ende mit Problemen zum Lösen, mit Erfolgen zum Freuen und mit Geschichten zum Weitererzählen.

Und danke an meinen Mann Bill – ohne Dich hätte ich es nicht geschafft.

Vorwort

Manchmal läuft es nicht so wie geplant. Ursprünglich wollte ich *Stressfrei über alle Hürden* zu Ende schreiben und redigieren und dann erst den Welpen Easy zu mir holen, damit ich seiner Aufzucht meine ganze Aufmerksamkeit widmen könnte. Wie sich dann herausstellte, arbeitete ich aber noch während Easys Welpen- und Junghundzeit an dem Buch. Zufällig war dieses Timing perfekt. Das Aufziehen von Easy noch während der letzten Arbeiten am Buch machte es möglich, dass ich meine Erklärungen weiter aufschlüsseln und verdeutlichen konnte, weil ich mir überlegte, wie man sie auf diese neue Persönlichkeit in meinem Rudel anwenden könnte. Und Easy wurde der erste Welpe, den ich mit dem Stresfrei-Programm aufzog. Dieses Stressfrei-Programm ist als strukturiertes System angelegt, das man leichter nachvollziehen kann als meinen instinktiven Weg, die Dinge anzugehen. So war es letzten Endes, gut für das Buch und gut für den Welpen.

Während ich voller Freude beobachtete, wie sich Easys Persönlichkeit entfaltete, bestätigte sich für mich eine der wichtigsten Stressfrei-Botschaften: den Hund als Individuum kennenzulernen und immer bereit zu sein, die Trainingsstruktur zu seinem Besten auf ihn einzustellen. Wie die McDevitt-Hunde vor ihm ist auch Easy eine komplexe Persönlichkeit, von der ich eine Menge lernen sollte. Ich habe Easy durch die »Easy-Brille« und nicht durch die Agilitytrainer-Brille betrachtet – ich wollte nicht wie viele andere in eine Falle tappen, die so lange versuchen, ihren Hund an ein Training oder eine Ausbildung anzupassen, bis sie nicht mehr ihren Hund, sondern nur noch das System sehen.

Einen Welpen aufzuziehen, ihm den Raum zum Wachsen zu geben und die Entwicklung seiner Persönlichkeit zu beobachten gehört zu den freudigsten Erfahrungen meines Lebens. Manchmal erlebe ich mit, wie Leute ihre zukünftigen Turnierhunde auf unausgewogene Weise erziehen. Sie denken nur daran, was ihr Turnierhund lernen muss und wann er es können soll; sie schenken diesem *Was* und *Wann* mehr Aufmerksamkeit als dem, was der Welpe ihnen durch seine Interaktionen mit ihnen und der Welt über seine Persönlichkeit mitteilt. Welpen geben uns durch ihr Verhalten ständig Informationen darüber, was im Hinblick auf unsere Erwartungen an ihre Fähigkeit die beste Trainingsstruktur und der beste Zeitplan ist. Alles, was wir tun müssen, ist zuhören.

Es gibt kein Rezept für das Aufziehen eines Turnierhundes. Jeder Welpe ist anders, und genau das ist der Punkt, an dem die Freude am Kennenlernen des Welpen und die Kunst, den Trainingsstil an ihn anzupassen, ins Spiel kommen.

Wenn Sie also einen neuen Welpen haben, den Sie für einen bestimmten Sport (oder eine bestimmte Aufgabe) erziehen möchten, und wenn die Erziehung eines »Sporthundes« Sie unter Druck setzen, tun Sie sich und Ihrem Welpen einen Gefallen – entspannen Sie sich! Holen Sie tief Luft, schauen Sie Ihren Welpen an und sehen Sie, wie wunderbar er ist. Legen Sie Ihr Trainingstagebuch für eine Weile beiseite und genießen Sie einen Spaziergang im Wald. Beobachten Sie ihn, wie er einen Schmetterling jagt. Er wird nicht lange Welpe bleiben.

Dieses Buch soll Ihnen Starthilfe für das Aufziehen und Training eines Welpen geben, der Ihr Partner werden soll, sei es als Turnierhund, als Servicehund oder als Arbeitshund für eine andere Aufgabe. Dieser Prozess sollte so ausbalanciert sein, dass Ihr Welpe Welpe sein kann und Sie unterstützen, damit Sie sich auf den Aufbau einer Bindung konzentrieren können und auf das Vertrauen, das entsteht, wenn Sie verstehen lernen, was Ihr Teamgefährte Ihnen über seine Bedürfnisse erzählt. Versuchen Sie nicht, ihn in eine Trainingsmethodik zu drängen, die von Ihnen selbst Anpassungen verlangt, bevor der Welpe dafür bereit ist (auch dann nicht, wenn das bei Ihrem letzten Welpen oder dem Welpen Ihres Mitschülers gut funktioniert hat!). Die Informationen kommen nicht aus einem Buch, sondern von Ihrem Welpen selbst! Aber durch die hier beschriebenen Geschichten, Beispiele und Übungen werden Sie Ideen und Motivation bekommen, wenn Sie mit Ihrem Welpen auf diese aufregende Reise gehen.

Die Konzepte und Vorschläge in diesem Buch können auch auf Hunde aus der Tierrettung angewendet werden, die wie Welpen ein unbeschriebenes Blatt sind, zumindest was das Training betrifft (natürlich nicht hinsichtlich ihrer zurückliegenden Lebenserfahrungen). Ich glaube, dass Hunde aus der Tierrettung ein zweites Leben geschenkt bekommen. Es ist so, als seien sie in ihrem neuen Zuhause wieder Welpen.

Erfreuen Sie sich an Ihrem Welpen. Ich habe es sehr genossen, Easy aufwachsen zu sehen, und denke mit einem Lächeln und mit Dankbarkeit an diese Zeit zurück. An all das Training, bei dem wir die Grundlage für unsere Arbeitsbeziehung geschaffen haben, ohne unnötigen Druck auf uns beide, und wir hatten jede einzelne Minute Spaß. Das Agility-Basistraining fühlte sich nicht anders als unsere alltäglichen Interaktionen an – immer ging es um den Aufbau eines Dialogs, in dem wir uns darüber austauschten, was wir beide brauchen und wie wir es am besten bekommen konnten. Und es ging um den Spaß, den wir beim Lernen dieser neuen Sprache hatten. Wir waren von Anfang an so großartige Partner und so ineinander vertieft, dass unser Lehrer in der ersten Welpen-Agilitystunde vorschlug: »Nehmt Euch ein Zimmer.«

Jedes Mal, wenn ich merkte, dass meine Erwartungen zu groß wurden oder ich in eine Konkurenzsituation geriet und Easys Fortschritte mit denen seiner Wurfgeschwister verglich, bin ich drei Schritte zurückgegangen, habe mit der formalen Ausbildung ein paar Tage Pause gemacht und bin mit ihm in den Wald statt in die Hundeschule gegangen. Ich habe das Versprechen abgelegt, dass meine eigene starke Persönlichkeit oder mein Ehrgeiz den Wachstumsprozess meines Welpen nicht beeinflussen oder irgendeinen Druck auf unsere aufblühende Beziehung ausüben dürfen. Ich habe mir von Easy den Weg zeigen lassen und mit Freude der Entfaltung seiner Persönlichkeit zugesehen. Diese Art der Aufgaben, die ich ihm stellte und wie ich ihm diese präsentierte entschied ich danach, was er selbst jeweils anbot.

Das ist es, was ich unter ko-kreativem Welpentraining verstehe: Sie gehen einen Vertrag ein, in dem sich beide verpflichten, aufeinander zu hören, den anderen dafür zu schätzen, wer er ist – mit all seinen Macken – und die Bedürfnisse aufeinander abzustimmen. (Und nicht eine Beziehung zu haben, in der immer der Mensch das Sagen hat, ohne den natürlichen Fluss und Austausch von Informationen, der sich ergibt, wenn auch der Welpe zum Menschen »spricht«). Eine ko-kreative Beziehung mit dem Welpen einzugehen hat seinen ganz besonderen Zauber.

Leslie McDevitt

Stressfrei – Ein Name ist Programm

Der Originaltitel des amerikanischen Buchs, *Control Unleashed*, übersetzt so viel wie *Kontrolle ohne Leine*, ist gleichzeitig auch ein in den USA von der Autorin und Urheberin rechtlich geschützter Begriff für die gleichnamige Trainingsmethode. Sie spricht deshalb auch im Buch immer wieder von der »Control Unleashed-Methode« bzw. abgekürzt vom »CU-Programm, dem »CU-Trainer« und so weiter. Der besseren Lesbarkeit wegen haben wir uns entschieden, eine passende Entsprechung im Deutschen zu finden und haben uns hierzu für den Begriff *Stressfrei* entschieden, der also nicht nur Buchtitel ist, sondern auch das gleichnamige Trainingsprogramm bezeichnet.

Einleitung

Stressfrei über alle Hürden. Leistungsbereite Hunde durch Aufmerksamkeitstraining wurde als Buch zur Problemlösung geschrieben. Es soll Hundeführern mit erwachsenen Hunden helfen, die während des Hundesporttrainings oder im Parcours Probleme haben. Es beschreibt mein Basis-Aufmerksamkeitstraining und die Konzepte, die ihm zugrunde liegen.

Dieses Buch ist anders. *Stressfrei ins Hundeleben - Das Welpenprogramm* versteht sich als »Präventivmedizin« für Menschen, die einen Welpen aufziehen. Die meisten Verhaltensprobleme, mit denen Leute zu mir kommen, wenn etwas schiefgegangen ist, können vermieden oder verringert werden, wenn man von Anfang an mit dem Welpen ein gutes Basistraining absolviert. Darüber hinaus soll dieses Buch ein Programm bieten, mit dessen Hilfe ein Welpe auf ein sportspezifisches Training vorbereitet ist, wenn er das geeignete Alter erreicht hat. Ein Welpe, der sich konzentrieren kann – auf was Sie wollen, so lange Sie es wollen und wann Sie es wollen.

Wenn Sie Ihrem Welpen eine neue Fähigkeit beibringen, lernt er nicht nur diese Fähigkeit selbst, *sondern er lernt auch, wie man diese Fähigkeit lernt.* Zum erfolgreichen Lernen gehört natürlich auch das Lernen von Aufmerksamkeit. Es ist absolut richtig, dass Welpen beim Einüben jedes beliebigen Verhaltens lernen können, aufmerksam zu sein, wenn das Training geschickt ist. Ich habe allerdings bei vielen erwachsenen Hunden meiner Stressfrei-Kurse gesehen, dass ihnen dieser Aufmerksamkeits-Teil im Training gefehlt hat. Viele spezifische Verhaltensweisen, die sie gelernt haben, wie Bei-Fuß-gehen oder Slalom, funktionieren nicht bei Ablenkungen. Hinzu kommt, dass es für einen abgelenkten Hund viel schwieriger ist, ein Verhalten zu generalisieren.

Es gibt eine Vielzahl wunderbarer Hilfsmittel für Menschen, die sich wünschen, mit ihrem Welpen später Agility oder einen anderen Sport zu betreiben. *Stressfrei ins Hundeleben - Das Welpenprogramm* versteht sich als Teil eines stufenweisen Vorgehens, um Welpen für einen Turniersport vorzubereiten. Was ich hier vorstelle, ist der Aufmerksamkeits-Part Ihres Welpen-Erziehungsprogramms.

»Aufmerksam zu sein« ist eine eigenständige Fähigkeit, und sie zu lehren, sollte getrennt vom Lernen komplexerer Verhaltensweisen erfolgen. Ohne Aufmerksamkeit werden Sie mit dem Trainieren all dieser vielen anderen Verhaltensweisen nicht so weit kommen, wie Sie möchten. Daher ist es klug, Aufmerksamkeit als »Basiskompetenz« zu lehren.

Das »Aufmerksamkeits-Set« setzt sich zusammen aus:

- Unterscheidungsfähigkeit
- Fähigkeit zur Selbstkontrolle (auch die »Lass es«-Fähigkeit genannt)
- Fähigkeit zur Erregungskontrolle

Die Unterscheidungsfähigkeit ermöglicht es dem Hund, sich auf etwas Bestimmtes in einer Umgebung mit Millionen von Reizen zu konzentrieren. Sie sagt ihm, dass er sich auf etwas konzentrieren soll und was dieses Etwas ist. Man kann auch sagen, es geht um die Unterscheidung zwischen Konzentration auf den Hundeführer und Konzentration auf das Hindernis, wobei Hindernisse nicht nur als Hürde im Agility zu verstehen sind, sondern als alles, was in der Umgebung von Ihnen ablenkt.

Die andere Seite der Medaille ist die Fähigkeit zur Selbstkontrolle oder das »Lass es«. Während wir unserem Welpen vermitteln, worauf er sich konzentrieren soll, lehren wir ihn auch, was er ignorieren oder lassen soll.

Ihr Welpe muss auch die Fähigkeit zur Erregungskontrolle lernen, d. h. sich so weit zu beruhigen, dass er klar denken kann, wenn er aufgeregt ist. Er muss ruhig genug sein, um mit Ihnen arbeiten zu können und andere interessante Dinge ignorieren. Dies ist der Schnittpunkt zwischen Entspannung und Aufmerksamkeit. Im Gegensatz hierzu muss er für das Sporttraining lernen, wegen etwas, was für ihn nicht wertvoll ist, in positive Spannung zu geraten. Dies ist der Schnittpunkt zwischen Motivation und Aufmerksamkeit.

Teil 1: Überblick

1 Was ist »Stressfrei – Welpenprogramm«?

Viele neigen dazu, das Basistraining mit ihren Welpen schnell hinter sich zu bringen, damit sie endlich das tun können, »was Spaß macht«: Agilitykurse und -turniere. Aber wenn Sie einen Welpen haben, macht doch alles Spaß!

Mit dem Aufmerksamkeitstraining sollte man sofort beginnen, denn ohne eine gute Konzentration wird Ihr Agilityhund, Obediencehund oder Servicehund nicht sehr weit kommen. Während der altersgerechten Basisarbeit wie Übungen zur Körperwahrnehmung, Spielen auf Wackelbrettern, Rückwärtslaufen usw. können Sie an der Aufmerksamkeit arbeiten. Wenn sich dann die Wachstumsfugen Ihres Welpen geschlossen haben und er mit der Arbeit an Hindernissen beginnen kann, wird er auch unangeleint absolut zuverlässig sein, auch wenn andere Hunde um ihn herumrennen. Wenn das

Aufmerksamkeitstraining einmal abgeschlossen ist, können Sie Ihre ganze Energie in die sportspezifische Arbeit einbringen anstatt zu versuchen, alles auf einmal zu schaffen.

Viele Menschen versuchen, ihrem Hund erst dann Aufmerksamkeit und das Arbeiten ohne Leine beizubringen, wenn sie schon in einem Agility- oder anderen sportspezifischen Kurs sind. Gleichzeitig versuchen sie, ihrem Hund einen Sport beizubringen, mit dem sie vielleicht selbst zum ersten Mal zu tun haben.

Agilitytraining und Aufmerksamkeitstraining sind zwei Paar Schuhe

Es lernen nicht alle Hunde gleich. Aber man kann schon bei acht Wochen alten Welpen mit dem Aufmerksamkeitstraining und dem Üben ohne Leine anfangen. Es gibt keine Entschuldigung, wenn sie nicht gelernt haben, erfolgreich jeder Ablenkung zu widerstehen, *bevor* sie mit der Agilityausbildung beginnen. Wenn dies jeder beherzigen würde, müsste ich nie mehr Geschichten über Hunde hören, die sich in Agilitystunden und auf Turnieren absetzen und lieber anderen Hunden hinterherjagen.

Dieses Buch soll Sie ermutigen, das Konzept der Aufmerksamkeit als zwei Seiten einer Medaille zu betrachten: Aufmerksamkeit ist sowohl das Ergebnis einer guten Arbeitsbeziehung als auch ein Bündel verschiedener orientierender Verhaltensweisen, die unabhängig von Rasse und Persönlichkeit des Hundes trainiert und verstärkt werden können. Ein guter Ausbilder kann einen Welpen sehr schnell Aufmerksamkeit lehren, ohne dass vorher eine Beziehung zu ihm bestand. Das ist der Grund, warum der Trainer in der Welpenschule Ihren Quälgeist wie durch Zauberhand in einen Musterschüler verwandeln kann.

Die Basisfähigkeiten für das Aufmerksamkeitstraining fallen alle unter die Kategorie »Lass es«. Man kann sie auch der Kategorie Selbstkontrolle zuordnen. Ich sage meinen Schülern immer, dass wir beim »Lass es«-Training den Hunden das Konzept der Verfügbarkeit beibringen. Dies beginnt mit einer simplen Botschaft wie beispielsweise: »Das Leckerchen auf dem Boden ist nicht verfügbar. Aber wenn Du bei mir bleibst und es ignorierst, wird das Leckerchen in meiner Tasche verfügbar.«

Dies kann man zu einer noch viel umfangreicheren Botschaft ausbauen: »Das Kind, das am Parcoursrand mit einem Hot Dog wedelt, ist nicht verfügbar (weder das Kind noch der Hot Dog). Aber wenn Du den Parcours geschafft hast, werden die Leckerchen in unserem Zelt verfügbar.« Ohne Konzept, welche Ressourcen in der Umgebung verfügbar sind und welche nicht – und das basierend auf Ihren Hinweisen – wird Ihr Hund nicht den Grad an Selbstkontrolle erreichen, den wir alle anstreben.

Schlüsselkonzepte des Stressfrei-Welpenprogramms

Das Fundament des Stressfrei-Welpenprogramms besteht aus einer Reihe von Schlüsselkonzepten, die in den folgenden Kapiteln im Detail erläutert werden:

- Standardverhalten
- Verfügbarkeit
- Biofeedback
- Premack
- Shaping
- Integratives Training
- Energiesparen
- Beißschwellen-Modell
- Übergänge

Die Schlüsselkonzepte werden durch folgende Spiele / Übungen unterstützt:

Blitzwendung / Reorientieren: Diese Übung basiert auf Wiederholungen zur Konditionierung des Muskelgedächtnisses. Hierdurch lernt Ihr Welpe, beim Klang seines Namens sofort von seiner aktuellen Beschäftigung oder Absicht abzulassen und seinen Kopf in Ihre Richtung zu drehen, d. h. sich zu Ihnen zu orientieren. Ich verwende den Begriff »reorientieren« in diesem Buch auch, um die Bewegung des Kopfes zurück in Ihre Richtung, weg von allem anderen, zu beschreiben. Im Unterschied zur Blitzwendung erfolgt dieses Reorientieren auf Signal (es ist eine konditionierte Reaktion auf den Namen des Hundes), und der Hund muss irre schnell reagieren – schnell wie der Blitz.

Das »Guck mal da«-Spiel: Dieses Spiel beseitigt Konflikte aus dem Aufmerksamkeitstraining. Sie sagen Ihrem Welpen nicht: »Guck nicht das Ding an, guck mich an«, sondern Sie bilden eine Verhaltenskette, bei der der Welpe auf Signal zu einer Ablenkung schaut und sich dann sofort zu Ihnen orientiert. Den ablenkenden Gegenstand für Sie zu »finden«, wird die Motivation des Welpen ändern: statt sich weiter selbst den Gegenstand anschauen zu wollen, möchte er nun lieber *Sie* darauf aufmerksam machen und dafür seinen »Finderlohn« kassieren.

»Lass es« (konditioniertes Vermeiden nicht verfügbarer Ressourcen): Dieses alte Hilfsmittel finde ich für *jeden* Hund unerlässlich, auch wenn es nur darum geht, den Platz auf der Couch vor dem Fernsehen zu räumen. Der Welpe lernt, eine nicht verfügbare Ressource durch Wegschauen oder Weggehen zu ignorieren und sich stattdessen zu Ihnen zu orientieren. Manche Trainer denken, wenn der Rückruf gut klappt, sei der Hund bereit für die Arbeit ohne Leine. Aber der Rückruf wird ohne ein gutes »Lass es« nicht zuverlässig funktionieren. Es wird der Tag kommen, an dem Sie Ihren Hund von irgendetwas wegrufen möchten, von dem er einfach nicht lassen kann! Ein sorgfältig aufgebauter Rückruf entsteht auf dem Fundament des Lass es-Trainings, weil *Sie* zur Quelle der verfügbaren Ressource werden. Und wenn Sie nicht die Nummer Eins Ihres Welpen sind, wird er lernen, dass Sie ihm nur seine Ressourcen wegnehmen wollen.

Deckenarbeit: Die Arbeit mit der Decke oder Matte erfüllt eine Reihe von Funktionen. Sie erleichtert eine entspannte Reaktion auf aufregende oder furchteinflößende Dinge in der Umgebung; sie gibt dem Welpen einen speziellen Aufenthaltsort und eine spezielle Aufgabe in einer ablenkenden oder überwältigenden Umgebung; sie bietet einen »sicheren Ort«, während der Welpe lernt, Menschen und Hunde zu ignorieren, die sich ihm nähern und aufregende Dinge tun. Die Decke kann auch als »Reset-Taste« fungieren: Der Welpe kann nach einer reaktiven Handlung zur Decke zurückkehren und von vorn anfangen, wenn er verwirrt, frustriert oder übererregt ist oder wenn er einfach eine Pause braucht, um sich wieder sammeln zu können. Sie ist auch eine großartige »Reset-Taste« für *Sie* selbst. Wenn Sie meinen, dass Ihr Welpe eine Übung nicht richtig versteht und Sie nachdenken müssen, lassen Sie ihn eine Pause auf der Decke machen. Sie gewinnen dadurch Zeit, die Dinge in Ihrem Kopf zu ordnen, ohne den Druck, jetzt sofort eine Lösung finden zu müssen.

Das Ausschalt-Spiel: Dieses Spiel hat den Zweck, Ihren Welpen bis zu einem bestimmten Grad zu stimulieren und ihn dann dafür zu belohnen, dass er allein zurück zum Normalzustand findet. Der Welpe lernt, dass er sich die gewünschte Ressource verdienen kann (in diesem Fall die Fortsetzung der stimulierenden Aktivität), indem er sich beruhigt. Die grundlegenden Lass es-Regeln zur Verfügbarkeit gelten auch hier, weil der Zugang zur stimulierenden Aktivität nicht verfügbar ist, bis der Welpe sich beruhigt hat.

Arbeit in der Box: Wir nutzen die Box (ein Viereck aus Absperrgittern oder anderen Barrieren) als Umgebung, in der wir den Welpen in Babyschritten Versuchungen und Herausforderungen aussetzen können. Wir stellen bei jedem Schritt sicher, dass sich der Welpe glücklich auf uns konzentrieren kann, bevor wir die Aufgabe im folgenden Schritt steigern.

Parallelspiele: Sobald Ihr Welpe die Grundlagen der Arbeit in der Box beherrscht, können Sie die Anforderungen steigern, indem Sie andere Hunde hinzunehmen, die herumrennen, über Agilityhindernisse springen oder sich mit irgendetwas anderem beschäftigen. Lehren Sie Ihren Welpen, sich unangeleint auf seine Aufgabe zu fokussieren, völlig egal, was um ihn herum vor sich geht.

Das »Mach mal Pause«-Spiel: Einer meiner Favoriten! Dieses Spiel kann angewendet werden, um den Fokus auf den Hundeführer oder auf eine spezielle Aktivität aufzubauen. Die ungewöhnlichste Anwendung fand dieses Spiel bei Rottweiler Dugan. Der geprüfte Leichensuchhund wurde zu mir gebracht, weil er im Job gestresst war und abschaltete. Ich setze das »Mach mal Pause-Spiel« ein, um Dugan wieder für seinen Job zu begeistern, indem wir in meinem Hof Leichenteile in Plastikdosen versteckten – ja, Sie haben richtig gelesen!

Das Pingpong-Welpenspiel: Dieses Spiel lehrt einen Welpen, einen Gegenstand, der ihn verunsichert oder ängstigt (den »Trigger«), in eine Struktur einzubauen, die sein Vertrauen und seinen Mut fördert. In diesem Fall wirkt die Befreiung von dem sozialen Druck in der Nähe des Triggers auf den Welpen als Verstärker. Es kann auch verwendet werden, um den Fokus auf den Hundeführer zu richten, wenn der Welpe durch irgendetwas in seiner Umgebung aufgeregt oder abgelenkt wird, beispielsweise andere Hunde beim Agility oder ein rennender Mensch.

»Beobachte Deinen abgelenkten Menschen«: Dieses Spiel hat mir mein Border Collie beigebracht, während wir am Agilityparcours auf unseren Einsatz warteten. Es lehrt Ihren Welpen, dass er auch dafür belohnt werden kann, den Fokus auf Sie zu richten, wenn *Sie* durch die Umgebung total abgelenkt sind.

Was tun wir wann?

Wenn ich einen etwa acht Wochen alten Welpen zu mir nach Hause hole, beginne ich sofort damit, ihm Einiges aus dem Stressfrei-Programm beizubringen. Es dauert nur hier und da ein paar Minuten:

Standardverhalten: Welpen lernen begeistert das Standardverhalten. Es wird die Grundlage dafür, dass sie verstehen: Mit meinem eigenen Verhalten kann ich das Verhaten meines Menschen beeinflussen.

Freizeichen: Ich benutze das Standardverhalten, um dem Welpen ein Freizeichen beizubringen. Zunächst belohne ich ihn in seiner Standardposition und sage »okay«, wenn ich ihn auffordere, diese Position zu verlassen. In diesem Kontext bedeutet das Freizeichen auch: »Belohnungen sind nicht mehr verfügbar, Du darfst gehen, wohin Du willst.«

Sitz / Bleib / Platz-Training

Blitzwendung: Großartige Übung für das Erkennen des eigenen Namens und den Rückruf.

Targetarbeit: Ich beginne mit einem einfachen Handtarget und gehe über zu einem

Das Handtarget können schon acht Wochen alte Welpen lernen.

freistehenden Target oder Kegel. Der Welpe lernt das Shaping kennen, während ich ihn von mir weg lotse und zur Interaktion mit einem Objekt führe. Dann shape ich den Welpen auf eine Decke: sehr lustig!

Erste »Lass es«-Schritte: Ich unterrichte das Verfügbarkeitskonzept mithilfe des »Doggie Zen« (siehe Kapitel 24) und nach ein paar Wochen fahre ich mit der »Belohnung auf dem Boden« fort. Danach kann man rasch damit anfangen, das Generalisieren auf Spielzeuge zu üben.

Lass ein Zerrspielzeug fallen: Ich tausche es entweder gegen Leckerchen oder stehe nur still da, halte das Spielzeug in Hüfthöhe und warte, bis der Welpe von allein loslässt. Sobald er dies tut, fordere ich ihn auf, es sich wieder zu nehmen.

Hinlegen für eine Massage, TTouch oder Kuscheln

Problemlösung: Während der ersten Monate achte ich sehr auf eine abwechslungsreiche Umgebung. Ich ermutige den Welpen mit interaktivem Spielzeug, z. B. Kongs, zu spielen und fördere seine Problemlösungsfähigkeiten durch Lernpuzzlespiele z. B. »Brick« von Nina Ottoson. Ich shape ihn auch mit dem Clicker und verwende Requisiten wie Kartons, um das »Rein« und »Raus« zu shapen.

Leinenführigkeit: Ich arbeite auch am Laufen an lockerer Leine. Zusammen mit dem Leinenspiel ist dies die Vorbereitung für die Arbeit in der Box. Gleichzeitig mit dem Gehen an lockerer Leine lernt der Welpe auch, sich zu lösen, während er angeleint ist.

Ich bin nicht sehr dafür, dem Welpen zunächst Signale beizubringen, sondern konzentriere mich darauf, ihm ein Feedback auf angebotene Verhaltensweisen zu geben: Wir nennen das in der Clickersprache »Verhalten einfangen«. In anderen Worten: Wenn sich mein Welpe von allein vor mich hinsetzt oder -legt, lobe und / oder belohne ich ihn dafür. Er wird es immer wieder versuchen, um zu sehen, ob er mich auf diese Weise zum Bezahlen bringen kann. Ich verwende kein Signalwort für dieses Verhalten, bis der Welpe es zuverlässig und häufig anbietet. Wenn ich dann sehe, dass der Welpe

Der Welpe lernt, ein Zerrspielzeug fallen zu lassen, wenn Sie es gegen ein Leckerchen eintauschen.

im Begriff ist, das Verhalten zu zeigen, ist es eine Kleinigkeit, kurz davor das Wort »Sitz« oder »Platz« auszusprechen.

Jeder Welpe hat sein eigenes Lerntempo und sein eigenes Durchhaltevermögen. Daher richte ich mich nicht nach einem strengen Schema für bestimmte Entwicklungsperioden. Ich bin eine Trainerin, die tut, was »sich richtig anfühlt«, und fordere meine Schüler auf, ihre Wünsche und Erwartungen an die mentale und emotionale Entwicklung ihres Welpen anzupassen. Mein Ziel ist es, die Menschen zu lehren, ihre Welpen gut genug zu verstehen, damit sie das richtige Material zur richtigen Zeit bereitstellen können.

Einige Welpen werden den ganzen Lernstoff, den ich schon beschrieben habe, wie ein Schwamm aufsaugen, während sie noch wie ein flauschiges pummeliges Meerschweinchen aussehen. Andere Welpen brauchen viel mehr Zeit, um jeden einzelnen Schritt zu lernen. Für sie muss man vielleicht das »Mach mal Pause«-Spiel frühzeitig einführen, damit ihre Trainingseinheiten durch Pausen strukturiert werden. Dies kann solche Welpen vor Überforderung und Frustration schützen. Oder es kann sinnvoll sein, mindestens eine der drei »natürlichen Verhaltensweisen« (Kapitel 7) in die Trainingszeit zu integrieren.

Wenn Sie Ihren Trainingsplan erstellen, werden Sie wahrscheinlich neben der Persönlichkeit des Welpen an die Neigungen seiner Rasse und – falls bekannt – die Neigungen seiner Eltern und anderer Verwandter denken. Lassen Sie sich den Blick auf Ihren Welpen nicht durch bestimmte Rasseeigenschaften versperren, behandeln Sie ihn zuerst als Individuum. Tappen Sie nicht in die Falle: »Mein letzter Hund der Rasse xy hat es so gemacht und dieser muss es genauso machen.« Sie hätten es schon in der Grundschule gehasst, wenn Ihr Lehrer Sie ständig mit Ihrer großen Schwester verglichen hätte.

Kommt Ihr Welpe ins jugendliche Alter, sollte er mit dem hier beschriebenen Training auf einem guten Weg sein. Wenn die Pubertät beginnt, kann es nötig sein, sein Aufmerksamkeitstraining zu wiederholen oder zu verbessern. Aber der frühzeitige Beginn des Aufmerksamkeitstrainings wird Sie davor bewahren, sich allzu sehr die Haare raufen zu müssen, wenn Sie mit Ihrem Teenager die Agility-Anfängerkurse besuchen! Ich bin sicher, dass er zu diesem Zeitpunkt auch mit dem altersgerechten Basistraining eines anderen Hundesports Ihrer Wahl gut zurechtkommen wird.

Meine letzten Welpen haben ihre Begleithundeprüfungen schon im Alter von sechs oder sieben Monaten bestanden, und ich konnte sie zur gleichen Zeit frei zuhause herumlaufen lassen, während ich außer Haus war (Ich sage nicht, dass Sie dies auch tun sollten, bevor Ihr Welpe wirklich bereit dafür ist). Die soziale Reife setzt irgendwann zwischen dem zweiten und dritten Lebensjahr ein, bei manchen scheint dies allerdings nie zu passieren.

Entwickelt sich ihr Hündchen vom Welpen zum Junghund, vom Halbwüchsigen zum Erwachsenen, müssen Sie vielleicht einige Schritte des Aufmerksamkeitstrainings in diesem Buch wiederholen. Es kann passieren, dass Sie denken, jetzt hat Ihr Welpe alles geschafft. Dann kommt der Zeitpunkt, an dem Ihr Teenager das erste Mal eine läufige Hündin sieht und Sie anschaut, als wollte er sagen: »Stressfrei? Ohne Leine? Habe ich noch nie gehört!« Er kann sich beim Aufmerksamkeitstraining in der Hundeschule wie ein Profi geben und bei seinem ersten Turnier wie ein unbeholfener Welpe dastehen. Hormone, Lebenserfahrung und Umgebung – all das beeinflusst sein Verhalten.

Mit dem Programm dieses Buchs als Grundlage werden Sie es in den Übergangsphasen des Wachsens und Lernens viel leichter haben. Sie werden klarere Vorstellungen davon haben, wie Sie Ihren Hund an sein Training »erinnern« können, wenn er es unter bestimmten Umständen vergisst. Wer die Chance verpasst, diese Verhaltensweisen von Anfang an zu lernen, wird in der Regel später dafür bezahlen müssen – aber dafür sind Sie ja viel zu clever!

2 Lernen Sie Ihren Welpen kennen

Es gibt eine Fülle guter Ressourcen für Menschen, die einen Wurf zukünftiger Sporthunde im Hinblick auf Temperament, Begabung und Struktur beurteilen wollen.

Wenn Sie sich einen Welpen ausgesucht haben, verbringen Sie soviel Zeit wie möglich mit ihm, bevor Sie ihn nach Hause holen. Oft zeigen sich von Anfang an kleine Tendenzen, die Rückschlüsse auf spätere Persönlichkeitszüge und Verhaltensweisen erlauben. Natürlich können Sie dies auch später zuhause tun. Das Wichtigste ist ein Bewusstsein für die Eigenarten und Tendenzen Ihres Welpen, damit Sie Ihre Trainingspläne so maßschneidern, dass sie auf jedem Schritt seines Weges am besten zu ihm passen.

Späterer Sporthund vs. »normaler« Hund

Als ich meinen ersten Rassehund, den Belgischen Tervueren Rumor, anschaffte, hatte ich Turniere im Kopf. Er war der erste Welpe, nachdem ich professionelle Trainerin geworden war, und ich wollte mit ihm etwas beweisen. Ich habe Ru's Geschichte in *Stress-*

frei über alle Hürden beschrieben, aber die Kurzversion ist, dass ich ihn wegen meiner eigenen Erwartungen und Ziele als Welpe unfair behandelt habe. Als er eineinhalb Jahre alt war, musste ich erfahren, dass er an einer degenerativen Wirbelsäulenerkrankung litt und einiges, was ich von ihm verlangt hatte, einfach nicht ausführen konnte. Ich hatte viel zuviel Zeit damit verbracht, frustriert zu sein, als mich darüber zu freuen, wer er war. Wenn Sie Ihren Welpen als »Turnierwelpen« und nicht als normalen Welpen ansehen, üben Sie möglicherweise zuviel Druck auf sich selbst und Ihren Welpen aus, und es kann auch Ihre Perspektive aus dem Gleichgewicht bringen.

Es gibt Leute, die sich nahezu zwanghaft damit beschäftigen, was ihre Sportwelpen zu einem bestimmten Zeitpunkt können müssen. Außerdem machen Sie sich Gedanken, ihr Welpe habe vielleicht zu viel Spaß bei normalen Welpenaktivitäten wie dem Spielen mit anderen Welpen. Schließlich hat ihnen ihr Trainer erzählt, der Welpe sollte nur mit ihnen Spaß haben. Die Leute nehmen immer kleinere Boxen als Aufenthaltsort für ihren Welpen, damit er irgendwann einmal ein guter Sporthund wird. Manchmal verursacht dies später Verhaltensprobleme. Und es ist nicht notwendig.

Alle guten Sporthunde müssen erst lernen, ein guter Welpe zu sein

Gute Welpen müssen sich die Pfoten schmutzig machen! Sie jagen etwas hinterher, sie spielen und sie finden draußen tolle Sachen zum Schnuppern. Nur weil sie die Nachbarskatze anbellen und das super finden, heißt das nicht, dass sie nicht später für Sie arbeiten können!

Wie bei allem geht es um das Gleichgewicht. Wir können ein Gleichgewicht erzielen: unsere Welpen im Hinblick auf ihre zukünftigen Jobs trainieren und ihnen gleichzeitig eine freudige, normale Welpenzeit erlauben. In diesem Gleichgewicht wachsen wir zu einem Team zusammen, in dem die Bedürfnisse beider Partner gestillt und beide Partner als Individuen anerkannt werden.

Es ist ein normales Verhalten bei Welpen, dass sie jagen, spielen und tolle Sachen zum Schnuppern finden.

Versuchen Sie keine Quadratur des Kreises

Für uns Menschen mit einer Leidenschaft für eine bestimmte sportliche Aktivität mit Tieren ist es eine Gratwanderung: Wir lieben die Tiere und wir lieben den Sport. Manchmal bekommen wir einen Welpen, der nicht zu unserer Leidenschaft passt.

Ich selbst komme aus dem Tierschutz, wo man die Meinung vertritt: Wenn man einen Hund zu sich nimmt, dann fürs Leben. Punkt. Allerdings habe ich viele Hunde getroffen, die mit ihren Menschen jahrelange Trainings und Turniere absolviert haben, obwohl sie für einen Sport nicht geeignet waren. Diese Hunde würden einen großen Seufzer der Erleichterung ausstoßen, wenn sie mit jemandem leben könnten, der einfach nur mit ihnen spazierengehen möchte. Ich kenne Hunde, die zwei bis drei Mal in der Woche in Agilitygruppen und an den meisten Wochenenden auf Turniere gehen, aber die ganze Zeit gestresst sind. Sie »müssen da durch« und sie tun es, weil man es von ihnen verlangt. Diese Hunde gehören Menschen, die sich keinen anderen, besser geeigneten Hund zulegen können und die nicht bereit sind, ihre Träume zum Wohle des Hundes, den sie haben, aufzugeben. Diese Leute sind in ihrem Sport sehr passioniert und opfern unglaublich viel Zeit und Geld für die Motivierung ihres Hundes.

Manche Hunde haben behandlungsbedürftige Ängste; Motivation ist hier weder das Problem noch die Lösung. Gelegentlich werden solche Hunde zu mir gebracht in der Hoffnung auf eine »Reparatur«, damit sie plötzlich gute Sporthunde werden. Es ist unmenschlich, von einem Hund mit emotionalen Problemen Aktivitäten zu verlangen, die sein Nervensystem stark belasten. Das ist das Härteste an meinem Job – solchen Leuten beizubringen, dass die emotionalen Bedürfnisse ihres Hundes nicht gestillt werden, wenn der Besitzer in eine wie auch immer geartete Reparatur investiert.

Über gemeinsame Freunde habe ich eine Frau kennengelernt, die einen Border Collie aus dem lokalen Tierheim übernommen hat. Sie war darauf fixiert, nur ausgewachsene Hunde aufzunehmen, aber auch darauf, mit all ihren Hunden an Agility- und Flyballturnieren teilzunehmen. Die Border Collie-Hündin, die sie sich ausgesucht hatte, war für beide Sportarten ein schlechter Kandidat. Sie war schnell gestresst und brauchte eine Menge Training, um mit der Umgebung, in der diese Sportarten ausgeübt werden, zurechtzukommen ohne gegenüber Menschen und anderen Hunden reaktiv zu werden. Sie schaltete rasch ab und brauchte viel Motivationstraining, um zu lernen, den Sport zu mögen. Auch musste sie lernen, in potenziell beängstigenden Situationen ihre Reizschwelle zu regulieren anstatt auf Menschen loszugehen und kopflos zu bellen, und sie brauchte Unmengen an Aufmerksamkeitstraining, weil sie sehr leicht ablenkbar war. Nicht jeder Border Collie ist ein guter Sporthund, nur weil er zufällig ein Border Collie ist. Ich wette, ihre ersten Besitzer kamen mit ihrer Reaktivität nicht zurecht, und das war der Grund, warum sie im Tierheim landete. Sie war ein Hund, der Verhaltensmotivationen brauchte und kein Sporttraining in der Erwartung sie würde, ihrer Rasse wegen alles schnell lernen. Während ich dies schreibe, denke ich an einige andere Border Collies, die fast die gleiche Geschichte erzählen könnten. Die erwähnte Besitzerin engagierte sich sehr im Training ihrer Hündin. Sie nahm Stunden bei Turniersportlern mit großen Namen, besuchte jedes Agilityseminar und nahm unglaubliche Mühen auf sich. Ihr Border Collie wurde auch besser, aber es lief nie »wie am Schnürchen«, so wie es sich die Besitzerin vorgestellt hatte. Die Hündin würde ihr Leben lang Training benötigen, um nicht in Reaktivität und Probleme mit ihrer Reizschwelle zurückzufallen.

Wieviel Zeit soll man in das Training eines Hundes für einen Sport investieren, bevor man einsieht, dass für den Hund eine andere Aktivität besser wäre? Unsere Border Collie-Besitzerin fand schließlich heraus, dass ihre Hündin das Hüten liebte. Bei der Arbeit mit Schafen war sie ein ganz anderer Hund. Ich freute mich, dass die Besitzerin ihren Hund nun als freudiges, geerdetes und hochkonzentriertes Wesen kennenlernte – ein riesiger Unterschied zu dem reaktiven Hund, an den sie gewöhnt war.

Manchmal lassen die Menschen den Hund seinen Sport auswählen; sie sind nicht auf einen speziellen Sport festgelegt und möchten nur irgendeine strukturierte Aktivität gemeinsam mit ihrem Hund ausüben. Die Border Collie-Besitzerin fuhr leider damit fort, Unmengen an Trainingsstunden zu nehmen, um mit ihrer Hündin an Agilityturnieren teilnehmen zu können und verfolgte die Hütearbeit nicht weiter. Einige von uns, ich eingeschlossen, werden süchtig nach einem bestimmten Sport. Aber das heißt nicht, dass unsere Hunde vertraglich verpflichtet sind, auch nach diesem Sport süchtig zu werden. Irgendwann müssen wir die Balance finden: Ihnen Leistung abverlangen und sie so zu lassen, wie sie sind. Ich liebe Menschen, die ihre Hunde den Sport wählen lassen.

Das Wichtigste aber ist, bei unseren Ansprüchen an unsere Turnierhunde fair und menschlich zu bleiben. Wir dürfen nicht erwarten, dass Hunde, die nicht für unseren Sport geeignet sind, ihre Natur verändern, nur weil uns dies besser passt. Als ich meinen Border Collie-Welpen Chill kaufte, musste ich meine alten Ideale aufgeben, einen Hund sein Leben lang behalten zu wollen. Ich habe schnell gemerkt, dass er wegen seines Temperaments nicht der richtige Partner für mich war (nicht nur als Turnier- und Vorführhund, sondern auch als Haushund). Ich gab ihn dem Züchter zurück und er kam in eine ländliche Umgebung zu einem Hobbyschäfer; dies war genau das Zuhause, dass ich mir für ihn gewünscht hatte. Nachdem ich über Monate eine Bindung zu ihm aufgebaut und mit ihm gearbeitet hatte, brach es mir das Herz, ihn abzugeben, obwohl ich wusste, dass es für uns beide die richtige Entscheidung war.

Die Erfahrung mit Chill war so schlimm für mich, dass ich beim nächsten Hund nach ihm, dem Mischling Snap, entschlossen war, diesen für immer zu behalten, auch wenn er für den Rest seines Lebens auf dem Sofa sitzen würde statt der Sportpartner zu werden, nachdem ich verzweifelt gesucht hatte. Sie müssen bereit sein, Ihre Erwartungen und Ziele zu ändern, wenn Sie eine lebenslange Verpflichtung für einen potenziellen Sporthund eingehen.

Im besten Fall bekommen wir Hunde, die sich für unseren Sport gut eignen und ihn ebenso lieben wie wir. Ich hoffe, dass wir alle das Glück erleben, diesen perfekten Partner zu finden.

3 Fokus: Eine neue Perspektive

Ihr Welpe weiß schon, wie man sich fokussiert. Sie werden jetzt sicher lachen, aber es stimmt! Frisst Ihr Welpe sein Frühstück aus seinem Napf, bis nichts mehr da ist? Orientiert er sich aus der Entfernung zu Ihnen und rennt auf Sie zu, um Sie zu begrüßen? Beobachtet er ein flitzendes Eichhörnchen, ein Spielzeug, das durch die Luft fliegt oder auf dem Boden hin- und herbewegt wird? Jede Aktivität Ihres Welpen, die nicht nach Multitasking aussieht, erfordert von ihm, sich auf etwas Bestimmtes zu fokussieren. Wenn Sie Welpen beim gemeinsamen Spielen beobachten, können Sie sehen, wie gut sie sich auf ihr Spiel fokussieren.

Unsere Aufgabe als Lehrer ist es, eine Umgebung zu schaffen, die die natürliche Fähigkeit zum Fokussieren beim Welpen zum Vorschein bringt.

Wenn wir Fokus so betrachten, sind wir eher in Einklang mit der Trainingssituation, die wir aufbauen, und in Einklang mit unseren Welpen. Wenn unser Welpe sich nicht genauso gut auf das Training konzentriert wie auf die Kinder, die auf der Wiese vor dem Fenster spielen – warum ist das so? Beobachten Sie Ihren Welpen bei der aufmerksamen Beschäftigung mit irgendetwas. Wenn er mit einem anderen Hund spielt, wiederholen die beiden die gleiche Bewegung oder ändern sie sie? Ist ihr Verhalten

Lernen Sie, Ihren Welpen zu lesen. Beobachten Sie ihn beim Spielen mit anderen Hunden und sehen, wie sie miteinander kommunizieren.

flüssig oder stagnierend? Geben Sie dem Anderen »Pausen« durch Wegschauen, zeitweises Wegdrehen, Weggehen und anschließendes Zurückkommen? Lesen sie das Verhalten des Anderen und kommunizieren, ob sie mehr oder rauer spielen oder eine Pause machen wollen? Sie spielen nicht gut miteinander, wenn sie nicht gut kommunizieren.

Wenn wir nicht lernen, unsere Welpen gut zu lesen, werden wir auch nicht hören, was sie uns darüber erzählen, wie effektiv die von uns für sie gewählte Trainingsstruktur ist. Statt sich einen festen Trainingsablauf vorzunehmen (»Ich habe 20 Minuten, bis ich zur Arbeit muss, also üben wir 20 Minuten das Einfädeln in den Slalom«), ist es besser, sich vom Welpen erzählen zu lassen, wie er die Informationen am besten verarbeiten kann (z. B. »Er scheint nach 10 Minuten Einfädeln abzuschalten, also werde ich beim nächsten Mal 5 Minuten trainieren und nach einem kleinen Spaziergang noch einmal 5 Minuten.«)

Viele Aufmerksamkeitsprobleme, die ich beheben soll, beruhen darauf, dass der Hundeführer beim Versuch, ein zufällig gewähltes, starres Trainingsschema einzuhalten, zu viel Druck auf den Hund ausübt.

Wenn Ihr Welpe ein »Fokusproblem« hat, ist es sinnvoll, einen Schritt zurückzugehen, sich die Umgebung und die Trainingssituation anzuschauen und über Veränderungen nachzudenken. Wenn er Ihnen zwei Minuten Aufmerksamkeit schenken kann und dann fünf Minuten Ballspielen, Herumschnuppern oder einfach eine Pause mit seinem Knochen braucht, bevor er wieder aufmerksam sein kann: Prima. Ich weiß nicht, wie oft ich schon Hunde gesehen habe, die vom Training fast ausgebrannt waren. Besonders wenn der Hund sensibel oder jung ist, kann die Trainingsarbeit, die wir fordern, ohne integrierte Pausen schnell zuviel werden.

Betrachten Sie den Fokus eher als eine Fähigkeit, die Ihr Hund hat, und weniger als etwas, das Ihr Hund lernen muss. Ihr Job sollte es sein, eine Lernumgebung zu schaffen, in der sich die Fähigkeit Ihres Hundes zum Fokussieren frei entfalten kann. Wenn der Welpe nicht aufmerksam oder nicht lange genug aufmerksam ist, nehmen Sie dies als Information für eine Änderung des Trainings. Wenn Leute ihren Welpen zum »Schau mich an« oder Fokustraining drillen, ohne dass der Welpe durch Schnuppern oder Herumrennen Druck abbauen kann, tun sie weder sich noch dem Hund einen Gefallen. Sie können sich darauf vorbereiten, ein Leben lang anhören zu müssen, dass sie nicht interessant genug sind, weil ihr Welpe abgelenkt ist.

Ein »Schnuppergang« eignet sich hervorragend als Trainingspause für den Hund. Wenn Sie anhaltende Aufmerksamkeit gefordert haben, müssen Sie ihn anschließend vom Druck entlasten.

Wenn Sie lernen, Ihrem Welpen zuzuhören, können Sie ihm auch eine Trainingsstruktur anbieten, die bei ihm funktioniert. Braucht er Pausen oder einen Rundumblick, um Erregung oder Stress abzubauen, oder braucht er einen Gang oder ein Spiel? Das ist okay, weil Sie eine Trainingsstruktur bilden können, die den Zugang zu diesen Aktivitäten als Teil der Belohnung für die Aufmerksamkeit Ihres Welpen nutzt.

Ruby, der schnuppernde Schnauzer

Ich arbeite zur Zeit mit der etwa 18 Monate alten Zwergschnauzerhündin Ruby. Sie ging zu wöchentlichen Obedience- und Agility-Übungsstunden zur Turniervorbereitung. Ruby war sehr reaktiv gegenüber ihrer Umgebung und zeigte große soziale Angst bei ihren Interaktionen mit Menschen. In den Übungsstunden schaltete sie regelmäßig ab, um sich eine Pause zu nehmen; die Trainer empfahlen der Hundeführerin, jedes Mal, wenn Ruby am Boden schnüffelte, eine »Halsbandkorrektur« vorzunehmen. Wenn Ruby abgeleint wurde, rannte sie fort und schnüffelte in einiger Entfernung. Die Hundeführerin ging von der Theorie aus, dass Schnauzer »willig« sind und gerne schnuppern, und Ruby »ließ sie stehen«, sobald sie sich nicht mehr auf den Obedience-Drill konzentrierte. Bei der Beobachtung von Ruby merkte ich, dass bei vielen Triggern ihr Angstpegel dramatisch anstieg; ihr Schnuppern diente dem Stressabbau. Jedes Mal, wenn etwas Unvorhergesehenes passierte (eine Person kam herein oder ging hinaus, ein Geräusch auf dem Trainingsplatz; ich stand auf, wenn ich vorher gesessen hatte, oder umgekehrt), bellte Ruby reaktiv und schnüffelte auf dem Boden. Aber das Bellen und Schnuppern waren nicht das Problem. Das Problem hieß Angst, und statt Ruby ihre natürlichen stresserleichternden Aktivitäten zu verbieten, ignorierte ich das Bellen und Schnuppern und lehrte sie mithilfe einiger desensibilisierender Spiele, ihre Angst abzubauen.

Das Bellen und Schnuppern hörte ohne direkte Einflussnahme auf, und Ruby fokussierte sich sehr auf mich. Sie folgte mir unangeleint auf dem Trainingsgelände, während ich Leckerchen auf den Boden warf, damit sie Abstand zu mir bekam. Sie holte sich die Leckerchen und rannte zu mir zurück. Ich setzte das »Mach mal Pause«-Spiel ein, um den Druck von ihr zu nehmen, und baute hierdurch ein Muster auf, dass sie ermutigte, zu wählen: mit mir zu interagieren oder aber den sozialen Druck wieder auf sich zu nehmen.

Sie rannte auch während des Trainings mit ihrer Hundeführerin weg in die »sichere Zone« zu deren Ehemann. Dieser war aus den Kursen verbannt worden, weil er eine Ablenkung darstellte. Der Welpe fühlte sich auf Herrchens Schoß am wohlsten. Herrchen durfte ihr keine Leckerchen geben, weil Ruby Frauchen »als Führer« akzeptieren sollte und nur sie sollte die guten Sachen für sie haben.

Ich zeigte, wie der Zugang zu Herrchen die Aufmerksamkeit auf Frauchen steigern könnte. Rubys Problem drehte sich nicht um eine theoretische Phantasie-Hierarchie, sondern es ging um Angst, die weder erkannt noch ernstgenommen wurde. Ich trainierte mit ihr folgendes Muster: Wenn sie ihren Namen hörte, reagierte sie mit einer Blitzwendung (Kapitel 25) und ich rannte mit ihr zu Herrchen, der sie streichelte. Nachdem wir drei Mal zu Herrchen gelaufen waren, wendete sich Ruby ohne Interaktion von ihm ab und sah mich an, bereit für mehr. Ich konnte sie nicht dazu bringen, ihm Aufmerksamkeit zu widmen. Es hatte eine strikte Trennung stattgefunden zwischen der Angst, nicht bei Herrchen sein zu dürfen, wenn er im gleichen Raum war, und der »Nicht-Verfügbarkeit« von Herrchen, weil sie arbeitete. Ihn als Teil des Verstärkungsprozesses zu benutzen, war alles, was sie brauchte, um sich auf ihre Arbeit zu fokussieren.

Herrchen aus dem Bild zu entfernen, war für Ruby keine Hilfe, weil er ihre Angst verringerte. Sie fühlte sich auf seinem Schoß besser als an jedem anderen Ort auf dem Trainingsgelände; daher habe ich sie in den Pausen und während ich mit Frauchen sprach, auf Herrchens Schoß gelassen. Früher hatte die Hundeführerin sie niemals auf

Herrchens Schoß geduldet, weil sie glaubte, dass dies ihre Führerschaft in Frage stellen würde. Sie war auch durch einen Trainer angewiesen worden, sie niemals auf den Arm zu nehmen, um sie nicht zu verhätscheln. Speziell diesen Hund auf den Arm zu nehmen war aber tatsächlich eine gute Idee. Es beruhigte sie und half ihr dabei, mit dem Panikbellen bei Veränderungen in ihrer Umgebung aufzuhören.

Ruby hatte jede Woche Übungsstunden besucht, in denen sie reaktiv bellte, wenn sie sich ängstlich fühlte. Ihr waren keine Strategien zu deren Bewältigung beigebracht worden, noch wurde ihr eine Selbstberuhigung erlaubt. Denn wenn sie dies durch Schnuppern versuchte, wurde sie korrigiert (ich benutze das Wort »korrigiert« im Sinne des traditionellen Gehorsamkeitstrainings, d. h. sie wurde verbal oder körperlich gemaßregelt, oder beides). Sie hätte sich zwischen den Übungen sicher auf dem Schoß oder auf dem Arm besser gefühlt, aber sie musste auf dem Boden bleiben. In einer der Gruppen war sie von einem Jack Russell Terrier attackiert worden und hatte vor den anderen Hunden in dieser Gruppe Angst. Ihre Hundeführerin hatte oft Aussagen gehört wie: »Du bist nicht interessant genug, deshalb haut sie vor Dir ab, um zu schnuppern« und »Du bist kein Hundeführer, sie respektiert Dich nicht«. In der Zwischenzeit hatte Ruby in diesen Gruppen sehr viel Angst aufgebaut, und ich halte es für ein Wunder, dass sie überhaupt irgendetwas von den Gehorsamkeitsübungen gelernt hat. Ihre Beschwichtigungssignale wie Lippenlecken und Schütteln, während sie den Kommandos gehorchte, hätten die Hundeführerin warnen können, aber niemand hatte dieses Verhalten als Beschwichtigungssignale erkannt.

Ich empfahl Rubys Hundeführerin, die Obedience-Klassen zu verlassen und auf Agility-Einzelstunden umzusteigen, bis wir der Meinung waren, dass sie für eine Rückkehr in die Gruppen bereit war. Niemand hört gerne, dass er die Gruppen verlassen soll, aber manchmal ist es wirklich notwendig.

Nach dem Erkennen von Rubys Angst und dem Aufbau einer Trainingsstruktur, die ihr den Druck nahm und ihre natürliche Fähigkeit zum Fokussieren zum Vorschein brachte, wurde sie sehr schnell aufmerksam gegenüber seiner Hundeführerin. Ihr Bellen und Schnuppern waren nur Nebeneffekte und nicht das eigentliche Problem. Nach unserer ersten Stunde bekam ich eine Email von der Hundeführerin: Sie wendete das »Mach mal Pause«-Spiel an und Ruby absolvierte in den Einzelstunden glücklich ihre Agility-Sequenzen. Sie schenkte Frauchen auch ohne Leine volle Aufmerksamkeit (sogar mit Herrchen im gleichen Raum!). Die Agilitytrainerin fand, dass sie sich schon deutlich verbessert hatte.

Ruby hatte Glück, eine Hundeführerin zu haben, die offen dafür war, die Dinge aus einer neuen Perspektive zu betrachten. Sie hatte die Herausforderung des Paradigmenwechsels, vor die ich sie gestellt hatte, angenommen, was letztlich sowohl für die Hundeführerin als auch für Ruby eine enorme Erleichterung bedeutete.

Teil 2:
Voraussetzungen

4 Reaktivität kann man vorbeugen

Wenn Sie die Persönlichkeit und die Eigenarten Ihres Welpen kennenlernen, können Sie Ihren Trainingsplan seinen Bedürfnissen anpassen. Ich habe viele Welpen gesehen, die gegenüber Menschen scheu waren und sich bei Geräuschen oder plötzlichen Bewegungen erschraken, deren Besitzer sich im Taining aber nur um die spätere Trainingsleistung kümmerten. Ironischerweise haben diese Hunde als Erwachsene aber natürlich Probleme damit, in Wettkämpfen Leistung zu zeigen, weil sie ständig auf ihre Umgebung achten. Dies hätte man von Anfang an vermeiden können.

Einige meiner Schüler waren frustriert über ihre erwachsenen reaktiven Hunde, weil sie meinen, dass sie sie eigentlich als Welpen gut sozialisiert hätten. Erstens hatten einige Hunde das Pech, ein Trauma zu erleiden oder eine Veranlagung zu Ängstlichkeit zu haben, trotz aller guten Absichten. Zweitens: Glauben Sie nicht, Ihr Welpe sei »gut sozialisiert«, weil Sie ihn zu vielen Shows mitgenommen und sichergestellt haben, dass er Menschen und Hunde trifft. Wie waren seinen Erfahrungen auf diesen Shows? Was hat Ihnen seine Körpersprache gesagt? Sagte sie, er hatte eine tolle Zeit und Sie müssen sich keine weiteren Gedanken machen? Sagte sie, dass er ein bisschen Zeit zum

Warmwerden braucht, bevor Sie ihn herumführen? Sagte sie, dass er das auf dem Stuhl sitzende Kind gut findet, aber nicht das Kind, das herumrennt? Sah er ein bisschen bedrückt aus, weil er überfordert war und eine Pause ohne Reize brauchte? Wollte er zu bestimmten Hunden, zu anderen aber nicht (und was sagte deren Körpersprache)?

Für mich ist bei der Sozialisierung Qualität wichtiger als Quantität. Es geht darum, den Welpen zu lehren, dass angemessenes soziales Verhalten selbstbelohnend ist. Und dass es Spaß macht, nette Menschen zu treffen, mit netten Hunden zu spielen und nette neue Plätze kennenzulernen. Der Schutz meiner Welpen geht mir über alles. Ich will sicherstellen, dass sie die *bestmöglichen* Erfahrungen mit Menschen, Hunden, Orten und Dingen machen, besonders während der alles entscheidenden ersten drei Lebensmonate. Hierzu gehört, die Körpersprache des Welpen zu lesen und die soziale Situation so anzupassen, dass der Welpe eine gute Erfahrung machen kann.

Als Easy noch klein war, hatte er große Angst vor Leuten, die ihn anstarrten oder die auf dem Weg auf ihn zugingen, um ihn zu streicheln. Ihn im Namen der Sozialisierung zum Kontakt mit diesen Leuten zu zwingen, hätte für ihn traumatisch sein können. Anstelle dessen lernte er, dass es besser ist, mit mir ein Spiel zu spielen, als Angst zu haben, wenn sich Fremde plötzlich nähern. Zur selben Zeit lernte er das Signal »sag hallo«, und ich schickte ihn zu Leuten, von denen ich wusste, dass sie einen »Draht« zu ihm haben würden. Später konnte ich dieses Signal verwenden, um ihm zu helfen, das soziale Verhalten auch auf solche Menschen zu generalisieren, deren Ausstrahlung nicht so attraktiv war.

Ich hatte auch Kunden, die ihre Welpen während der Sozialisierungsphase versehentlich sensibilisiert hatten, indem sie zuviel Druck ausübten. Wir haben alle schon von Hunden gehört, die als Welpen von älteren Hunden überrannt wurden und dadurch vor Hunden Angst bekamen. Wenn Sie Ihren Welpen in eine überfordernde Umgebung mitnehmen oder ihn der falschen Person vorstellen (wie dem wohlmeinendem Nachbarn, der dem Welpen beim Anspringen sein Knie in die Brust rammt), können Sie ähnlichen Schaden anrichten.

Hören Sie Ihrem Welpen zu: Bei wieviel sozialem Druck fühlt er sich wohl? Einige Welpen, wie dieser junge Collie, freuen sich über direkte Interaktionen mit Fremden; andere würden sie beängstigend finden.

Im Teenageralter werden die Reaktionen der Hunde intensiver. Manche werden reaktiv gegenüber Dingen, denen sie in jüngerem Alter eher zaghaft begegnet wären. Ich habe viele Besitzer reaktiver Hunde über deren Verhalten als Welpe befragt und genug Hunde von Schülern und Freunden beim Heranwachsen beobachtet, um zu wissen, dass die meisten Menschen bei ihrem Welpen keine Anzeichen dafür bemerkt haben, wie er sich in der Pubertät und als sozial reifer Hund verhalten würde.

Ich denke an eine neue Schülerin, die einen jungen Hund aus der Aussie-Hilfe bekommen hatte. Dieser war so reaktiv gegenüber anderen Hunden, dass Spaziergänge für sie zum Alptraum geworden waren (eine sehr typische Schülerin für mich!). Sie erzählte mir, wie frustriert und verwirrt sie war: Auf der Pflegestelle hatte man ihr gesagt, der Hund sei in einem Aussie-Rudel gehalten worden, ohne reaktiv zu sein, und man habe ihr versichert, es würde keine Probleme mit anderen Hunden geben. Natürlich kann ein Hund sich mit anderen Hunden im Haushalt vertragen oder sie sogar lieben, aber trotzdem gegenüber fremden Hunden entsetzlich reaktiv sein. Aber ich glaubte nicht, dass das die ganze Wahrheit war. Aufgrund meiner Erfahrung nahm ich an, dass es bei dem Aussie auch schon in seiner Pflegestelle Warnzeichen gegeben hatte.

Bei genauem Nachfragen erfuhr ich, dass der gerettete Aussie Interaktionen mit anderen Hunden vermieden hatte und als »zaghaft« und »schüchtern« beschrieben wurde. Es war kein Hund, der fröhlich mit anderen gespielt hatte, und beim Wechsel seines Zuhauses dann plötzlich seine Persönlichkeit änderte. Es war ein Hund, der sein Unbehagen gegenüber anderen Hunden auf der Pflegestelle durch die Strategie gezeigt hatte, die in der dortigen Umgebung für ihn am besten funktionierte. Nun zeigte er das gleiche Unbehagen durch eine andere Strategie in einer anderen Umgebung. Die Gemeinsamkeit war seine Angst.

Was ist »Reaktivität«?

In *Stressfrei über alle Hürden* habe ich geschrieben: »Reaktivität ist eine Suche nach Informationen. Ein reaktiver Hund rennt bei Unsicherheit auf etwas oder jemanden zu, bellt, zerrt, knurrt und macht ein großes Theater. Manche empfinden das reaktive Verhalten als Aggression, aber ein reaktiver Hund hat nicht die Absicht, anzugreifen: Er versucht, das Ausmaß der Bedrohung auszuloten. Seine Strategie zur Risikoabschätzung fällt sehr intensiv aus, weil eine reichliche Adrenalinausschüttung Panik auslöst. Wenn der reaktive Hund lernt, sich in einer gegebenen Situation sicher zu fühlen, wird er sich weniger beunruhigen und daher weniger reagieren.

Hauptsächlich helfen einem reaktiven Hund diese drei Strategien:

- »Flucht« aus der als Bedrohung empfundenen Situation
- Die Information, dass die bedrohliche Situation gar nicht bedrohlich ist.

- Die Erkenntnis, dass er sein eigenes (ruhiges) Verhalten dazu benutzen kann, um die Situation erträglicher zu machen. Welpen, die nach dem Stressfrei-Programm aufgezogen wurden, sind mit dem Wissen ausgerüstet, wie man das macht.

Noch einmal: Reaktivität entsteht aus Unsicherheit, und dies gilt auch für soziales Meideverhalten (z. B. ein Welpe, der zurückspringt oder hinter Ihnen läuft oder sich duckt, wenn ein wohlgesonnener Fremder die Hand zum Streicheln ausstreckt). Wenn Ihr Welpe sich bei einer sozialen Interaktion unsicher fühlt, helfen wir ihm dabei, sich sicher zu fühlen und zu vertrauen. Wenn er Informationen über die Welt braucht, liegt es an uns zu lernen, wie wir sie ihm geben können.

Der neutrale Briard

Ich erinnere mich an den Briard-Welpen einer Bekannten, die nicht meine Schülerin war. Als ich der Hündin das erste Mal begegnete, war sie vier Monate alt. Sie erlaubte mir, sie zu streicheln, und lief nicht weg oder tat irgendetwas Dramatisches. Aber der Welpe verhielt sich mir gegenüber sehr »neutral« und gleichgültig, so, als ob er nicht anwesend wäre. Augenkontakt beeindruckte die Hündin nicht übermäßig, und sie zeigte keine Reaktionen, die irgendjemanden veranlasst hätten, sie als gestresst oder ängstlich zu bezeichnen. Aber sie war nicht interaktiv.

Ich sah sie an diesem Tag noch bei der Begegnung mit einigen anderen Menschen und beobachtete, dass sie sehr wenig kontaktfreudig war – so etwas macht mir immer Sorgen.

Gerne hätte ich Zeit mit diesem Welpen verbracht, um ihn zu lehren, Targetspiele mit Menschen zu spielen, und viel Wert auf Interaktionen mit Menschen gelegt. Aber der Welpe ging in viele Kurse und lernte eine Menge zur Sportvorbereitung. Niemand schien die fehlende Kontaktfähigkeit zu Menschen zu bemerken. Etwa zur gleichen Zeit begann die Kleine, ihre Umgebung – speziell Hunde in Bewegung – intensiver zu beobachten. Dies ist ein weiterer Punkt, den ich im Stressfrei-Programm angesprochen hätte, sobald sich ein Hinweis darauf zeigte – besonders bei einer Hütehunderasse.

Später als Teenager war die Briardhündin ängstlich gegenüber Menschen, sprang zurück und knurrte sogar. Sie beobachtete ihre Umgebung wachsam und ihre Aufmerksamkeit auf andere Hunde war so ausgeprägt geworden, dass sie nicht mehr zuhören konnte, wenn sich andere Hunde in der Nähe bewegten. Die Hündin wurde ins Tierheim abgegeben, weil sie keine gute Perspektive als Sporthund aufwies. Vielleicht war dies eine gute Entscheidung, aber ich frage mich, ob die neuen Besitzer wussten, worauf sie sich einließen. Als sie abgegeben wurde, war sie wirklich anstrengend. Ich hoffe, ihre neuen Besitzer haben einen Trainer gefunden, der ihnen – zumindest bei der sozialen Angst – helfen konnte.

Es hat mich sehr frustriert, die Weiterentwicklung der Verhaltensweisen zu beobachten, gegen die ich viel früher etwas unternommen hätte, wäre ich gefragt worden. Ich erinnere mich an das Klagen der Hundeführerin, dass der Welpe auf dem Showgelände nicht zerren wollte. Auch dies war ein Indikator für sein Unbehagen. Gegen die »Antriebsschwäche« wurde ein Kopfhalfter zur besseren Kontrolle angelegt, ständige Aufmerksamkeit gefordert und überall auf dem Platz versucht, die Kleine zum Zerren zu bewegen. Der steigende Angstpegel wurde niemals angesprochen, und die großen Hoffnungen und Erwartungen der Hundeführerin bauten einen riesigen Druck auf den Welpen auf.

Warnsignale

Ich fordere Sie ausdrücklich *nicht* dazu auf, jetzt bei Ihrem Welpen zwanghaft nach Problemen zu suchen, um diese dann zu reparieren. Ich möchte mit diesem Buch viel mehr vermitteln, dass Sie eine gesunde Balance finden sollten: Was sollten Sie trainieren und was lassen, wie es ist, weil Sie Ihren Welpen als Individuum respektieren? Ich möchte nicht, dass *Sie* reaktiv werden und nach Warnsignalen suchen. Erfreuen Sie sich an Ihrem Welpen und beobachten Sie, auf welche Art und Weise er die Welt entdeckt.

Wenn Sie ein Warnsignal sehen, d. h. ein Zeichen dafür, dass Ihr Welpe Angst hat, benutzen Sie dies lediglich als Information für Ihren Trainingsplan. Hier ist eine Liste von Warnsignalen, die mir spontan einfallen:

- Hypersensitivität gegenüber Umweltgeräuschen: Wenn Ihr Welpe von Anfang an geräuschempfindlich ist, kann dies ein Zeichen dafür sein, dass er später auch auf andere Reize ängstlich reagieren wird. Die Geräuschempfindlichkeit war mit Ängsten verbunden.

- Wenig Kontaktfreude zu Menschen und Hunden: Je mehr natürliche Kontaktfreude Ihr Welpen gegenüber Anderen zeigt, desto toleranter wird er gegenüber Verhaltensweisen und Umständen sein, die bei weniger sozial motivierten Welpen eine Reaktion auslösen.

- Konstante Übertragung bei Erregung: Dies beschreibt den Welpen, der durch Bewegung, Geräusche, soziale Interaktionen und Veränderungen in der Umgebung getriggert wird und seine Erregung auf den nächsten Hund, Menschen oder Gegenstand überträgt. Zum Beispiel habe ich kürzlich mit einem acht Monate alten Hund gearbeitet, der bei jedem Anlass nach seiner Leine schnappte und zerrte: Menschen oder Hunde, die sich bewegten, ein neues Geräusch usw. Er spielte nicht, sondern zeigte eine Übertragung. Dieses Verhalten ist nicht »schlecht«, es ist nur eine Information. Wenn Sie nach Hause kommen und Ihr Welpen springt nicht an Ihnen hoch, sondern rennt los und holt sein Spielzeug – gut für ihn. *Aber wie bei den meisten Situationen sind es Frequenz und Intensität, die eventuell ein Problem erahnen lassen*. Dieser Teenager war bereits reaktiv gegenüber Fremden, die sich ihm näherten, und unter Druck sperrte er sich und schaltete ab. Die regelmäßige, intensive Übertragung auf die Leine war nur ein Symptom seiner Angst.

- Viel Vermeidungsverhalten: Verstecken hinter Frauchen, Wegschauen, Umkehren, Weggehen, wenn jemand Kontakt aufnehmen möchte.

- Informationssuchendes und beschwichtigendes Verhalten: Der Welpe leckt Sie überall ab, vokalisiert (Winseln, Bellen, Knurren), rast auf andere Menschen zu und klettert an ihnen hoch, er springt auf seinen Hundeführer zu und klettert an ihm hoch, oder er leckt als Antwort auf sozialen Druck, z. B. wenn der Trainer oder ein Bekannter sich nähert und Kontakt aufnehmen will oder etwas von ihm fordert.

- Einfrieren, wenn die Situation zu intensiv wird: Wir neigen dazu, bei den Überlebensstrategien Kämpfen / Fliehen / Einfrieren die Option »Einfrieren« zu übersehen. Wir wissen alle, wie Kampf und Flucht aussehen, aber ich sehe oft Welpen und ausgewachsene Hunde, die quasi als Reaktion auf irgendetwas (besonders beim Spaziergang auf der Straße) »einfrieren«. Sie werden aber einfach weitergezogen, weil der Hundeführer denkt, sie seien stur oder unaufmerksam.

- Langsame Erholung: Wie lange dauert es, bis Ihr Welpe wieder »normal« ist, wenn etwas bei ihm Kampf / Flucht / Einfrieren auslöst oder ihn auch nur ein bisschen beunruhigt?

- Über-Generalisierung von Angst: Ihr Welpe wird von einem Hund angebellt und reagiert darauf: Zeigt er anschließend dieselbe Reaktion jedes Mal beim Anblick eines Hundes, egal, ob dieser Hund bellt oder nicht? Ich rede nicht von einem Welpen, der von einem großen schwarzen Hund verschreckt wurde und vor dem nächsten großen schwarzen Hund Angst hat. Ich meine etwas viel Intensiveres.

- Intensive Reaktionen auf Veränderungen in der Umgebung: Wie reagiert der Welpe auf plötzliche Veränderungen in der Umgebung wie beispielsweise eine neue Person, die den Raum betritt, oder jemand, der unerwartet aufsteht?

- »Ein Büro einrichten«: Viele Hunde, die sich Sorgen machen, liegen in Ecken, manchmal unter Tischen oder sogar im Eingang, d. h. an Plätzen, von denen sie das Kommen und Gehen im Haus beobachten können. An diesen Aussichtspunkten tun die Welpen entweder so, als würden sie gar nichts bemerken, obwohl sie mit der Situation total überfordert sind (sie »flüchten in eine andere Welt«), oder sie nehmen jede Kleinigkeit zur Kenntnis, die ein Problem sein könnte.

- Damit eng verwandt: Nimmt Ihr Welpe einfach nur die Dinge wahr, die um ihn herum passieren, oder schenkt er ihnen übermäßig Beachtung?

- Sehr viele Körpersprache-Zeichen weisen auf Spannung oder einen Konflikt hin, wenn der Welpe mit der Umgebung interagiert oder zu etwas aufgefordert wird: Verhaltensweisen wie gähnen, Lippen lecken, sich kratzen oder schütteln, duftmarkieren von jedem Zentimeter eines neuen Platzes (nicht bei intakten, sozial reifen Rüden), manchmal dehnen / strecken, in den leeren Raum starren, Übertragung durch Packen und Beißen von Objekten, eine hartes Auge oder ein Auge, in dem man viel Weiß sieht.

- Ressourcenbewachendes Verhalten wie Steifwerden und Senken des Kopfes über die Ressource: Dies ist schwierig, weil Ressourcenbewachen manchmal nichts anderes ist als Ressourcenbewachen und manchmal das Symptom einer generellen Angst oder Spannung. Ich erinnere mich an den Malinois einer Freundin, der als Junghund nicht fressen konnte, wenn die anderen Hunde der Freundin (am anderen Ende eines großen Raums) fraßen. Der Welpe postierte sich über seinem eigenen Napf - völlig ignoriert von den anderen Hunden – solange die Anderen fraßen, um anschließend das eigene Futter gierig herunterzuschlingen. Wenn ich sie besuchte, bewachte er mich, indem er langsam um die Couch schlich, sobald ein anderer Hund nur daran dachte, zu mir zu kommen, um Hallo zu sagen. Er sammelte Spielzeug und Futterschüsseln, wenn Besuch kam oder viel Bewegung im Haus war und legte sich neben die Gegenstände oder schlich um sie herum. Ich wollte meine Freundin dazu bringen, sich des Problems anzunehmen und den Hund zu desensibilisieren, solange er noch jung war. Sie sah sein Verhalten aber nicht als Problem an, bis ihr Hund gegenüber den anderen wirklich aggressiv wurde. Er bewachte jedes Fleckchen auf dem Teppich, an dem Stunden zuvor ein Leckerchen gelegen hatte, und wuchs zu einem sehr ängstlichen Hund heran. Sein Ressourcenbewachen war nur eine Manifestation hiervon, eine frühe Manifestation, die mich vorgewarnt hatte.

Wenn Ihnen eine dieser Verhaltensweisen bekannt vorkommt, wenden Sie das System aus diesem Buch an: Damit haben Sie das Wekzeug, diese potenziellen Probleme mit viel weniger Stress und viel mehr Vertrauen anzugehen.

Ressourcen-Bewachen

Manche jungen Border Collies kommen mit dem Ressourcen-Bewachen gegenüber anderen Hunden im Haus davon. Sie können mit ihrem Blick andere Hunde vertreiben, und ihre Besitzer bemerken nicht, was vor sich geht. Easy hielt meine ältere Mischlingshündin Maggie von der Küche fern, wenn die Zeit für das Vorbereiten des Futters kam. Er schlich in den Bereich zwischen Küche und Wohnzimmer, sobald sich Maggie der Küche näherte. Maggie lief dann nach oben und ich wunderte mich: »Warum kommt Maggie nicht mehr in die Küche, wenn ich ihr Futter mache?« Meine anderen Hunde ignorierten Easys Verhalten, und so konzentrierte sich alles auf Maggie, die sensibel auf diesen subtilen Druck reagierte.

Nachdem ich dies bemerkt und Easy beigebracht hatte, nahe bei mir in der Küche zu bleiben anstatt sich an die Schwelle anzupirschen, entwickelte er eine andere Strategie: Er schlich vor dem Schrank im Vorraum, in dem die Leinen hängen, auf und ab. Wenn ich auf den Schrank zuging – und damit den Hunden signalisierte, sie irgendwohin mitnehmen zu wollen –, rannten sie alle in Richtung Schrank und brachten sic in Position: Jeder wollte als Erster sein Halsband. Während die anderen mir noch den Hals entgegenreckten, lief Maggie zurück zur Treppe. Ich bemerkte, dass wenn ich nur daran dachte, in Richtung Schrank zu gehen, Easy grimmig auf den Schrank blickte und dadurch Maggie veranlasste, wegzulaufen. Und er bewachte sie gründlich: Sobald Maggie auf uns zukam, stellte er sich zwischen sie und die Küche oder den Schrank und trieb sie fort.

Wenn ich Easy dies im Welpenalter weiterhin erlaubt hätte, könnte sich Maggie heute vermutlich nirgendwo im Haus mehr entspannen. Seit ich Easys Verhalten erkannt habe, mache ich all meine Schülern mit jungen Border Collies in Mehrhundehaushalten darauf aufmerksam. Viele von ihnen haben dadurch bemerkt, dass Ähnliches direkt vor ihrer Nase passierte.

Einige von uns sind sensibler als andere und einige reagieren schneller als andere. Wir sind alle Individuen, und das gilt auch für unsere Welpen. Wenn Sie denken, Ihr Welpe ist eher ein Softie oder eher der vorsichtige oder ernste Typ oder er bekommt schneller Angst als andere Welpen, dann ist das kein Problem, sondern nur ein Teil davon, wie Ihr Welpe tickt. Ein Problem ist es, wenn Sie es nicht erkennen und dann unabsichtlich alles verschlimmern.

Ich kann die Neuronen Ihres Welpen nicht erreichen und neu ordnen, und ich kann die Welt nicht so kontrollieren, dass ihm traumatische Erlebnisse erspart bleiben. Was ich aber tun kann, ist, mein Werkzeug mit Ihnen zu teilen. Wenn sich zeigt, dass Ihr

Welpe die Anlagen hat, ein Draufgänger oder ein Angsthase zu werden, können Sie die Grundlage für Problemlösungen, Entspannung, Selbstvertrauen, Flexibilität und Vertrauen aufbauen. Ihr Welpe kann sich in dem Wissen ausruhen, dass er in sicheren und verlässlichen Strukturen lebt und dass Sie »es richten« werden. Dadurch bekommt er niemals die Chance, viel Zeit mit dem Aufbau voll ausgeprägter Reaktivität zu verbringen.

Bleiben Sie immer unter der Reizschwelle

Alles, was ich hier vorschlage, sollte unterhalb der Reizschwelle geschehen (d. h. unter dem Punkt, an dem Ihr Welpe eine negative Reaktion zeigt), damit der Welpe desensibilisiert wird und Lernerfolge hat. Denken Sie beim Lesen dieses Buchs immer daran!

Dash: Der Hund in der Luftblase

Dash ist ein English Springer Spaniel, dessen Besitzerin zu mir kam, weil seine Reaktivität die Teilnahme an Agilitykursen sehr erschwerte. Seine Geschichte verdeutlicht, wie wichtig es ist, einen Sporthundewelpen auf ausgewogene Weise großzuziehen.

Dash wurde für Ausstellungen, Obedience und Agility gekauft. Seine Besitzerin Liz brachte ihn als Welpe zu einem überaus anerkannten Obedience-Trainer und erhielt einen extremen Plan für seine Erziehung. Sie sollte sich eine Luftblase um sich herum vorstellen, und Dash durfte sich nur innerhalb dieser Luftblase bewegen – er sollte sich immer nur in der Front- oder Fußposition bewegen oder sich in eine der beiden Positionen begeben. Er durfte sich nicht aus der Luftblase entfernen – nicht auch nur ein paar Schritte weg von Liz. Wenn Hunde in die Luftblase eindrangen, durfte Dash sie nicht bemerken und ert recht nicht auf sie reagieren. Er wurde mit einem Leinenruck korrigiert, wenn er von seiner Umgebung Notiz nahm und seine Aufmerksamkeit nicht auf Liz richtete. Weil er so früh lernte, dass andere Hunde Korrekturen bedeuten, entwickelte er große Angst vor ihnen und dies schränkte natürlich seine Arbeitsfähigkeit drastisch ein.

In der Pubertät eskalierte Dashs Angst in Turnier-Obediencegruppen. Es ist typisch, dass sich ängstliche und reaktive Verhaltensweisen während der turbulenten Teenagerzeit steigern. Während dieser Zeit ist es wichtig, dass der heranwachsende Turnierhund Bewältigungsstrategien lernt und Raum bekommt, um sich selbst zu finden, und nicht – wie Dash – konstanten Druck. Dash knurrte nicht nur die anderen Hunde an, sondern auch die Richter, wenn sie ihren Platz einnahmen und sich über ihn beugten.

In den Agilitygruppen stürzte sich Dash auf andere Hunde, bellte, knurrte und schnappte, wenn sie seiner Luftblase zu nahe kamen. Ein paar Mal lief ein Hund ohne Leine auf Dash zu, der immer Liz im Blick hatte und sich erschreckte, wenn der Hund plötzlich direkt hinter ihm auftauchte. Dies löste verständlicherweise eine heftige Reaktion aus. Dash durfte nicht gucken; andere Hunde in seiner Luftblase bedeuteten, dass eine Korrektur folgen würde, und er war in einem Konflikt zwischen dem Bedürfnis, den Bedrohungsgrad des »Überraschungsangriffs« auszuloten, und dem Bedürfnis, Liz zu gehorchen. Die Angst, die durch diesen Konflikt entstand, führte bei Dash zu einem Adrenalinschub und löste eine heftige Reaktion aus.

Zu der Zeit, als Liz mich aufsuchte, wusste sie, dass eine Bestrafung von Dashs Reaktivität das Problem nicht lösen würde. Sie wusste auch, dass ihre Methoden, obwohl sie in ihren Kreisen beliebt waren, für Dash nicht die richtigen waren. Sie war an einem Punkt, an dem sie nicht wusste, ob dieser Hund, in dessen Training sie soviel Zeit investiert hatte, jemals würde auf einem Turnier starten können, und sie war mehr als bereit für einen neuen Weg.

Bei unserer ersten Verabredung fiel mir am meisten der Kontrollaspekt ihrer Beziehung auf. Ich nehme die Menschen immer mit in meinen Hof und fordere sie auf, ihre Hunde abzuleinen. Es ist ein wichtiger Teil meiner Erstbeurteilung, den Hund unangeleint in meinem Hof zu beobachten. Liz marschierte mit Dash in den Hof, legte ihn mit einem Platz-Bleib ab und wir unterhielten uns 45 Minuten, ohne dass sich Dash um eine Haaresbreite bewegt hätte. Er war während der ganzen Zeit in Alarmbereitschaft, lauschte auf jedes Geräusch und suchteununterbrochen meinen Hof mit seinen Augen ab. Als ich Dashs Angstpegel ansprach und vorschlug, ihn frei laufen zu lassen, um ihn vom Druck zu entlasten, wies Liz darauf hin, dass der Hund lag und sagte, er sei entspannt. Ich antwortete ihr: »Er mag liegen, aber in seinem Kopf schreibt er den nächsten großen amerikanischen Roman über jede Einzelheit, die er in meinem Hof sieht, riecht und hört«.

Liz realisierte, wieviel Wachsamkeit Dash auf eine Welt richtete, mit der er seit seiner Welpenzeit nicht interagieren durfte. Sie fühlte sich schrecklich, weil sie Dash auf eine so strikte Weise erzogen hatte.

In den nächsten Monaten brachten wir Dash bei, sich zu entspannen, näherkommende Hunde zu akzeptieren und besser zurecht zu kommen. Dadurch ließ seine Angst nach und seine Reaktivität besserte sich so sehr, dass andere Menschen auf Turnieren Liz auf Dashs Veränderung ansprachen. Die Sorgen, die um die Luftblase kreisten, hatten sehr viel emotionale Energie verbraucht. Nun hatte Dash neue Energie, mit der er sich auf seine Arbeit konzentrieren konnte. Plötzlich war er in der Lage, in aufrechter Haltung bei Fuß zu gehen, ohne sich immer umschauen zu müssen, und bestand seine Begleithundprüfung. Auch in den Agilitygruppen machte er Fortschritte – sogar wenn Hunde auf ihn zu rannten –, weil er eine Modifikation des »Hund voraus«-Spiels gelernt hatte, die ich mir für ihn ausgedacht hatte. Hunde hinter ihm bedeuteten nun, dass er sich umdrehen und sie Liz »anzeigen« konnte, um einen Click und eine Belohnung zu verdienen. Er war nicht mehr in dem Konflikt zwischen dem Vermeiden einer Korrektur und dem Wunsch, sich ständig seiner Sicherheit zu vergewissern. Die Interaktion mit der Umgebung und das Wahrnehmen anderer Hunde waren für ihn zu einem Spiel umgedeutet worden, das er mit Liz spielen konnte.

Heute ist Dash ein MACH[3]-Hund! Er freut sich immer, mich auf Turnieren zu sehen und ist sehr beleidigt, wenn ich ihn nicht überschwänglich begrüße. Ich liebe es, das Teamwork der beiden zu beobachten und auch zu sehen, dass sie im Allgemeinen so viel entspannter sind. Endlich können sie miteinander Spaß haben.

Ich denke oft an Dashs Geschichte, weil er ein gutes Beispiel dafür ist, wie extrem die Ausbildung eines Spothundewelpen sein kann. Wir sind oft auf das zukünftige Ziel fokussiert und merken nicht, wieviel Druck wir auf den Welpen ausüben. Die Mischung aus Anlagen und Erziehung betrifft uns alle. Wenn Dash ein von Natur aus durch nichts zu erschütternder Golden Retriever gewesen wäre und aus einer Obedience-Linie abgestammt hätte, wäre er durch eine Erziehung nach der Luftblasen-Mentalität vielleicht kein reaktiver Hund geworden. Das ist für mich aber keine Entschuldigung dafür, einen Welpen unter solch harschen Bedingungen aufzuziehen. Unser hypothetischer Golden Retriever wäre sicher auch ohne solch drastische Einschränkungen seines Lebens ein guter Obedience-Hund geworden.

Dash war zu Beginn ein sensibler, vorsichtiger Hund, sodass jede Angst vor Interaktionen mit der Welt durch die spezielle Art seiner Erziehung verschlimmert wurde. Eine weitere Mahnung an uns alle, die Eigenheiten jedes Welpen kennenzulernen, unseren Erziehungsstil und unser Training an seine Persönlichkeit anzupassen und nicht in starren Denkmustern steckenzubleiben.

3 MACH = Master Agility Champion

5 Bevor Sie anfangen

Wie schon in Kapitel 2 »Lernen Sie Ihren Welpen kennen« kurz angesprochen wurde, sehen wir unseren Welpen manchmal schon als zukünftigen Sporthund, und unsere Ziele beeinflussen unseren aktuellen Blick auf ihn. Wir können eine »Eislaufmami« werden und mit einem Tunnelblick nur noch den Hund sehen, zu dem sich unser Welpe entwickeln soll. Wir möchten unsere Hunde aber nicht verheizen oder zu einem Leben verdammen, das wir aus den Medien von gedrillten Kindern im Leistungssport kennen! Der immense Druck, dem diese vor ihrer sozialen Reife ausgesetzt sind, fordert einen riesigen Tribut von ihnen, und ich sehe eine solche Entwicklung auch bei unseren Hunden.

Setzen Sie Ihren Welpen nicht unter Druck!

Das Eislaufmamisyndrom verhindert, dass wir die Persönlichkeit unseres Welpen kennenlernen. Dabei ist es ist die Persönlichkeit des Welpen, die das Training bestimmen sollte und nicht irgendein Schema in irgendeinem Buch. Viele von uns sind so auf ein Schema fixiert, dass wir Listen von grundsätzlichen Verhaltensweisen im Sport haben, die nach unserer Meinung jeder Welpe beherrschen sollte. Wir sollen unseren Welpen so unterrichten, als sei jeder Welpe gleich, anstatt uns auf unseren Welpen zu fokussieren und eine Trainingsstruktur zu finden, die optimal zu ihm passt. Wir konzentrieren uns auf die Übungen und nicht auf den Welpen.

Im Obedience für Welpen habe ich viele Ausbilder mit einer schablonenhaften Trainingsweise kennengelernt. Sie arbeiteten nach dem Schema: »Alle Hunde müssen zu Beginn diese Übungen lernen, und so bringt man sie ihnen bei.« Dabei werden die Fähigkeiten des Hundeführers für ein korrektes Ausführen der Übung und die Persönlichkeit des Hundes außer Acht gelassen. Manche Hunde vertragen mehr Druck als andere. Für manche Hunde bedeutet schon ein direkter Blick des Hundeführers zu viel sozialen Druck und sie schalten ab.

Was bedeutet es für Ihren Hund, wenn der Ausbilder gelernt hat: »Alle Hunde müssen sich in der ersten Übungsstunde auf Kommando hinlegen, und Sie bringen ihm dies auf die xyz-Weise bei«, ohne den individuellen Hund und seine Reaktion zu berücksichtigen? Ein sensibler Hund, der nicht möchte, dass ihn sein Trainer direkt ansieht, lernt daraus: Die Übungsgruppe und der Trainer sind furchterregend. Der Besitzer lässt zu, dass ihm in der Gruppe schreckliche Dinge passieren und hilft ihm nicht. Der Hund wird Angstgefühle mit der Übungsgruppe verknüpfen und schon beunruhigt sein, wenn er das nächste Mal auf den Platz kommt. Jedes Mal, wenn ihn der Trainer zum Ausführen einer Übung drängt, wird sein Unbehagen wachsen, bis ihn sein Nervensystem »einfrieren« lässt und er abschaltet und nicht mehr mitarbeiten kann.

Solche Hunde sehe ich ständig. Sie schalten ab, was auch immer man von ihnen fordert. Aus der Vorgeschichte erfahre ich dann, dass sie als Ergebnis ihrer Erfahrungen in den ersten Stunden gelernt haben, dem Trainingsdruck durch Abschalten auszuweichen.

In einem meiner Seminare traf ich einen Kurzhaarcollie, der nicht in meine Nähe kommen wollte. Mit Hilfe des »Mach mal Pause«-Spiels (Kapitel 29) brachte ich ihn dazu, die Interaktion mit mir zu *wählen*. Seine Besitzerin erzählte, die vorigen Trainer hätten den Hund immer von ihr weggenommen, um etwas mit ihm zu machen. Sein Normalverhalten wurde das Abschalten, weil er es nur auf diese Weise aushalten konnte, dass er von Frauchen entfernt wurde und dann etwas tun *musste*. Dies war zu viel für ihn und zerstörte sein Vertrauen. Für die meisten Hunde ist es völli in Ordnung, wenn der Trainer sie für eine Demonstration mitnimmt – aber für einige eben nicht.

Dies gilt auch für Easy in seiner Welpenzeit – er wollte immer nur bei mir sein. Dem konnte ich aber natürlich mit der Premack-Belohnung (Kapitel 6) begegnen. Wir lösten das Problem separat in Einzelstunden. Easy lernte: Das Weggehen mit der Trainerin bedeutet, dass er mir bei der Rückkehr erzählen konnte, was für einen tollen Job er erledigt hat (zum Ritual gehörte auch ein Sprung in meine Arme unter Gequieke). Je größer seine Erregung bei der Rückkehr war, desto unwohler hatte er sich bei der Arbeit ohne mich gefühlt. Er arbeitete gut mit der Trainerin, weil er dies als seine aktuelle Aufgabe akzeptierte – sich auf sie fokussieren, diese Übung mit ihr absolvieren. Aber Unsicherheit äußerte sich bei ihm in Erregung und spiegelte sich in seinem Rückkehrritual wider. Ich hätte nie zugelassen, dass er von einem fremden Trainer in einer Übungsstunde mitgenommen wird, wenn er gestresst ist – er hätte in dem Zustand nichts lernen können!

Von Lehrern und Schülern

In meiner Funktion als Trainerin habe ich oftmals die Hunde meiner Schüler zu Demonstrationszwecken verwendet, und ich weiß, dass die Trainerin des Kurzhaarcollies in bester Absicht gehandelt hatte. Es ist schwer, als Lehrerin nicht ergebnisorientiert zu arbeiten. Sie spüren den Druck der Schüler, die sie beobachten und erwarten, dass sie die Probleme Ihres Hundes lösen. Sie haben eine große Gruppe mit Hunden, mit denen sie arbeiten müssen, und wenig Zeit. Es ist nicht leicht, einen Schritt zurückzugehen, durchzuatmen und sich zu fragen, ob der übliche Weg für den individuellen Hund der richtige ist.

Die meisten Trainer haben nicht gelernt, dies an die erste Stelle zu setzen. Wenn ich daher über die Erfahrungen meiner eigenen Schüler in Trainingsgruppen berichte, habe ich genau so viel Mitgefühl mit den Lehrern wie mit den Schülern. Ich selbst bin sowohl Lehrer als auch ewiger Schüler und habe beide Seiten im Blick. Mein Job hier ist es, die Situation wahrzunehmen, herauszufinden, was schief gegangen ist, und eine Alternative zu finden, die für den individuellen Hund besser funktioniert.

Ich arbeitete einmal mit einer Airedale-Hündin, die in genau der Sekunde abschaltete, in der ihre Besitzerin ein Leckerchen aus der Tasche holte. Sie hatte die Belohnung mit dem Training verknüpft und dass das Training zu viel Druck auf sie ausübte. Sie war ein hochsensibler Hund. Wenn Welpen Zeichen für Sensibilität zeigen, ist das kein Problem. Ich *liebe* trainingssensible Hunde. Es ist lediglich eine Botschaft, die Sie empfangen müssen und das Training hierauf abstimmen. Und Sie benötigen einen Trainer, der damit umgehen kann. Aber im Training des Sporthundes sind viele Ausbilder sehr übungsorientiert geworden und erwarten, dass alle Welpen in gleicher Weise funktionieren.

Es gibt beispielsweise viele Agilitytrainer, die möchten, dass die Welpen als Vorbereitung für das Wippentraining auf einem Wackelbrett zerren. Manchen Welpen hilft dies dabei zu lernen, dass Sie das Wackelbrett kontrollieren können, und es fördert ihr Selbstvertrauen. Andere Welpen fühlen sich aber so unwohl auf dem Brett, dass sie an ihre Bedürfnisse angepasste Modifikationen benötigen. Wenn solch ein Welpe zerren muss, kann er sich nicht ausreichend auf seinen Körper konzentrieren.

Wieder andere Welpen haben Angst vor dem sich bewegenden Untergrund und müssen desensibilisiert werden. Dies gilt für jedes Brett, nicht nur für ein wackelndes. Bei dem Hund einer Freundin versuchten die Ausbilder, ihn auf dem Mittelteil eines niedrigen Stegs zerren zu lassen, weil er vor dem Steg Angst hatte. Der Welpe befand sich gerade in einem Wachstumsschub, hatte sehr lange, schlaksige Beine und war sich nicht sicher, wie er damit umgehen sollte. Das Zerren brachte ihn völlig aus der Balance. Das Ergebnis war, dass sich seine Angst vor dem Steg vergrößerte anstatt verringerte.

Spielverhalten ist oft das erste Verhalten für Stresssituationen. Viele Leute versuchen, mit ihrem Welpen auf dem Wackelbrett zu spielen, anstatt beide Verhaltensweisen zu trennen und den Hund ohne den zusätzlichen Druck durch das Zerren gegenüber dem Wackelbrett zu desensibilisieren. Dieser Versuch schlägt oft fehl, wie bei der Hündin, die beim Anblick von Leckerchen abschaltete. Die Welpen lernen abzuschalten, wenn der Besitzer ein Spielzeug hervorholt, denn dies bedeutet für sie, dass es jetzt aufs Wackelbrett geht.

Ich selbst nahm an einem Agilityseminar für Welpen teil, als Easy gerade fünf Monate wurde. Die Trainerin wollte, dass Easy ein Zerrspiel auf dem Wackelbrett machen sollte, was ich ablehnte. Ich wusste, dass er zwar dabei war, sich an die Bewegungen des Bretts zu gewöhnen, aber noch nicht völlig sicher war. Zuhause konnte er schon auf Wackelbrettern zerren, aber jetzt war er in einer fremden Umgebung mit fremden Welpen. Ich wusste, dass er sich nicht auf das Zerrspiel einlassen würde, wenn er sich auf dem fremden Brett befand. Und wäre wahrscheinlich von der Trainerin belehrt worden, dass Easy überall und zu jeder Zeit zu zerren hätte, weil das ja schließlich in der Werkseinstellung von Border Collies so vorgesehen sei.

Stattdessen wandte ich meine Methode an, um Easy Vertrauen zu den Agilitygeräten zu lehren (siehe Kapitel 10). Während des Seminars zerrte ich mit ihm, wenn mein Instinkt mir sagte, dass jetzt der richtige Zeitpunkt für eine Belohnung mit Spielzeug war. Und ich gab Leckerchen, wenn mein Instinkt mir sagte, dass jetzt der richtige Zeitpunkt für eine Belohnung mit Leckerchen war. Ich wurde angeschriien, weil ich viele Leckerchen gab und weil ich zerrte. Ich sollte mit ihm zerren, wenn er aus der Box kam, auf dem ganzen Weg zum Gerät, auf dem Gerät und auf dem Weg zurück zur Box. Easy war in der fremden Situation schon erregt, und ich fand dieses Vorgehen für ihn ungeeignet. Erregung, auch freudige Erregung, kann leicht zu Stress werden und weil Easy ein Welpe auf seinem ersten Seminar war, lastete schon viel Druck auf ihm. Ich wollte auch, dass Easy darüber nachdenkt, was er tut, und mir bewusst ein Verhalten anbietet. Nicht nur zerren, während er zufällig auf verschiedenen Geräten steht. Als er springen lernte, riet mir meine Ausbilderin, nicht mit ihm zu zerren. Sie wollte, dass er sich beruhigt und ihm bewusst wird, wie sich sein Körper bewegen sollte. Nachdem er gelernt hatte, leicht und sicher zu springen, haben wir Geschwindigkeit und das Spielen mit Spielzeug hinzugefügt.

Easys Wurfschwester war im gleichen Seminar und zerrte mit der Ausbilderin, bis sie so erregt war, dass sie ihr ins Gesicht sprang und nach der Nase schnappte. Dieses Verhalten hatten alle Welpen des Wurfs gezeigt, und ich hatte schon versucht, es bei Easy zu modifizieren. Die Ausbilderin griff in ihr Halsband und maßregelte sie für den Verlust der Selbstkontrolle. Easys Schwester bellte und jaulte, als man sie für eine Auszeit in ihre Box sperrte.

Später wurde ich wieder dafür ausgeschimpft, ich würde Easy »zu ruhig machen«, indem ich etwa gleich häufig mit Leckerchen und Zerren belohnte. Aber wenn ich ihn so behandelt hätte wie die Ausbilderin Easys Schwester, wäre ich ebenso wie deren Besitzerin für das gegensätzliche Problem ermahnt worden. Ich wusste, dass ich es dieser Ausbilderin nicht rechtmachen konnte. Also verwendete ich die Belohnung, die mir zum jeweiligen Zeitpunkt richtiger und stärker erschien, weil ich meinen Welpen kannte. Ich kannte seine Reizschwelle und wusste auch, wo ich diese haben wollte. Mir war es wichtiger, dass Easy sich bei seinem ersten Seminar wohlfühlte und glücklich war, als Anweisungen zu befolgen, die für ihn als Individuum nicht notwendigerweise die besten waren.

Es ist schwer, wenn wir unter dem Druck stehen, es »genauso« zu machen, besonders wenn dies alle Welpen einer Gruppe tun. Aber um hohe Leistungen von unseren Welpen zu erhalten und ihnen positive Lernerfahrungen zu vermitteln, müssen wir fähig sein, sogar Ausbildern mit den besten Absichten zu widersprechen, wenn sie glauben, alle Welpen lernen auf die gleiche Weise oder werden durch die gleichen Dinge motiviert, unabhängig von ihrer Rasse oder ihrem Temperament. Wir müssen unseren Welpen gut genug kennen, um für ihn den besten Trainingszugang in der Gruppe zu finden. Wir sind es unseren Welpen schuldig, sie für den Erfolg vorzubereiten. Es kann bedeuten, dass Sie mir Ihrem druckempfindlichen Welpen das »Mach mal Pause«-Spiel spielen müssen, damit er aus sich herausgeht, auch wenn die übrigen Welpen etwas anderes tun: Auf lange Sicht wird es sich auszahlen.

6 Das Premack-Prinzip

Wenn Sie mein erstes Buch gelesen haben, kennen Sie bereits meine Liebe zum Premack-Prinzip und die große Rolle, die es im Stressfrei-Programm spielt.

Nach seinem Urheber Dr. David Premack benannt, sagt das Prinzip Folgendes aus: *Sie können die Verfügbarkeit eines hoch wahrscheinlichen Verhaltens verwenden, um ein wenig wahrscheinliches Verhalten zu verstärken.*

Was bedeutet das? Vielleicht werden Sie hören, dass Trainer es als die *»Großmutter-Regel«* bezeichnen, die meint, dass Sie zuerst Ihr Gemüse aufessen müssen, bevor Sie den Nachtisch bekommen. Und genau das bedeutet es, für mich bedeutet es allerdings noch sehr viel mehr.

Vorneweg, je öfter Sie ein hoch wahrscheinliches Verhalten (die Jagd auf Eichhörnchen) mit einem wenig wahrscheinlichen Verhalten (dem Abruf von den Eichhörnchen) verknüpfen, desto mehr stärken Sie die Leidenschaft für die Ausführung des wenig wahrscheinlichen Verhaltens. Warum? *Weil die Emotionen, die der Welpe während der Jagd auf die Eichhörnchen fühlt, mit dem Rückruf zu Ihnen verknüpft werden.* Das ist die Magie des Premack-Prinzips.

Die Großmutter-Metapher bedeutet angewendet, dass ein Kind sich überglücklich fühlt, wenn es Brokkoli auf seinem Teller sieht, weil es weiß, dass das Essen von Brokkoli direkt zu seinem Nachtisch führt. Weil es jedes Mal beim Brokkoliessen glücklich ist, beginnt sein Körper, Glücksgefühle auszuschütten, wenn es Brokkoli sieht, riecht oder schmeckt. Nach einer Weile wird das Brokkoliessen zum selbstbelohnenden Verhalten. Das Kind hat sogar gelernt, Brokkoli zu lieben! Genauso kann Ihr Welpe lernen, sich enthusiastisch und hochmotiviert von einer Ablenkung zurückrufen zu lassen.

Damit Sie dieses Prinzip effektiv anwenden können, werden Sie ein Freizeichen (siehe Kapitel 29) benötigen, mit dem Sie Ihren Welpen losschicken können, um seine »Umweltbelohnung« zu genießen. Für mich hat Premack einen Konflikt aus dem Hundetraining eliminiert: das alte Paradigma »Ich ***gegen*** die Umwelt«, bei dem sich der Hund ausschließlich auf den Hundeführer konzentrieren muss. Das neue Paradigma »Ich ***und*** die Umwelt« bedeutet eine *große* Änderung der Perspektive. Es ist kein Kampf mehr. Schnüffeln, jagen, rennen, Bäume markieren, andere Hunde sehen, Nachtisch essen: alles auf Signal. Die Ausführung dieser hoch wahrscheinlichen Verhaltensweisen wird durch den Fokus auf den Hundeführer ermöglicht, den Schlüssel, der die Tür zum Welpen-Disneyland öffnet. »Du hast dich von dem anderen Welpen weg orientiert: Großartige Leistung – jetzt geh und spiel mit ihm!«

Natürlich wird es immer Zeiten geben, in denen es Ihnen einfach nicht möglich ist, die Umwelt zu nutzen, um Ihren Welpen zu belohnen; es kann gefährlich oder nicht angemessen sein. Aber das Premack-Prinzip so oft wie möglich anzuwenden, kann eine solche Vertrauensbeziehung schaffen, dass es für Ihren Welpen in Ordnung ist, wenn es mal nicht geht.

Hier ein Beispiel aus einer Unterrichtsstunde: Eine kleine Pudelhündin rannte ihrer Hundeführerin davon, sobald sie angeleint werden sollte. Ich bot dem Welpen das Handtarget an, da sie zu diesem Signal eine andere emotionale Verbindung hatte als zu ihrem bereits stark »vergifteten« Rückruf-Signal. Sie berührte meine Hand währenddessen griff ich mit der anderen Hand zum Halsband und leinte sie an. Ich gab ihr eine Belohnung, löste die Leine und gab ihr das Signal, wieder spielen zu gehen. Das wiederholte ich einige Male: Statt ihr Rückruf-Signal zu verwenden, ging ich zu ihr und bot ihr meine Targethand an, leinte sie an und wieder ab und gab ihr das Freizeichen. Dann stand ich einfach da, während sie frei herumlief und unterhielt mich mit ihrer Hundeführerin, und sie kam tatsächlich zu mir, um angeleint zu werden. Ich leinte sie an und wieder ab und gab ihr das Freizeichen. Aber es war für sie nicht mehr notwendig, woanders hin zu gehen; sie war nicht mehr an dem Wegrenn-Spiel interessiert, sondern an ihrem neuen Anlein-Spiel.

Ihre Besitzerin war wirklich schockiert, dass die Kleine kam, um sich anleinen zu lassen: Sie hatte schließlich ihre ganze Welpenzeit damit verbracht, wegzulaufen, sobald sich ihr jemand mit einer Leine in der Hand näherte. Das ist die Macht von Premack. Das Anleinen bedeutet bei neun von zehn Malen, dass die Leine gelöst und das Freizeichen gegeben wird. Ein einziges Mal heißt es, an der Leine zu bleiben und Leslies Welpen-Spaß-Hinterhof verlassen zu müssen. Aber es wird Leckerchen geben – das ist vielleicht nicht so gut wie das Freizeichen, um die Umwelt zu erkunden, aber immer noch gut genug.

Eine andere Premack-Geschichte: Easy war schon in sehr jungem Alter von Wasser besessen. Dass wir Probleme bekommen würden, wusste ich, als er mit zehn Wochen die Umrandung des Planschbeckens umkreiste und große Wasserspritzer erzeugte, die er anschließend mit dem typischen Border Collie-Blick beobachtete. Das konnte er stundenlang machen, wenn man ihn nicht unterbrach. Deshalb wollte ich ihn gerne mal schwimmen lassen, aber ich musste mir sicher sein, den Bach auch jedes Mal wieder mit meinem Welpen verlassen zu können. Er lernte, dass er schwimmen gehen konnte, wenn er sich auf mich konzentrierte. Er lernte es abseits vom Wasser, wo ich ihn um Aufmerksamkeit bat und anschließend ins Wasser schickte, und er lernte es im Wasser: Jedes Mal, wenn er zufällig zu mir sah, sagte ich »Geh schwimmen!«, und er schwamm weiter. Außerdem forderte ich die Blitzwendung, während er schwamm, und gab ihm sein »Geh schwimmen«-Signal, sobald er bei mir angekommen war.

Ich musste es regelmäßig wiederholen, um den Wasserbann zu brechen. Er braucht immer noch viel mehr Zeit, um sich in der Nähe von Wasser zu setzen, da sein Körper in einer kauernden Position verharrt. Ihn in der Nähe von Wasser nach einem Sitz zu fragen, ist ein guter Weg, um den Wechsel vom Instinkt zum denkenden Gehirn zu üben. Sein Rückruf aus dem Wasser ist hingegen blitzschnell; er ist genauso schnell wie sein Sprung ins Wasser, nachdem ich sein »Geh schwimmen«-Signal gegeben habe. Beim Rückruf sieht es sehr beeindruckend aus, wie er aus dem Wasser geschossen kommt. Ab und an schicke ich ihn zurück, um ein letztes Mal zu schwimmen. Früher schickte ich ihn neun von zehn Malen zurück und manchmal leinte ich ihn an, um ihn anschließend wieder abzuleinen und zurück ins Wasser zu schicken. Inzwischen benötige ich keine Auffrischung mehr; wir haben unseren Schwimm-Vertrag. Der Rückruf aus dem Wasser ermöglicht den Zugang zum Schwimmen; Frauchen verlässt den Bach immer mit ihrem Welpen.

Premacks Rolle bei den Stressfrei-Spielen

So wird das Premack-Prinzip in den Stressfrei-Spielen angewendet:

- Standardverhalten: Die Ausführung des Standardverhaltens bringt uns dazu, das Signal für ein hoch wahrscheinliches Verhalten zu geben.
- »Lass es«: Der Welpe lernt, wenn er etwas lässt und sich stattdessen zu uns hin orientiert, werden wir ihn höchstwahrscheinlich wieder zurückschicken.
- Blitzwendung: Auch hier lernt der Welpe, dass wir ihm, wenn er sich von der Umwelt weg- und zu uns hinorientiert, sehr wahrscheinlich das Signal dafür geben, sich wieder mit ihr zu beschäftigen.
- »Guck mal da«-Spiel: Der Welpe bekommt als Belohnung für den Blick zu uns das Signal, sich etwas anzusehen, das er untersuchen möchte.
- »Ausschalt«-Spiel: Der Welpe bekommt die Beschäftigung, die er sehr aufregend findet, als Belohnung dafür, dass er zur Ruhe kommt.
- »Mach mal Pause«-Spiel: Der Welpe bekommt das Freizeichen, nach der Ausführung von irgendeinem Verhalten, das wir von ihm verlangen, zu tun, was immer er möchte. Je mehr Druck wir vom Welpen nehmen, indem wir ihn von der Arbeit befreien, umso wahrscheinlicher wird er sich selbst dafür entscheiden, diesen Druck wieder auf sich zu nehmen und nach mehr Arbeit fragen, statt sich eine Auszeit zu nehmen. Warum ist das so? Das Premack-Prinzip enthält die Komponente der »umgekehrten Psychologie«, die manchmal auch »Werteübertragung« genannt wird. Das bedeutet, je öfter man das wenig wahrscheinliche Verhalten ausführt, desto mehr mag man es.

Meiner Ansicht nach geht es im Training immer um Kooperation statt Kontrolle, und da fügt sich Premack perfekt ein. Es ist für den Welpen in Ordnung, zu schnüffeln, etwas zu untersuchen, abzuschalten, zu jagen und seinen Instinkten zu folgen. Ich kann die gewünschte zuverlässige Aufmerksamkeit bekommen, indem ich eine Feedback-Schleife kreiere, die die Verhaltensweise mit der Arbeit mit mir verbindet. Ihr Welpe möchte / muss abschalten? Das Training macht jetzt zu viel Druck? Super! *Nutzen Sie das aus.*

Viele Menschen neigen zu der Annahme, Leckerchen seien der größte Verstärker, auch wenn sie dies manchmal nicht sind. Manchmal ist der größte Verstärker für einen Welpen, in Ruhe gelassen zu werden. Wenn Sie einen sehr unabhängigen Welpen haben oder einen, der im Training sehr empfindlich ist, dann ist eine Unterbrechung des Trainings ein großartiger Premack-Verstärker. »Richte deine Aufmerksamkeit auf mich.« - Click / Leckerchen – »Okay, du kannst wieder gehen«.

Sie können einfach stillstehen oder sich sogar abwenden und auf einen Stuhl setzen für ein »Mach mal Pause«-Spiel. Der Welpe wendet sich Ihnen zu, mit oder ohne Signal; Click / Leckerchen; »Okay, du kannst wieder gehen«. Vielleicht interessiert sich der Welpe nicht einmal für das Leckerchen; fein, Sie benötigen es nicht unbedingt, wenn Sie mit einem Welpen arbeiten, der nur sein eigenes Ding machen möchte. Das Freizeichen, sich mit seinen eigenen Sachen beschäftigen zu können, ist alles, was Sie brauchen. Sie werden merken, je mehr Sie Ihren Welpen in diesem Pingpong-Spiel von Herkommen und Gehen beschäftigen, desto weniger Interesse wird er daran zeigen, sich mit seinen eigenen Dingen zu beschäftigen, und desto öfter wird er anbieten, sich zu Ihnen zu orientieren. Das ist die Macht von Premack.

Dieses Prinzip ermöglicht es Ihnen außerdem, damit aufzuhören, sich zu fragen, ob Sie jemals »interessanter« als die Umwelt für Ihren Welpen werden. Jede Menge Sportschüler sind zu mir gekommen und in Tränen ausgebrochen, weil ihre Trainer oder andere Clubmitglieder sie wegen ihrer unkonzentrierten Welpen uninteressant fanden. Sie verausgabten sich damit, auf und ab zu hüpfen, mit einer hohen Stimme zu reden oder mit Spielzeug um sich zu werfen. Dabei ist es so leicht, die Aufmerksamkeit Ihres Welpen zu bekommen und zu behalten: Bringen Sie ihm bei, auf Signal an etwas zu schnüffeln.

Wenn Sie weiterhin versuchen, gegen die Umwelt anzukämpfen, werden entweder Sie oder Ihr Welpe verlieren. Es wird immer etwas Neuartiges in der Umgebung geben, das die natürliche Neugierde oder Instinkte Ihres Welpen weckt; in diesem Fall werden Sie den Kampf verlieren. Manche Menschen kontrollieren alles und schränken ihren Welpen so stark ein, dass er niemals die Chance bekommt, etwas anderes als seinen Hundeführer als Verstärker kennenzulernen. Das ist nach meiner Meinung der Fall, in dem der Welpe verliert.

Sie können die Situation stattdessen nicht als Kampf betrachten, sondern als wundervolle Möglichkeit, die ganze Welt zu nutzen, um Ihren Welpen zu belohnen. Das bedeutet erheblich weniger Druck für Sie als Hundeführer, oder etwa nicht?

7 Die Macht des Freizeichens

Da das Aufmerksamkeitstraining oft eine mentale Herausforderung für den Welpen ist, verwende ich zum Ausgleich gerne drei seiner natürlichen Verhaltensweisen als Teil des Lernprozesses. Merken Sie sich, dass geschickt gelegte Pausenzeiten genauso wichtig für den Lernerfolg sind wie das eigentliche Training.

Pausen sollten als Teil des Lernprozesses betrachtet werden anstatt von ihm unabhängig.

Es konnte gezeigt werden, dass ein Welpe, der nach dem Erlernen eines neuen Verhaltens eine Pause bekam, diese neue Information schneller verarbeiten konnte als ein Welpe, der das Verhalten ohne Pause gelernt hatte. Dieses Phänomen wird als »latentes Lernen« bezeichnet. Das Gehirn benötigt Erholungszeiten, um neue Informationen zu verarbeiten. Bekommt es diese Zeit nicht, kann es früher oder später an einen Punkt kommen, an dem es abschaltet; weiteres Lernen wird unmöglich. Allzu oft werden Hunde während des Trainings an genau diesen Punkt gebracht, obwohl es eine bessere Alternative gäbe!

Wie können Sie die Zeit, in der Ihr Welpe Pause hat, sinnvoll nutzen? Er kann sich einfach ausruhen, oder Sie bieten ihm Zugang zu dem, was ich als die »drei natürlichen Verhaltensweisen« bezeichne. Ihr Welpe muss diese Verhaltensweisen nicht erst lernen, daher können wir sie im Training nutzen, um ihm zu helfen, das neu Gelernte zu verarbeiten. Die drei natürlichen Verhaltensweisen sind:

- Schnüffeln
- Kauen
- Futtersuche

Diese Aktivitäten können eine Alternative zu einer Pause in der Box sein. So wird es dem Welpen ermöglicht, die neuen Informationen zu verarbeiten, während er mit einem Verhalten beschäftigt ist, welches Stress abbaut, entspannt, wenig Gehirnkapazität benötigt und auch keine direkte Interaktion mit dem Hundeführer erfordert.

Schnüffeln ist eine der drei natürlichen Verhaltensweisen, die Ihrem Welpen helfen können, Stress abzubauen und neu Gelerntes zu verarbeiten.

Um dieses Konzept erfolgreich anzuwenden, muss der Welpe ein Signalwort als Freizeichen und das »Lauf«-Signal kennen. Wenn es an der Zeit für eine Pause ist, geben Sie dem Welpen das »Lauf, Schnüffel / Kau / Such!«-Signal. Denken Sie auch am Ende der Pause daran, erneut das Freizeichen zu geben, um den Welpen wissen zu lassen, dass die Pause beendet ist und etwas Neues beginnen wird.

»Bleib« und »Frei«, »Komm« und »Lauf«

Es ist keine große Sache, ein Freizeichen zu trainieren. Innerhalb einer Trainingseinheit lernt der Welpe bei mir ein »Bleib« und zeitgleich das Freizeichen. Ich belohne ein stationäres Verhalten wie Sitz oder Platz solange mit Leckerchen, bis ich es mit dem Wort »Okay« beende.

»Okay« ist nicht das geschickteste Freizeichen, aber da ich immer wieder dazu tendiere, es zu verwenden, ist es auch das, was meine Hunde verstehen. Sinnvoll ist es ein Wort zu wählen, das nicht regelmäßig in einem anderen Zusammenhang verwendet wird, wie z. B. »Fertig«, »Frei« oder »Pause«.

Sobald ich »Okay« gesagt habe, lade ich den Welpen ein, aufzustehen und seine stationäre Position zu verlassen. Im weiteren Trainingsverlauf vergrößere ich die Zeit zwischen den Belohnungen. Der Welpe lernt, dass es so lange in unregelmäßigen Abständen Leckerchen für das stationäre Verhalten gibt, bis er das Freizeichen hört. Für diesen Moment bedeutet es, dass es keine weitere Möglichkeit gibt, für dieses Verhalten eine Belohnung zu erhalten; er kann aufstehen und die Position verlassen.

Sobald der Welpe für ungefähr 15 Sekunden still sitzen bleiben kann, beginne ich damit, herumzulaufen. Dabei mache ich einen einzelnen Schritt und kehre direkt zum Welpen zurück, um ihn in seiner stationären Position zu belohnen.

Das Training unterteile ich in den Aufbau von Dauer und Entfernung. Im ersten Schritt erhöhe ich die Zeit zwischen den Leckerchen und steigere so die Dauer. Anschließend vergrößere ich die Entfernung, indem ich mich schrittweise von dem sitzenden Welpen entferne.

Innerhalb einer Trainingseinheit lernt der Welpe »Bleib« und »Frei«, indem ich ihn so lange für ein stationäres Verhalten, wie das »Sitz«, belohne, bis ich es mit einem »Okay« beende.

Währenddessen kehre ich nach jeder Sekunde, jedem Schritt, zurück zum Welpen, um ihn zu belohnen. Erst später werden beide Aufgaben zusammengefügt, so dass der Welpe nach und nach lernt, für längere Zeit an seinem Platz zu bleiben, während ich herumlaufe.

Nachdem der Welpe gelernt hat, auf seiner Position zu bleiben, während ich mich umherbewege, beginne ich das »Bleib«-Signal einzuführen. Ich gebe es zunächst ein paar Sekunden, bevor ich zum Welpen zurückkehre, um ihn zu belohnen. »Bleib« bedeutet: »Mach weiter mit dem, was du gerade machst. Ich komme gleich zurück, um dir deine Belohnung zu bringen.« Im weiteren Trainingsverlauf beginne ich, das »Bleib«-Signal früher zu geben und die Zeit bis zur Belohnung zu erhöhen. An diesem Punkt versteht der Welpe das Konzept bereits sicher und zuverlässig, so dass das »Bleib« nur eine weitere Information darüber ist, wie gut er es gerade macht. Das eigentliche Signal, um das Verhalten dauerhaft zu zeigen, bleibt das »Sitz«- oder »Platz«-Signal; der Welpe hat gelernt, das Verhalten so lange auszuführen, bis er das Freizeichen hört.

Mit ihrem Freizeichen kann ich meine Hunde von jeder möglichen Aktivität abrufen, der sie gerade nachgehen. Das hat sich im Lauf der Zeit einfach entwickelt, ohne dass ich es gezielt trainiert habe. Meine Hunde liefen am Zaun entlang, weil die fünf Nachbarskinder gerade am Ballspielen waren. Anstatt sie mit »Komm« zurückzurufen, sagte ich »Okay«, und vier Hunde machten auf der Stelle kehrt und flogen zu mir zurück.

Heute kann ich jede aufgeheizte Situation beenden, indem ich meine Hunde mit dem Freizeichen aus ihr entlasse. Meine Hunde haben verstanden, dass das Freizeichen ein Verhalten beendet. Und wenn meine Hunde etwas beenden sollen, ohne weitere Information darüber, was als nächstes folgt, kommen sie selbständig zu mir, um es herauszufinden. Für meine Hunde ist das Freizeichen tatsächlich stärker als ihr Rückruf-Signal. Obwohl beide Signale zuverlässig funktionieren, ist ihre Reaktion auf das Freizeichen deutlich intensiver. Der Grund dafür liegt in der Art, in der ich das Premack-Prinzip (Kapitel 6) während ihres Trainings angewendet habe.

Wenn ich meine Hunde aufgefordert habe, sich von etwas Interessantem abzuwenden und sich zu mir hin zu orientieren, habe ich sie in vielen Fällen mit einem »Okay« wieder zu diesem Gegenstand zurückgeschickt. Auf diese Weise wurde das Wort »Okay« mit der Anziehungskraft aller für sie interessanten Dinge aufgeladen. Das ist der Grund, warum Easy buchstäblich aus dem Wasser *fliegt*, sobald ich »Okay« sage, selbst wenn er sich mit glasigem Blick im Hütemodus befindet. Dieses Wort wurde für ihn mit sehr viel Intensität aufgeladen, seit er ein Welpe war. Als er jünger war, rief ich ihn regelmäßig aus dem Wasser, nur um ihn durch das Zurückschicken ins Wasser zu belohnen – eine einfache Anwendung des Premack-Prinzips. Und was habe ich jedes Mal gesagt, um ihn zurückzuschicken? »Okay, geh schwimmen!«

Selbst nachdem ich dazu übergegangen war, den Rückruf zu verwenden, um ihn aus dem Wasser zu rufen, schickte ich ihn immer noch mit »Okay« zurück ins Wasser. Irgendwann sagte ich »Okay« statt »Komm«, als er gerade im Wasser war, und war überrascht, dass er, anstatt zu mir zurückzuschwimmen, wie eine Kanonenkugel aus dem Wasser geschossen kam.

Das Freizeichen kann einen Hund von jedem Verhalten freigeben, unabhängig davon, ob Sie den Hund aufgefordert haben, das Verhalten zu zeigen oder nicht. Das Freizeichen häufig als Bestandteil eines Premack-Musters anzuwenden, kann es besonders positiv aufladen.

Das normale Abbruchverhalten nutzen

An dem Punkt, an dem die Signale Bleib, Frei, Komm und Lauf sauber trainiert sind, kann ich beginnen, die drei natürlichen Verhaltensweisen im Training zu verwenden.

So oft es möglich ist, benutze ich das Kauen. Bei Pferden werden beim Kauen von Heu Endorphine ausgeschüttet, und manche Pferdetrainer geben den Pferden aus genau diesem Grund Heu am Ende einer Trainingseinheit. Schon immer habe ich den Leuten geraten, ihren Hunden nach dem Training einen Knochen oder Kong zu geben, und dieser Instinkt wurde bestätigt, als ich von den Pferdetrainern hörte. Welpen müssen sowieso kauen und die perfekte Zeit dafür ist während und nach einer Trainingseinheit.

Es sollte nicht mehr extra erwähnt werden müssen, dass ein Welpe jedes Mal, wenn er im Unterricht oder Zuhause in seine Box kommt, etwas zum Kauen bekommen sollte. Dennoch denken die Leute oft nicht daran, ihrem Welpen auch während des Trainings etwas zum Kauen zu geben. Dabei ist es ein einfacher und sicherer Weg, dem Welpen eine mentale Pause zu ermöglichen, sodass er ohne Überforderung zum Training zurückkehren kann. Außerdem ist es perfekt, um eine Trainingseinheit zu beenden.

Das *Schnüffeln* ist eine weitere großartige Möglichkeit – Sie können Ihren Welpen losschicken, um an etwas zu schnüffeln, oder Sie können gemeinsam einen Schnüffelspaziergang machen, mit oder ohne Leine. Für welche Variante Sie sich entscheiden, hängt davon ab, was in der gegebenen Situation am angemessensten ist.

Die *Futtersuche* ist ein Verhalten, deren Anwendung ich im Training nur selten erlebe: Ich selbst habe es zu Beginn eher intuitiv angewendet, ohne weiter darüber nachzudenken. Dann hörte ich einen Zootiertrainer darüber sprechen, dass man die Futtersuche als Verhalten zur Entspannung für exotische Tiere anbieten kann. Stellen Sie sich ein Jungtier in der Wildnis vor, wie es im Gras nach heruntergefallenen Beeren sucht oder nach kleinen Fleischresten der letzten Beute des Rudels. Nach und besonders auch während einer Trainingseinheit verstreue ich kleine Leckerchen im Gras und lasse den Welpen danach suchen. Das ist ein großartiger Weg für ihn, um sich zu entspannen. Außerdem verwende ich die Futtersuche für Hunde oder Welpen, die bei der Annäherung von Menschen oder Hunden, bei fremden Geräuschen und anderen Dingen ängstlich reagieren – der Auslöser wird so zu einer Ankündigung der »Schatzsuche«. In Phasen, in denen der Welpe an Ihrer Seite »festgeklebt« ist, während er nacheinander einzelne Leckerchen bekommt, hat er viel Zeit, in unerwünschter Weise auf den Auslösereiz zu reagieren. Bekommt er stattdessen eine ganze Handvoll Leckerchen, die er eine Weile suchen muss, ist das eie Aufgabe, die ihn beschäftigt und den Blickkontakt zum Auslöser längere Zeit unterbricht. Falls der Welpe allerdings zu gestresst ist, um nach dem Futter zu suchen, sollte die Situation schnellstmöglich aufgelöst werden, bis er wieder unter der Reizschwelle ist.

Dieser Welpe bekommt einen Schnüffel-Spaziergang als Trainingspause.

Dieser Welpe bekommt in der Pause einen Knochen zum Kauen, während der Trainer sich den Menschen im Kurs zuwendet.

Ein weiteres natürliches Verhalten ist das *Spielen*. Verwenden Sie das Spielen mit dem Menschen besser nicht als Pausenverhalten, wenn es zu viel direkten Druck oder zu viel Denkleistung für den Welpen bedeutet, da Spielen ja einen gewissen Grad an Selbstkontrolle und Regeln beinhaltet. Benutzen Sie stattdessen eine der erholsameren natürlichen Verhaltensweisen. Wenn Sie ein Sporthunde-Trainer sind, haben Sie das Spielen mit einem Spielzeug sicherlich schon als Verstärker während des Trainings verwendet; Ihr Welpe wird dadurch sehr motiviert und kennt die Spielregeln. Das Spielen mit einem Spielzeug hat seinen festen Platz in einer Trainingseinheit, aber bieten Sie ihm auch ruhige Pausen, in denen er während des Kauens oder Schnüffelns für einen Moment zur Ruhe kommen kann. Sie werden vielleicht bemerken, dass das Spielen mit einem anderen Hund Ihren Welpen deutlich weniger anstrengt als das Spielen mit einem Menschen. Finden

Verstreuen Sie kleine Leckerchen im Gras und lassen Sie Ihren Welpen danach suchen.

Wenn Sie Ihrem Hund das Spielen mit einem anderen Hund erlauben, nutzen sie ein weiteres natürliches Verhalten, um ihm eine Pause vom Training zu gönnen.

Sie heraus, welches Pausenverhalten am besten zu Ihrem Welpen passt. Für viele Hunde, mit denen ich gearbeitet habe, ist das Fangen eines Balls oder einer Frisbeescheibe ein gutes Pausenverhalten, für einen anderen Typ Hund ist hingegen diese Art von aufputschendem Verhalten nicht angemessen für eine Pause. Wie immer hängt es ganz vom individuellen Welpen ab.

Beispiel für eine Trainingsstunde: Speedy lernt zu warten

Der Welpe Speedy wartet ruhig auf seinem Platz und bekommt dafür Leckerchen. Natürlich verlässt er die Position erst, wenn er sein Freizeichen hört! Damit er nicht müde wird, während wir an der Dauer des ruhigen Wartens arbeiten, wird er in unregelmäßigen Abständen aus der Position gelockt, um mit seinem Lieblingsspielzeug zu spielen oder ein auf dem Boden rollendes Leckerchen zu jagen. Falls Speedy Bewegung besser findet als Stillhalten, kann nach dem Premack-Prinzip das Warten durch das Locken aus der Warteposition verstärkt werden. Das Aufstehen könnte sogar zu einem noch größeren Verstärker werden als ein Leckerchen.

Lassen Sie uns annehmen, dass Speedy drei Minuten auf seinem Platz bleiben kann und währenddessen hauptsächlich in seiner aktuellen Position belohnt wird. Um etwas Abwechslung ins Spiel zu bringen, bekommt er die Leckerchen aber außerdem manchmal in einer anderen Position. Angekündigt von einem »Okay, hol's dir« wirft seine Hundeführerin eine Handvoll kleine Leckerchen ins Gras. Speedy schnüffelt herum, um alle Leckerchen zu finden. Sobald er alle gefunden hat, gibt seine Hundeführerin das Signal »Komm« und belohnt den Rückruf mit einem Leckerchen, anschließend gibt sie wieder das Signal für Sitz und Platz. Nach ein paar weiteren Minuten führt Speedys Hundeführerin ihn mit einem »Okay, geh schnüffeln« zu einem strategisch für die Welpenbeschäftigung zusammengefügten Haufen aus Tannenzapfen, Gras, Tannennadeln und Stöcken im Hof. Speedy liebt es, durch den Haufen zu klettern und zu schnüffeln. Seine Hundeführerin ruft wieder »Komm« und belohnt den Rückruf, Sitz und Platz. Nach einigen weiteren Minuten folgt »Okay, hol dir deinen Knochen«. Speedy ist fertig mit dem Wartetraining für diesen Tag und kann sich nun mit einem Markknochen an seinem Erholungsort beschäftigen. Er findet, dass das Warte-Training sehr viel Spaß macht, und ist bereit für mehr.

Als Gegensatz hierzu schauen wir uns den Welpen Orbit an. Dieser Welpe wird aufgefordert zu warten und oft korrigiert, weil er bereits beginnt, sich zu bewegen, bevor er sein Freizeichen hört (was bedeutet, dass seine Hundeführerin ihre Kriterien anpassen muss, damit er im Training erfolgreich sein kann). Vielleicht arbeitet seine Hundeführerin zehn Minuten ohne Pause. Am Ende der Trainingseinheit ist Orbit erleichtert, sich mit seinen eigenen Dingen beschäftigen zu können, während Speedy frisch genug ist, um geradezu unendlich weiter zu machen. Speedy ist nicht erleichtert über das Ende des Trainings, da dieses mit Herumtoben und anderen Tätigkeiten verknüpft ist, der Welpe genießt, da er genug Pausen hatte, um seine Konzentrationsfähigkeit nicht zu sehr auszureizen.

8 Auszeiten

Und was ist mit der Auszeit (dem so genannten Time-Out)? Die Auszeit ist eine Strafe, die im Training unserer Turnierwelpen viel zu häufig angewendet wird. Wir sollten genau unter die Lupe nehmen, wann und warum unsere Welpen überhaupt eine Auszeit bekommen sollten und das Training dahingehend anpassen, Auszeiten von Anfang an zu verhindern.

Auszeit vs. Freizeit

In meinem Training gibt es keine Auszeit, sondern Freizeit. Die Hunde bekommen viele Pausen vom Training, entweder in ihrer Box oder frei, in denen sie schnüffelnd den Hof erkunden oder einen Knochen zerkauen können. Wenn Sie das Gefühl haben, dass eine Auszeit im Training notwendig ist, sollten Sie einen Schritt zurücktreten, um das Gesamtbild zu betrachten. Welche Kriterien müssen Sie verändern, welche Umgebungsvariablen können Sie anpassen? Je öfter Sie eine Auszeit anwenden, desto deutlicher wird, dass etwas in Ihrem Training einer Anpassung bedarf.

Sporthunde-Trainer wenden eine Auszeit aus zwei Hauptgründen an: Wenn der Hund aus dem Training aussteigt oder die Selbstbeherrschung verliert. Wenn Sie eine Auszeit geben, weil Ihr Welpe während einer Trainingseinheit die Konzentration verliert und beginnt, herumzuschnüffeln oder sich mit etwas anderem zu beschäftigen, benötigen Sie eventuell kürzere Trainingseinheiten; vielleicht können Sie stattdessen dieselbe Zeitspanne, jedoch unterbrochen von kleinen Pausen zum Schnüffeln oder Kauen, zum Training nutzen. Sie sollten immer versuchen, das Trainingsumfeld so zu gestalten, dass Ihr Welpe nach mehr Arbeit fragt, statt immer mehr Arbeit von Ihrem Welpen zu fordern.

Wenn Sie die Auszeit anwenden, weil Ihr Welpe übererregtes Verhalten zeigt, Sie beispielsweise während eines Zerrspieles anspringt, anbellt oder sogar während des Trainings nach Ihnen schnappt, dann sollten Sie das aufputschende Training mit beruhigenden Übungen ausbalancieren. Häufig erlebe ich Leute, die ihrem Welpen Selbstbeherrschung beibringen wollen, indem sie ihn erst aufputschen und anschließend mit einer Auszeit bestrafen. Wie soll der Welpe es lernen, seine eigene Erregung zu regulieren, wenn er nicht herausfinden kann, wie es sich anfühlt, aus der Erregung heraus zur Ruhe zu kommen (so wie wir es ihm im Stressfrei-Ausschalt-Spiel beibringen)? Ihn einfach nur in die Box zu sperren, reicht dabei oft nicht aus. Viele Welpen kommen während einer Auszeit in ihrer Box nicht zur Ruhe. Sie können es kaum erwarten, wieder heraus zu kommen und wirbeln wild herum. Oder sie stehen trotz Sitz oder Platz mental unter Strom und finden nicht ansatzweise Ruhe.

Meinen Schülern erkläre ich, dass es physiologisches Lernen ist, wenn man lernt, aus einem aufgeregten Zustand heraus zur Ruhe zu kommen. Es ist nicht einfach nur eine Kopfsache. Der Körper des Welpen wird von Adrenalin durchflutet. Natürlich kann der Welpe operante Selbstkontrolle lernen, wie etwa sich trotz Aufregung hinzusetzen, aber er muss zusätzlich lernen, wie es sich *anfühlt*, aus einem Zustand der hohen Erregung wirklich zur Ruhe zu kommen. Diese einfache Sache, die alle Welpen lernen sollten, verhindert später viele erregungsverursachte Probleme, wie Bellen oder Schnappen auf dem Wettkampfplatz, oder einen Hund, der nicht mehr klar denken kann, wenn er aufgeregt oder unter Druck ist.

Ein weiterer Grund, aus dem Leute eine Auszeit anwenden, ist, wenn der Welpe einen Fehler gemacht hat. Aber wessen Fehler war das wirklich?

Die Welpen, die ich trainiere, lernen bereits sehr früh ein starkes Standardverhalten. Wenn etwas im Training schiefgeht, unterbreche ich mein Verhalten, setze mich wie für das »Mach mal Pause«-Spiel hin (Kapitel 29), und der Welpe bietet sein Standardverhalten an. Das setzt alles zurück auf Start und ich kann erneut das Signal für das Verhalten geben, das der Welpe nicht ausführen konnte. Ein Beispiel: Wenn Easy in seiner Welpenzeit im Training etwas nicht so machte, wie ich das wollte, setzte ich mich auf das Sofa und er zeigte sein Standardverhalten »Sitz«. Dann stand ich wieder auf und gab erneut das Signal für das gewünschte Verhalten, wenn nötig mit Anpassungen.

Allerdings wäre es dem Welpen gegenüber nicht fair, so zu reagieren, solange er das Konzept des Standardverhaltens noch nicht verstanden hat.

Eine weitere Möglichkeit solch eine Situation zurückzusetzen, ist das »Auf Deine Decke«-Signal, wie ich es in Kapitel 27 beschreibe (Das Signal sollte sehr zuverlässig sein, um es in diesem Zusammenhang anzuwenden). Oder Sie können einfach gemeinsam mit dem Welpen zur Decke gehen und das Signal für Sitz oder »Mach mal Pause« geben. So werden Sie davon abgehalten, das Signal, das der Welpe nicht versteht, zu wiederholen; es befreit Sie beide vom Druck der während des Lernens von etwas Neuem entsteht und gibt Ihnen die Möglichkeit, neu zu starten.

Ich möchte damit nicht sagen, dass eine Auszeit eine schreckliche Strafe ist (außer, wenn Ihr Welpe Trennungsangst hat). Ich bevorzuge es sogar, wenn Leute eine Auszeit an Stelle einer körperlichen »Korrektur« verwenden oder Ihren Welpen anschreien. Aber wenn Sie bemerken, dass sie in jeder Trainingseinheit eine oder mehrere Auszeiten benötigen, sollten Sie wirklich einen Schritt zurücktreten, um herausfinden, wie Sie das Training für Ihren Welpen anders gestalten können. Easy bekam von mir genau eine einzige Auszeit in seiner ganzen Jugend, und das war nicht während einer Trainingseinheit. Es war für Ressourcen-Verteidigung des Flurschrankes, in dem die Leinen aller Hunde aufbewahrt werden. Zufällig war gerade eine offene Box in der Nähe, als er begann um den Schrank herumzuschleichen, und so schickte ich ihn zu seinem blanken Entsetzen auf direktem Weg in die Box und leinte die anderen Hunde zuerst an.

Manchmal kann eine gut gemeinte, aber falsch angewendete Auszeit eine Situation auch verschlimmern anstatt sie zu verbessern, wie im Fall von Bragger, einem Golden Retriever aus einer Leistungszucht.

Bragger hatte seine erste Agilitystunde im Alter von neun Wochen. Er war durch das Spielen und Herumtoben sehr erregt und irgendwann benötigte er eine Pause von all dem Rennen, also wanderte er davon, um im Gras zu schnüffeln. Seine Besitzerin Jane wurde vom Trainer aufgefordert, ihn zu packen, in seine Box zu setzen und sofort viele aufregende Verhalten mit ihrem älteren Hund zu trainieren, um den Welpen eifersüchtig zu machen.

Während dieses hoch erregten Zustandes beobachtete Bragger sein neues Frauchen beim Zerren, Rennen und Tempomachen mit dem anderen Hund. Er schrie und biss in die Gitterstäbe seiner Box. Das wurde als gutes Zeichen gewertet – der Welpe war sehr verzweifelt, also musste die Auszeit die Botschaft vermittelt haben. Nach einigen Minuten des Schreiens und Beißens wurde Bragger für weitere aufputschende Spiele herausgelassen. Die Tatsache, dass der neun Wochen alte Bragger die Pause, die er sich genommen hatte, dringend brauchte (ein Fehler des Trainers und nicht des Welpens), entging ihnen vollkommen. Sie waren zu sehr auf den Gedanken fixiert, der Welpen müsse lernen, dass es inakzeptabel ist, seinen Hundeführer zu ignorieren.

Was Bragger wirklich lernte, war, dass Agilitystunden frustrierend sind. In diesem Moment wurde der Grundstein gelegt für eine sechs Jahre lang andauernde Zeit des Schreiens und des Kontrollverlustes, der Unfähigkeit zu denken oder während des Agilitytrainings zur Ruhe zu kommen. Als ich ihn im Alter von sechs Jahren kennenlernte, war er noch auf keinem Turnier gestartet, da das Agility ihn immer noch in den Erregungs- und Angstzustand versetzte, der in dieser ersten Trainingsstunde begann.

Ich brachte Bragger bei, durchzuatmen, sich zu entspannen, auch im Zustand der Erregung zu denken, und konnte ihn dazu bringen, eine Reihe von Agilityhindernissen zu überwinden, ohne einen seiner berühmt-berüchtigten Rennanfälle zu bekommen, die Stunden andauern konnten, wenn ihn niemand einfing. Er lernte es, ein paar Hindernisse zu nehmen, dann auf seiner Matte zu entspannen, wieder ein paar Hindernisse zu überwinden, Luft zu holen – Agility wurde zu einem Ausschalt-Spiel für ihn. Plötzlich konnte er denken, ohne abzuschalten. Sein Frauchen weinte, als sie ihren Hund bei der Hindernisarbeit mit mir sah – selbst während der Aufregung hoch konzentriert. Wir sprechen hier über eine konditionierte emotionale Reaktion – von der ersten Einheit an wurde Braggers Nervensystem auf das Erregungsverhalten geprägt, das ihn später davon abhielt, erfolgreich im Agility zu starten… und wie wurde mit diesem Erregungsverhalten umgegangen? Noch mehr Auszeiten!

9 Leslies Rezept für den Umgang mit Futter

Manche Menschen verwenden die komplette tägliche Futterration des Welpen für das Training und nehmen ihrem Welpen so jede Möglichkeit, eine Mahlzeit in Ruhe zu fressen. Dabei gibt es verschiedene Varianten – viele Leute verwenden die eine Futterportion zum Trainieren und lassen den Welpen die andere Portion in Ruhe fressen, während andere einfach nur die Futtermenge pro Portion verringern, damit sie einen Teil der täglichen Futterration zum Training verwenden können, aber er trotzdem zwei Mal am Tag eine »normale« Mahlzeit zu sich nehmen kann.

Ich halte es aus zwei Gründen für wichtig, die letztere Variante zu wählen:

- für die Gesundheit des Verdauungstraktes und
- für die mentale Gesundheit.

Welpen brauchen und verdienen es, ihre Mahlzeiten in Ruhe zu sich zu nehmen, ohne den Druck, Anforderungen erfüllen zu müssen oder die Sorge, dass ihnen ihr Futter vorenthalten wird, wenn sie etwas nicht richtig machen.

Futter als Verstärkung beim Turnierwelpen

Ich habe mit Hunderten von Sporthunden gearbeitet, die in der Gegenwart von Futter komplett den Verstand verlieren, weil Futter für sie automatisch Training bedeutet. Das sind die Hunde, deren Verhalten nicht unter Signalkontrolle ist. Der Clicker ihres Besitzers, seine Futtertasche, das Hervorholen eines Spielzeugs oder des Futters ist für sie das Signal dafür, ab sofort wild jedes Verhalten anzubieten, das ihnen einfällt. Mit einem Hund, der in der Nähe von Futter in so große Erregung gerät, können wir erst dann an irgendeiner Art von Verhaltensmodifikation arbeiten, wenn wir ihm verständlich gemacht haben, wie er in der Nähe seines Verstärkers ruhig, besonnen und fokussiert bleiben kann.

Solchen Hunden Entspannung mit Hilfe von Futter als Verstärker beizubringen, ist ein langer, steiniger Weg. Bevor Sie das Futter verwenden können, um Entspannung zu verstärken, müssen die Hunde zunächst einmal lernen, sich in der Nähe von Futter zu entspannen. Sie müssen also den Trainingsplan für den Umgang mit Futter durcharbeiten, bevor wir überhaupt mit der grundlegenden Entspannungsarbeit beginnen können.

Wenn Sie das beschriebene Problem bereits haben, finden Sie im folgenden Abschnitt meine Lösung. Wenn Sie das Problem bisher nicht haben, vermeiden Sie bitte, es zu bekommen, indem sich Ihr Welpe jedes Futter erarbeiten muss. Wie würden Sie sich fühlen, wenn Sie vor jeder Ihrer Mahlzeiten einen Test bestehen müssten?

Wer wartet, bekommt gute Sachen

Ihr erstes Kriterium sollte sein, dass der Hund es lernt, in der Gegenwart von Futter still zu sitzen oder zu liegen, *ohne ein besonderes Verhalten anzubieten*. Viele Hunde, mit denen ich arbeite, haben nicht den Hauch einer Idee, dass dies überhaupt möglich ist. Es macht mich traurig zu sehen, wie hektisch sie werden. Ihre Besitzer machen es unbeabsichtigt schlimmer, indem sie das fälschlicherweise als Vorfreude verstandene Erregungsverhalten verstärken und übersehen, wie viel Erregung und auch Stress damit verbunden ist – und welche Auswirkungen diese Art von Erregung später auf das Training haben wird.

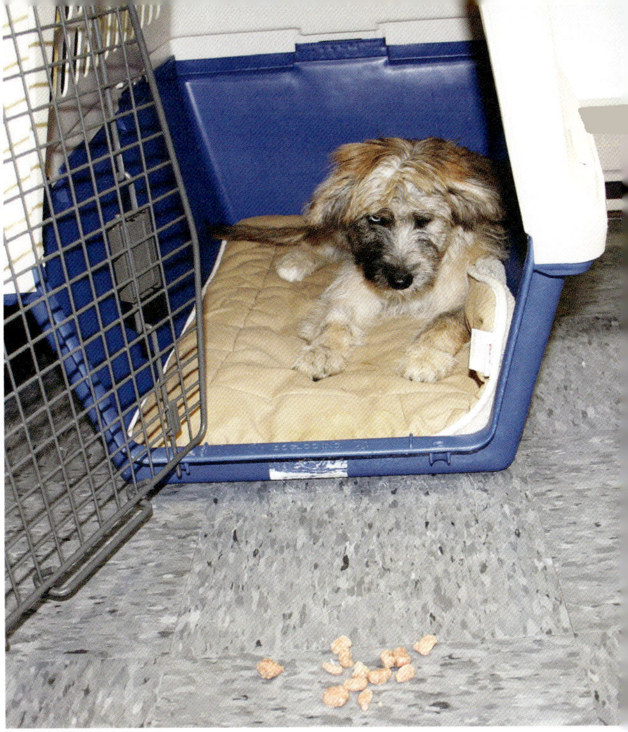

Dieser Welpe hat gelernt, ruhig in seiner Box zu liegen, selbst dann, wenn das Futter direkt vor der offenen Tür platziert wird.

Manche Besitzer vergrößern das Problem, indem sie jeden dritten, vierten oder fünften angebotenen Trick verstärken, weil er besonders süß oder lustig war. Dies vermittelt dem Hund die Botschaft: »Versuche einfach immer weiter, jeden Trick anzubieten, der Dir einfällt, und Du wirst in unregelmäßig Abständen dafür belohnt werden, durchzudrehen«.

In der Gegenwart von Futter ruhig bleiben zu können ist die Ausgangsbasis dafür, später Leckerchen verwenden zu können, um entspanntes Verhalten zu belohnen, ohne den Hund durch die Anwesenheit von Futter wieder aufzuputschen.

Lassen Sie uns den Fokus auf den ersten Schritt dieses Prozesses legen. Bevor Sie mit der Erarbeitung beginnen, stellen Sie sicher:

- dass der Hund weiß, wie er Luft holen kann (siehe Kapitel 17).
- dass der Hund sein Freizeichen versteht (siehe Kapitel 7 und 29).
- dass Sie ausreichend oft ein stationäres Standardverhalten verstärkt haben – im Normalfall ein Sitz oder Platz. (Tun Sie das nicht, wenn das Standardverhalten keine ausreichend hohe Belohnungshistorie hat!)

Jetzt sind Sie bereit dafür, ihrem Hund die Grundlagenübung zu vermitteln, in der Gegenwart von Futter ruhig bleiben zu können.

Nehmen Sie vier oder fünf abgezählte Leckerchen in Ihre Hand. Geben Sie das Signal für Sitz oder Platz. Wenn Ihr Welpe dieses Verhalten bereits kennt, können Sie ihm auch das Signal geben, auf die Decke zu gehen (siehe Kapitel 27, Deckenarbeit); diese zusätzliche Mühe wird den positiven Nebeneffekt haben, den Welpen daran zu erinnern, dass das einzige erfolgversprechende Verhalten auf der Decke das »Stillhalten« ist. Belohnen Sie den Welpen schnell aufeinander folgend in dieser Position, bevor er beginnt sich zu bewegen oder ein anderes Verhalten anzubieten, und geben Sie anschließend sein Freizeichen. (Richtig erraten: Das Protokoll für den Umgang mit Futter ist gleichzeitig auch ein Bleib-Training!)

Nehmen Sie weitere fünf Leckerchen in die Hand. Geben Sie das Signal für Sitz oder Platz. Belohnen Sie den Welpen in seiner Position, aber beginnen Sie, jeweils eine halbe Sekunde Abstand zwischen den Leckerchen einzubauen. Geben Sie das Freizeichen, bevor er sich zu bewegen anfängt.

Wenden Sie diese Technik an, um *schrittweise* (in Abständen von einer halben oder ganzen Sekunde) die Zeit auf mindestens 20 Sekunden zwischen den Leckerchen zu steigern. Das Ziel für den Welpen ist es, sich dem Verhalten zu widmen, für das Sie das Signal gegeben haben, und darauf zu *vertrauen*, dass die Belohnung auf jeden Fall folgen wird. Und nicht zu denken, dass Sie für die Belohnung zu lange gebraucht haben und er Ihnen weitere Verhaltensweisen anbieten muss, um herauszufinden, was funktioniert.

Am hilfreichsten ist es in diesem Zusammenhang, wenn Ihr Welpe bereits ein sicheres Standardverhalten kennt. Auf diese Weise versteht er, dass er sich in dem Wissen, dass tolle Dinge folgen werden, entspannen kann und kein anderes Verhalten anzubieten braucht.

Wenn der Welpe ein anderes Verhalten anbietet oder herumzualbern beginnt, anstatt das signalisierte Sitz, Platz oder Decke-Verhalten zu zeigen, verhalten Sie sich so, als ob Sie die Einheit sowieso beendet hätten und geben Sie das Freizeichen.

Falls der Welpe auf seiner Decke ist, denken Sie daran, ihn von der Decke zu entlassen. Merken Sie sich, dass auf der Decke einzig und allein das ruhige Verhalten eine Belohnung einbringt, so wie es in Kapitel 27 beschrieben wird.

Ein weit verbreitetes Erregungsverhalten ist das Herumhampeln mit den Pfoten. Wenn Ihr Welpe während der Arbeit mit diesem Protokoll damit anfängt, erinnern Sie ihn daran, Luft zu holen und starten Sie die Trainingseinheit anschließend von vorn. Lassen Sie Ihren Welpen in der Haltung, in der er sich nach dem Freizeichen befindet, ein paar Mal Luft holen und geben Sie ihm danach, falls er nicht bereits sitzt, das Signal für Sitz und weitere fünf Atemzüge. Sobald er sitzt und fünfmal korrekt atmet, können Sie wieder beginnen, die Abstände zwischen den Leckerchen auf eine halbe Sekunde zu erweitern und so unauffällig wieder ins Protokoll einzusteigen, ohne die anfängliche Aufregung des Neustartens. Wiederholen Sie diesen Schritt einfach mehrere Male und geben Sie Ihrem Welpen anschließend die Möglichkeit, sich mit einem der »drei natürlichen Verhalten« zu beschäftigen (Schnüffeln, Kauen, Futtersuchen). Er wird es an diesem Punkt dringend benötigen.

10 Verstärkung klug einsetzen: Druck und Premack

Der Wert eines Verstärkers wird durch die Umwelt und die Situation bestimmt. Manche Menschen beschränken sich darauf, nur einen bestimmten Typ von Verstärker für ihren Welpen anzuwenden, ohne das Gesamtbild – wie die aktuelle Situation und Umgebung – in Betracht zu ziehen. Unabsichtlich können sie ihren Welpen dadurch sogar erst dazu bringen, Fehler zu machen.

Ein Beispiel: Ich habe eine Freundin, die großen Wert darauf legte, dass ihr Welpe überall – an jedem Ort, egal was passiert – Zerrspiele mit ihr spielte. Also brachte sie ihn an verschiedene Orte, um dort mit ihm zu spielen. Obwohl er Zerrspiele von Natur aus liebte, stellte sie bald fest, dass die Nähe zu anderen Hunden ihn dazu brachte, abzuschalten. So wurde ein Zerrspiel immer öfter eher zu einer Frage der Kontrolle als der Verstärkung. Wenn sie ihm das Spielsignal gab, *musste* er das Zerrspiel spielen, egal was um ihn herum los war. Das brachte eine Menge Stress in die Beziehung und verwandelte das, was als ein amüsantes und interaktives Spiel gedacht war, in ein mentales und emotionales Tauziehen.

Ich habe den Leuten immer beigebracht, dass sie die Bereitschaft des Hundes, sich mit Spielzeugen zu beschäftigen, als Anzeiger für seinen emotionalen Zustand ansehen können; vorausgesetzt, dass sie ihn zu einem Spiel animieren können, wenn er sich wohlfühlt und zufrieden ist. Wenn er sich unwohl fühlt und unzufrieden ist, ist es wesentlich schwieriger. Bei einigen dieser Hunde kann es helfen, dranzubleiben und es regelmäßig zu versuchen. Eventuell interessieren sie sich nach einiger Zeit für das Spielzeug, und wenn ihr Instinkt die Oberhand gewinnt, kann das Spielzeug selbst ihren emotionalen Zustand verändern. Bei vielen anderen Hunden wäre es allerdings hilfreicher, den Druck von ihnen zu nehmen und ihnen dabei zu helfen, zu entspannen, damit sie in einen verspielteren Gemütszustand kommen können.

Mit dem Welpen, der in der Gegenwart von fremden Hunden nicht spielen wollte, machte meine Freundin zuerst Deckenarbeit in der Nähe von fremden Hunden aus dem Hundesportverein und endete mit dem »Guck mal da!«-Spiel (Kapitel 26). Anschließend integrierte sie das Spielen mit einem Spielzeug in die Deckenarbeit. Als Signal für das »Guck mal da!«-Spiel fragte sie den Welpen: »Wo ist der fremde Hund?«. Der Welpe zeigte dann diesen Hund von der Decke aus an, bekam ein Leckerchen und zeitgleich wurde der fremde Hund hinter eine Absperrung außer Sichtweite geführt. Sobald der Welpe den anderen Hund nicht mehr sehen konnte, luden wir ihn zum Spielen ein. Anschließend bekam er das Signal, auf die Decke zurück zu kehren und wurde erneut nach dem fremden Hund gefragt. Wenn er durch die Gegend guckte, konnte er den anderen Hund »finden«, sobald dieser wieder hinter dem Sichtschutz hervor geführt wurde. Meine Freundin clickte und belohnte das und forderte den Welpen zum Spielen auf, sobald der Hund wieder verschwand. Schon bald »zeigte« der Welpe seinem Frauchen in Erwartung einer Runde Spielen den Sichtschutz an. Indem der fremde Hund hinter den Sichtschutz geführt wurde, ließ der Druck nach.

Ein Trainingsaufbau wie dieser ermöglicht es, einer Situation den Schrecken nehmen und Spielzeuge einfach einzuführen. Eine andere Alternative wäre es, das »Mach mal Pause«-Spiel mit einem Zerrspielzeug anzuwenden (Kapitel 29). Auch dabei geht es um einen Trainingsaufbau, bei dem der Welpe sich wohl und sicher fühlen kann, so dass sein natürlicher Spieltrieb zum Vorschein kommen kann.

Eine andere Freundin hatte ein ähnliches Problem mit ihrem Welpen. Die kleine Hündin mochte nicht in jeder Umgebung spielen. Ihre Besitzerin versuchte Einiges, um sich selbst und das Zerrspielzeug interessanter zu machen; sie rannte, zog das Spielzeug über den Boden und fragte den Welpen immer wieder, ob er »bereit« wäre. Dadurch lernte der Welpe, dass es viel *Druck* bedeutete, wenn sein Frauchen ein Spielzeug in einer fremden Umgebung herausholte (nicht Zuhause oder auf dem Hundeplatz, auf dem die Kleine gerne spielte), und die Hündin begann abzuschalten, sobald sie das Spielzeug sah.

Wenn das, was wir für einen Verstärker halten, für die Situation nicht *relevant* ist, schaffen wir für uns und unsere Welpen eine Situation, in der beide Seiten verlieren. Für den Welpen der zweiten Freundin war das Spielzeug auf dem Hundeplatz hoch relevant, aber nicht in dem Park, in dem sie vorher noch nie gewesen war. Das Zerrspiel hörte auf ,ein Verstärker zu sein und weil meine Freundin weiterhin probierte, den Welpen von Interaktion mit dem Spielzeug zu überzeugen, wurde es zu einem Signal dafür, dass etwas Unangenehmes passieren würde.

Ich habe einmal mit einem American Eskimo Dog gearbeitet, der sich immer, sobald man ihm in der Nähe von Slalomstangen ein Leckerchen anbot, mit einem leeren Gesichtsausdruck hinsetzte. Obwohl er die Leckerchen liebte, hatte er gelernt, dass sie in der Nähe der Slalomstangen *Druck* bedeuten, und entschied sich daher lieber »nicht Zuhause zu sein«. Sobald man ihn von den Stangen weg zum Tunnel führte, fraß er die Leckerchen mit Leidenschaft.

Wenn Sie möchten, dass Ihr Welpe in jeder Situation gerne spielt oder seine Leckerchen nimmt, erklären Sie ihm dieses Konzept bitte sorgfältig. Setzen Sie nicht einfach voraus, dass er es immer gleich gerne mag, egal wo er ist oder was er gerade tut. Genauso wie bei uns hängen die aktuellen Vorlieben des Welpen von seinen Stimmungsschwankungen und der sich ständig verändernden Umgebung ab. Wenn es Ihnen wichtig ist, dass Ihr Welpe ein Zerrspiel auch gerne in der Nähe eines Gegenstandes spielt, der ihm Sorgen bereitet, dann schaffen Sie eine Situation, in der der Welpe sich gut genug fühlt, um mit Ihnen zu spielen und bringen Sie ihm bei, sich in der Nähe des bedrohlichen Gegenstandes wohlzufühlen. Auf diese Weise wird das Spielzeug nicht zur Ankündigung für etwas Unangenehmes und Sie können Ihren »Verstärker« als wirkliche Verstärkung verwenden.

Das Nachlassen von Druck ist oft der wertvollste Verstärker, den Sie Ihrem Welpen bieten können. Dieses Konzept wird von den meisten Leuten viel zu selten angewendet. Manchmal übt eine Situation – im Training oder außerhalb Ihres Einflusses – zu viel Druck auf Ihren Welpen aus, wodurch seine Leistungsfähigkeit leidet. Einen Verstärker anzubieten, der seine Relevanz auf Grund der Situation verloren hat, ist die Ausgangsbasis für Misserfolge.

Das erste Beispiel, das mir dazu einfällt, ist eine Cavalier King Charles Spaniel-Hündin, die an einem meiner Seminare in einem Agility-Hundesportverein teilnahm. Sie war verängstigt und wollte nicht aus ihrer Transportbox kommen. Obwohl ihr Frauchen ihre Lieblingsleckerchen mitgebracht hatte, versteckte sie sich im hinteren Teil der

Transportbox und verweigerte die Leckerchen. Als sie bei der Arbeit in der Box an der Reihe war, stellte ich ihren Kennel in das Quadrat aus Absperrungen. Ich spielte mit den Leckerchen und kullerte sie auf dem Boden herum; als die Hündin irgendwann den Kennel verließ, clickte ich und warf ein Leckerchen zurück in den Kennel. Sie rannte zurück in die Transportbox, um es zu holen, und wagte sich wieder vorsichtig heraus, als ich weiter mein Spiel spielte. Sobald sie einen Schritt nach draußen machte, clickte ich und warf ein weiteres Leckerchen in die Box. Nach ein paar Minuten war sie in der Lage, für den Click herauszukommen und mehrere Schritte in meine Richtung zu machen. Danach wurde es einfach, sie davon zu überzeugen, andere Aufgaben beim Training in der Box erfüllen, um sie anschließend wieder in ihren Kennel zurückzuschicken.

Was war also der wichtigste Verstärker für diese Cavalier-Hündin? Obwohl sie die Leckerchen fraß, schien es mir so, als wäre es ein viel größerer Verstärker für sie, dass der Druck der Trainingssituation mit einer fremden Person in unbekannter Umgebung nachließ. Ich belohnte sie für ihren Mut, indem ich ihr die Belohnung in ihrem Kennel gab. So signalisierte ich ihr: »Wenn Du raus kommst, kannst Du wieder rein gehen.« *In anderen Worten, das Premack-Prinzip schlägt wieder zu!*

Als sie nach einer Weile mehr Sicherheit gewann, benötigte sie diesen Rettungsanker nicht mehr und ich konnte mehr von ihr fordern.

Jedes Mal, wenn Sie den Hund auffordern irgendetwas zu tun, üben Sie Druck auf ihn aus. Dabei macht es keinen Unterschied, ob Sie der positivste Trainer des Universums sind – jede soziale Interaktion übt einen gewissen Druck auf die beteiligten Lebewesen aus. Viele positive Trainer hätten in der gleichen Situation diese Cavalier-Hündin angeleint, ihr den Zugang zu ihrer Transportbox versperrt und ihr Leckerchen dafür gegeben, sich zu konzentrieren oder unterzuordnen. Aber in meinen Augen ist das nicht »positiv«. Nur weil Sie nicht an der Leine rucken, sondern Futter an Stelle von Korrekturen verwenden, sind Sie noch lange nicht positiv. Solange Sie das Gesamtbild nicht betrachten und dem Hund nicht bieten, war er braucht, um sich in einer bestimmten Situation zurechtzufinden, sind sie nicht positiv. Obwohl die Cavalier-Hündin ihre Leckerchen wollte, war es ihr noch wichtiger, der Situation zu entkommen. Wäre das nicht der Fall gewesen, hätte sie sich erst gar nicht im hintersten Teil ihrer Transportbox versteckt.

Es ist niemals meine Absicht, Druck auf eine strafende Weise anzuwenden, egal ob physisch oder psychisch. Ich achte immer sehr darauf, wie ich meinen Körper einsetze, auf den Abstand zwischen meinem Körper und dem des Hundes während unserer Interaktionen, und ich versuche ihm im Training mit einer neutralen, offenen Körpersprache zu begegnen. Oft treffe ich Leute, die ausstrahlen: »Ich werde dafür sorgen, dass du das machst.« Das ist keine Partnerschaft, sondern Diktatur. Wenn ich meinen Körper einsetzen will, um meinen Hund daran zu hindern, etwas zu sehen oder zu verfolgen – was auch eine Form von Druck ist –, bringe ich ihm zuerst bei, dass meine Position direkt vor ihm ein Signal für Augenkontakt/Luftholen ist, sodass er bereits eine vorkonditionierte Assoziation mit meiner »Körper-Blockierung« hat. Wenn ich in einer Situation, in der der Hund nicht auf ein verbales Signal reagieren kann, einen Schritt in Richtung auf seine Hüfte mache, um ihn schnell zu wenden, wurde dies bereits im Rahmen des Blitzwendung-Trainings (Kapitel 25) eingeführt und ist für den Hund einfach ein weiterer Weg, sich mit der Reaktion auf ein Kopfabwenden-Signal eine Belohnung zu verdienen.

Ich kann mich noch so sehr bemühen, einen Hund nicht unter Druck zu setzen, es kommen manchmal Hunde zu mir ins Training, die so sensibel sind, dass bereits meine bloße Anwesenheit Druck für sie bedeutet. Ihretwegen musste ich mir als Trainer eingestehen, dass ich bedingt durch die Trainingssituation als Form der sozialen Interaktion immer einen konstanten Druck auf die Hunde ausübe, da der Hund aufgefordert wird, bestimmte Dinge zu tun und andere Verhaltensweisen von ihm erwartet werden. Für viele Hunde ist dieser Typ des sozialen Drucks stimulierend: Signale aus der Umwelt, wie den Clicker in die Hand zu nehmen oder Futter in die Tasche zu füllen, verraten dem Hund, dass Sie sich auf das Training vorbereiten, was ein Grund zum Feiern ist. Für einen Hund, der sich einfach ausklinkt, der ängstlich ist, unabhängig und nicht besonders sozial motiviert – oder einfach einen schlechten Tag hat – ist jedoch die Möglichkeit, diese künstlich geschaffene soziale Situation – auch »Trainingseinheit« genannt – zu verlassen, manchmal der größte Verstärker, den wir ihm geben können.

Das ist auch der Grund, warum ich die »Mach mal Pause!«-Struktur in so vielen meiner Trainingseinheiten anwende: Sie gibt den Hunden die Möglichkeit, mir mitzuteilen, dass sie weiterarbeiten möchten. Es gibt ihnen die Wahl, sich für den Druck der sozialen Interaktion zu entscheiden und zu arbeiten oder eine Pause zu machen. Es macht unsere Konversation dynamischer und weniger willkürlich. Es ist der beste Weg, den ich kenne, auf dem der Hund mir mitteilen kann, wie viel er ertragen kann und wann er bereit dafür ist.

Das Shaping ist eine weitere Technik, die ich in Verbindung mit dem »Mach mal Pause!«-Spiel anwende. Sie hat ebenfalls zum Ziel, eine Umgebung zu schaffen, in der der Hund die Möglichkeit hat, sich zwischen der Aktivität, die ihn unter Druck setzt, oder einer Pause davon zu entscheiden. Dieses Konzept wird in Quinns Geschichte deutlich. Obwohl Quinn bereits ein erwachsener Hund ist, ist sie ein gutes Beispiel für die Anwendung des Drucknachlassens als Belohnung für Ihren Welpen. Ein weiteres Beispiel ist der Border Collie Zip, der extrem empfindlich gegenüber dem sozialen Druck der Richter war, die ihn bei einer Prüfung beobachten.

Quinn: Angst vor der Wippe

Quinn ist ein schicker Blue-Merle Border Collie. Als Welpe nahm er an einem Agilitykurs für Welpen teil, bei dem alle Welpen die Wippe kennenlernten. Im Verlauf der folgenden Unterrichtsstunden wurde er immer sensibler gegenüber dem Lärm und dem wilden Spiel der anderen Welpen, während diese über ihr neues Lieblingshindernis rasten. Zufälligerweise nahm ich mit meinem eigenen Welpen an diesem Kurs teil, so dass ich den Beginn von Quinns Wippen-Problem miterlebte.

Bei jedem Knall der auf den Boden aufprallenden Wippe zeigte Quinn eine kleine, aber sichtbare Reaktion. Der Blick aus seinen eindrucksvollen blauen Augen sagte: »Was zum Teufel ist hier los?« und er wich ein kleines Stück von der Quelle des Lärms zurück. Ich war besorgt, dass er gegen das Geräusch der Wippe sensibilisiert würde. Gleichzeitig bekam Quinns Besitzerin Liz das Gefühl, ihn auf das Level seiner Klassenkameraden bringen zu müssen. Der Kursleiter schlug vor, mit Quinn öfter in der Nähe der Wippe zu spielen. Dies führte allerdings nur dazu, seine Furcht zu vergrößern, weil er den Knall immer öfter hörte.

Als Quinn heranwuchs und weiter an Agilitykursen teilnahm, blieb die Wippe sein Problem. Liz bekam einige Vorschläge, wie sie mit Quinns Wippen-Phobie umgehen sollte. Alle waren gut gemeint, aber nichts konnte Quinn davon überzeugen, dass die Wippe sein Freund war. In Wirklichkeit vergrößerten alle Bemühungen das Problem nur noch, statt es zu lindern.

Vorschlag 1

Spiele mit Quinn in der Nähe der Wippe, während andere Hunde sie benutzen.

Dies ist eine weit verbreitete Methode, um mit der Furcht vor Wippen umzugehen, und bei einem weniger sensiblen Hund als Quinn hätte es funktionieren können. Wie immer muss jeder Hund als eigenständiges Individuum betrachtet werden. Quinn war nicht nur ängstlich wegen des Geräuschs der Wippe, er war gleichzeitig auf dem Weg in eine später diagnostizierte Geräuschphobie. Die Phobie manifestierte sich ursprünglich zuhause. Dort versteckte er sich panisch im Obergeschoss, wann immer Liz in die Küche ging. Er versteckte sich, weil ihn die Geräusche beim Hantieren mit Töpfen und Pfannen in Angst und Schrecken versetzten.

Es gibt drei wesentliche Gründe dafür, dass die Versuche, Quinn dazu zu bringen, in der Nähe der Wippe mit einem Spielzeug zu spielen, nicht funktionierten.

Gesamtbild: Es gab ein viel weitreichenderes Gesamtbild, das betrachtet werden musste; mehr als Quinn nur im Unterricht zu beobachten und zum Schluss zu kommen, das Spielen mit einem Spielzeug im Moment des Wippen-Herunterknallens würde Quinn dazu bringen, das Geräusch zu mögen. Da gab es noch die genetische Disposition, dazu Quinns Alter (ein typisches Alter für die Eskalation von Sensibilitäten und anderen »Eigenarten«) und seine Vorgeschichte: Er wurde über seine Reizschwelle hinaus mit dem Lärm der Wippe konfrontiert, als er noch klein war.

Druck: Es wurde zu viel Druck auf Quinn ausgeübt, sich mit der Wippe zu beschäftigen. Die Wippe wurde zu einer »großen Sache« gemacht.

Falsche Anwendung der Lerntheorie: Da Quinn ein Hund mit viel Trieb war, der sich in jedem Kontext (mit Ausnahme in der Nähe einer Wippe) fast überschlagen würde, um ein Zerrspiel mit einem Ball oder mit einer Frisbeescheibe zu spielen, war jeder davon überzeugt, seine Liebe für Spielzeug würde über seine Furcht vor Wippen triumphieren. Tatsächlich passierte genau das Gegenteil. Zu Beginn meines Trainings mit Quinn war der Anblick eines Frisbee auf dem Hundeplatz für ihn bereits das Zeichen, dass er sich mit der Wippe beschäftigen musste. Dadurch verlor er das Interesse am Frisbeespielen. Die Verknüpfung Frisbee = Wippe wurde erfolgreich hergestellt und sie war fehlgeschlagen. Alles, was mit der Wippe in Verbindung gebracht wurde, war der Feind. Quinn war dabei, die Motivation zu verlieren, mit seinem Lieblingsspielzeug zu spielen!

Dieses Phänomen tritt häufig auf, wenn eine Gegenkonditionierung ohne eine gleichzeitige Desensibilisierung versucht wird. Gegenkonditionierung und Desensibilisierung sind Konzepte der Lerntheorie, die man gründlich verstehen muss, bevor man sie anwendet.

Eine Gegenkonditionierung soll die Gefühle des Hundes für einen beunruhigenden Stimulus verändern, indem dieser Stimulus mit etwas Angenehmem gepaart wird. (»Jedes Mal, wenn du den Paketboten siehst, bekommst du ein Schweineohr!«) Desensibilisierung ist ein schrittweiser Prozess, in dem der Hund unter seiner Reizschwelle (d. h. vor dem Punkt, an dem er eine unerwünschte Reaktion zeigt) dem Stimulus ausgesetzt wird, den er beunruhigend findet.

Wenn Sie über der individuellen Reizschwelle eines Hundes arbeiten, »überfluten« Sie ihn. Je nach Temperament des Hundes und den Umständen kann die Reizüberflutung funktionieren. Aber meiner Ansicht nach gibt es zu viel Potenzial für Nebenwirkungen und es bedeutet Stress für den Hund, also habe ich mich entschieden, sie nicht anzuwenden.

Quinn wurde versehentlich reizüberflutet, während man ihm beibringen wollte, dass Frisbee/Zerrspiele und Wippe gleichwertig sind. Das ist der Grund, warum die Taktik fehlschlug. Er wurde nah genug an die Wippe gebracht, um eine Reaktion auf das Geräusch zu zeigen und diesem Geräusch über seine Reizschwelle hinaus ausgesetzt. So lange er noch auf das Geräusch reagierte, war er nicht in dem optimalen Zustand, um lernen zu können, was man ihm vermitteln wollte. Ängstliche Hunde lernen nicht gut.

Vorschlag 2

Führe Quinn am Halsband über die Wippe und spiele hinterher mit ihm. Wenn er versucht, herunterzuspringen, halte ihn sanft oben und sorge dafür, dass er weiter geht. So lernt er, dass er nicht herunterspringen kann – er muss die Wippe nehmen.

Dies ist eine weit verbreitete Form der Reizüberflutung, deren Anwendung ich bei Hunden, die Angst vor Hindernissen haben, nicht mag. Mit Sicherheit half es Quinn nicht, »darüber hinweg zu kommen« oder »sich dran zu gewöhnen«. Im Gegenteil, es verstärkte eher seinen Glauben, dass die Wippe das Schlimmste ist, was ihm jemals widerfahren ist. Nicht nur das, er lernte, seiner Hundeführerin nicht zu vertrauen, wenn eine Wippe im Spiel war.

Vorschlag 3

Gehe wieder zurück zu den Grundlagen der Wippen-Arbeit, wie auf dem Wackelbrett zu spielen und die Wippe auf den Boden zu legen. Bringe dem Hund bei, auf das Ende zu springen und mach es zu einem tollen Spiel.

Das ist ein großartiger Vorschlag, aber er funktionierte nicht bei Quinn. Er war absolut angstfrei auf dem Wackelbrett, seit er ein Welpe war. Ich erinnere mich, wie er im Unterricht herauf und herunter sprang und mit aller Kraft am Wackelbrett zog. Das war für ihn eine tolle Sache. Quinns Gefühle gegenüber dem Wackelbrett hatten sich nicht verändert. Er verband es immer noch mit Spaß und Zerren, und er hatte ebenfalls kein Problem mit der Wippe, solange sie flach auf dem Boden lag.

Es waren das Geräusch und der Anblick von anderen Hunden auf der Wippe (Vorboten des Lärms), die das Problem geschaffen hatten. Verschlimmert wurde es durch den Druck, unter dem er stand: Er musste andauernd in der Nähe spielen und wurde am Halsband festgehalten und über die Wippe geführt. Dieser Druck machte die Erfahrung mit der Wippe zu einem Überlebenskampf statt zu einem lustigen Spiel.

Zusätzlich waren einige wohlmeinende Helfer der Ansicht, dass Liz das Problem geschaffen hatte, indem sie ihre eigene Ängstlichkeit zeigte; dies ist eine grobe Vereinfachung, wenn man mal ein Stück zurückzutritt und sich die verschiedenen Teile von Quinns Wippen-Problem anschaut. Es ist natürlich menschlich, dass sich Liz wegen Quinns Wippentraining sorgte. Als sie sah, dass es ein Problem gab, probierte sie verschiedene Vorschläge aus, die das Problem nicht lösten. Aber sie hatte das Problem nicht verursacht.

Als ich Quinn kennenlernte, war er etwas über ein Jahr alt. Auf der Basis von Quinns Vorgeschichte und seiner Persönlichkeit konnten Liz und ich einen Plan aufstellen, um ihm zu helfen, die Wippe anzunehmen statt sie zu fürchten. Da Quinn auf das Geräusch der Wippe reagierte und nicht auf die Bewegung, mussten wir den überraschenden Knall vom Rest des Wippenbildes trennen. Wir begannen mit der Wippe auf einer niedrigen Höhe, in der Hoffnung, die Heftigkeit und Lautstärke zu verringern, obwohl letztlich die Höhe nicht entscheidend war. Wir arbeiteten ebenfalls mit einer Outdoor-Wippe, die einen viel gedämpfteren Ton verursachte als die Wippe in der lauten Trainingshalle. Mit einem Polster aus Decken und Kissen machte die Wippe überhaupt kein Geräusch mehr. Aber sie quietschte immer noch, wenn der Drehpunkt überschritten wurde, also hielten wir die Wippe in der Mitte und kontrollierten so ihren Ausschlag, um ihn so leise wie möglich zu machen.

Während jeder den Fokus auf das Geräusch der Wippe legte, das auch wirklich das Problem war, wurde die gesamte Wippenerfahrung mit dem Geräusch verknüpft. Wir vermuteten, wenn Quinn herausfände, dass er über die Wippe gehen kann, ohne ein Geräusch zu verursachen, würde er sich wieder in sein »normales« Ich verwandeln und enthusiastisch lernen und spielen. Falls nötig, könnten wir ein ungedämpftes Wippengeräusch aufnehmen und uns später um das Geräuschproblem kümmern, sobald Quinn gelernt hatte, die leise Wippe zu lieben.

Bevor wir Quinn in die Nähe der Wippe brachten, ließ ich meinen Border Collie Easy mehrere Male darüber rennen. Quinn merkte sofort, dass sie kein Geräusch machte, und ich konnte förmlich sehen, dass er sich das groß aufschrieb.

Wenn Liz und ich in der Nähe der Wippe standen, rannte Quinn immer an eine bestimmte Stelle auf meinem Grundstück, wo er sich hinter einem Tunnel verstecken konnte. Ich ließ ihn das tun und Easy beim Spiel auf der Wippe beobachten. Quinn wurde neugierig und kam aus seinem Versteck, um zuzusehen. Er begann sich zu entspannen, weil er das Geräusch nicht mehr erwartete. Es gab kein Geräusch! Außerdem bedeutete es nicht mehr wie früher das Ende der Welt, einen Hund auf der Wippe zu sehen. Auch an dieser Stelle hätte das Geräusch später wieder dem Szenario hinzugefügt werden können.

Bevor Quinn zu mir auf den Hundeplatz kam, war er an einen Punkt im Wippentraining angelangt, an dem er zaghaft anbot, den vorderen Teil der Wippe mit seinen Vorderpfoten zu berühren. Aber er bekam Panik, sobald er irgendeinen Druck verspürte, weiter hinaufzugehen. Liz hatte ihn den Rest des Weges immer an seinem Halsband geführt. Da er den Anfang der Wippe bereits berührte, brauchte ich ihn nicht erst dorthin zu shapen, was eine Menge an Zeit sparte.

Ich warnte Liz vor, dass ich Quinn erlauben würde, die Wippe zu verlassen, ohne das komplette Hindernis überwunden zu haben. Sie war sehr besorgt, dass ich ihm beibringen würde, er dürfe immer nach Belieben von der Wippe springen. Ich erklärte ihr, wir müssten Quinn beibringen, dass es auch sicher ist, nur ein kleines bisschen mit der Wippe zu interagieren. Es dürfte nicht den Druck durch Menschen geben, ihn gegen seinen Wunsch auf der Wippe zu halten. Ich erklärte außerdem, dass das Nachlassen des Drucks, auf der Wippe zu sein, ein enormer Verstärker war, den wir auch benötigen. Dieser Ansatz war für Liz überhaupt nicht eingängig, aber sie entschied sich dafür, einen Versuch zu wagen.

In der Sekunde, in der Quinn seine Pfoten auf den Beginn des Wippenbretts stellte, clickte ich und warf sein Frisbee. Er fing es und rannte damit auf seinen sicheren Platz am Ende des Grundstücks hinter dem Tunnel. Mein Instinkt riet mir, zu ihm zu laufen und dort Frisbee mit ihm zu spielen. Der Zugang zu seinem sicheren Ort war Teil des Verstärkungsprozesses. Das Frisbee, auf das sich alle als primären Verstärker konzentriert hatten, war der unwichtigste Teil des Verstärkungsprozesses für Quinn. In der Tat baute mein ganzer Wippenplan auf meinem Gefühl auf, dass das Signal zum verlassen der Wippe der bestmögliche Verstärker sein würde. Sobald er lernte, ohne Angst die Zeit auf der Wippe zu genießen, würden auch sein natürlicher Enthusiasmus und seine Arbeitsmoral zum Vorschein kommen, und es würde viel einfacher werden, ihn für das Geräusch zu desensibilisieren.

Zusammengefasst waren die Verstärker:

- von der Wippe wegrennen zu dürfen,
- In der sicheren Zone spielen zu dürfen (ohne den Druck, nur in der Nähe der Wippe spielen zu dürfen),
- das Frisbee.

Da so viel Druck von Quinn genommen wurde – er wurde nicht körperlich gezwungen, auf der Wippe zu bleiben, er konnte bestimmen wie weit er sich hinauftraut, er konnte entscheiden zu gehen, er konnte sich in seine sichere Zone zurückziehen – begann er sehr schnell, ein neues Verhalten anzubieten. Er fing an, ein wenig weiter auf die

Wippe zu gehen, bevor er heruntersprang. Obwohl Ermutigung für ihn sehr wichtig war, wollte ich ihm lieber das Signal geben, herunterzuspringen, statt zu warten, bis er von selbst sprang. Also beobachtete ich ihn sehr sorgfältig und gab das Signal zum Springen, wenn es so aussah, als würde er gleich von selbst herunterspringen. Auf diese Weise konnte ich den vollen Effekt meines liebsten Hundetrainingsprinzips nutzen – des Premack- Prinzips.

Das Premack-Prinzip sagt aus, dass Sie ein wenig wahrscheinliches Verhalten (über die Wippe laufen) mit dem Zugang zu einem hoch wahrscheinlichen Verhalten (von der Wippe springen) verstärken können. Das nimmt den Konflikt aus dem Training und ist ein sehr mächtiges Instrument, die Motivation eines Hundes darüber zu ändern, uns das wenig wahrscheinliche Verhalten anzubieten. Die Motivationshierarchie beginnt sich zu verschieben. Der Hund fängt an, sich darauf zu freuen, das wenig wahrscheinliche Verhalten anzubieten, während es eine Ankündigung für das hoch wahrscheinliche Verhalten wird. In Quinns Fall bedeutete das »Berühre die Wippe, damit Du von ihr wegrennen und in Deiner sicheren Zone Frisbee spielen kannst«.

Quinn benötigte einen speziellen Wippen-Trainingsplan. In der Zwischenzeit sollte er nicht den Geräuschen von anderen Welpen in der Trainingshalle ausgesetzt werden, die die Wippe mit Schwung betätigten, weil sein Nervensystem jedes Mal, wenn er das Geräusch hörte, verfeinert und seine Furcht verstärkt wurde.

Es kann für Trainer schwer sein, sensiblen Hunden die Möglichkeiten zu bieten, die sie benötigen, um in einer Gruppenstunde erfolgreich zu sein. Hier ist eine Liste von Dingen, die Quinn eventuell geholfen hätten, die Entwicklung einer Wippen-Angst zu verhindern:

- mit ihm aus dem Raum zu gehen, solange an der Wippe gearbeitet wird, so dass er dem Geräusch nicht dauerhaft ausgesetzt ist, wenn es über seiner Reizschwelle ist,

- eine Pause vom Wippen-Training zu machen und an Grundlagen zu arbeiten, die Spaß machen – ohne den Druck, dass »er jetzt die Wippe lernen muss«. Lassen Sie nicht zu, dass ein Problem Sie dazu verleitet, möglichst schnell eine Lösung finden zu wollen; peilen Sie andere Ziele an, die Selbstvertrauen aufbauen, bevor Sie Ihrem Welpen Hindernisse vorstellen, bei deren Erkundung er sich nicht wohl fühlt.

Verstehen Sie, dass es keinen allgemeingültigen Weg gibt, ein Hindernis zu unterrichten. Manche Trainer verfahren nach dem Schema: »Jetzt ist der Zeitpunkt, an dem die Welpen die Wippe kennenlernen. Sie lernen es auf diesem Weg. Und deswegen müssen Sie es genauso machen«. Erlauben Sie Ihrem Welpen, in seinem eigenen Tempo und auf seine eigene Art zu lernen.

Also rief ich Quinn jedes Mal, wenn er einen Schritt auf die Wippe machte, wieder herunter und wir rannten gemeinsam in seine sichere Zone, um Frisbee zu spielen. Dann gab ich ihm das Freizeichen, seinen eigenen Angelegenheiten nachzugehen, packte das Frisbee in meine Tasche und ging zurück zur Wippe. Ich forderte Quinn nicht auf, mir zu folgen, aber er entschied sich jedes Mal dafür, mit mir zurück zur Wippe zu gehen und sie zu berühren. Und jedes Mal wartete ich darauf, dass er ein kleines Stück weiter auf die Wippe ging, bevor ich ihn herunterrief. Das erforderte eine vorsichtige Balance zwischen der Steigerung des Kriteriums und dem richtigen Timing, damit ich ihn von der Wippe entlassen konnte, bevor er von selbst heruntersprang.

Der Prozess dauerte nicht allzu lange, und plötzlich bot Quinn an, über die Wippe hin und her zu rennen. Wir stellten sie höher, das machte nicht den geringsten Unterschied. Dann hörte ich damit auf, den Drehpunkt zu halten. Das Quietschen beunruhigte ihn erst ein wenig, und wir konnten den Denkprozess beobachten, als er beschloss, dass es ihm egal war. An diesem Punkt entschied ich mich dafür, zu experimentieren. Ich rief Quinn von der Wippe und rannte mit ihm in seine sichere Zone, um zu spielen. Dieses Mal blieb ich in der sicheren Zone, nachdem ich das Frisbee in meine Tasche gepackt und ihm das Freizeichen gegeben hatte, statt zurück zur Wippe zu gehen. Ich fragte mich, ob Quinn ohne mich einen Schritt in Richtung der Wippe machen würde. Liz' Kinnlade fiel herunter, als Quinn in vollem Tempo über meinen Hof rannte, auf die Wippe flitzte und kurz vor dem Drehpunkt stoppte, während er seinen Kopf wie eine Eule drehte, um zu sehen, ob ich ihn beobachtete. Ich lobte ihn und rannte zur Wippe, während er auf mich wartete. Als ich dort ankam, lief er über den Rest der Wippe und spielte neben der Wippe Frisbee mit mir, anstatt zurück in seine sichere Zone zu rennen.

Den Druck zu entfernen, zu wissen, wie man den Hund belohnt, wo man ihn belohnt und womit man ihn belohnt, war alles, was Quinn als Starthilfe für seine Wippen-Rehabilitation brauchte.

Es stellte sich heraus, dass Quinn so zufrieden mit seinem neu gefundenen Freund, der Wippe, war, dass Liz es nicht für notwendig hielt, das Geräusch der Wippe aufzunehmen. Als sie nach zwei Tagen mit kurzen Trainingseinheiten nach und nach die Kissen entfernte, beunruhigte ihn das dumpfe Geräusch, dass die Wippe in ihrem Hof machte, nicht. Er benutzte ebenfalls die Wippe im Agility-Club während der Einzelstunden – genau die Wippe, vor der er vorher solche Panik hatte.

Es gibt noch ein letztes Puzzlestück, das zum Wippenrätsel hinzugefügt werden muss. Quinn muss immer noch gegen das Geräusch desensibilisiert werden, dass die Wippe macht, wenn andere Hunde darüber rennen. Das wird das nächste Projekt für Liz sein, damit Quinn wieder an den Gruppenstunden teilnehmen kann, ohne dadurch gestresst zu werden, wenn die Wippe benutzt wird.

Die verschiedenen Elemente von Quinns Geschichte erinnern uns daran, bei einem Problem einen Schritt zurückzutreten und das Gesamtbild für jeden Hund zu betrachten. Wir müssen jeden Hund lesen und uns mit seiner Geschichte und Persönlichkeit vertraut machen, damit wir erfahren, wie wir mit seinen individuellen Bedürfnissen umgehen können, statt auf eine »Ein Rezept passt für alle«-Strategie zurückzugreifen. Und wir müssen Kreativität entwickeln, um Trainingsstruktur so anzupassen, dass die Bedürfnisse des Hundes erfüllt werden.

Zip: Der welkende Border Collie

Zip ist ein ungefähr 14 Monate alter Border Collie, der gerade damit begonnen hat, an Wettbewerben teilzunehmen. Er ist einer der Hunde, die an meinem aktuellen Stressfrei-Kurs teilnehmen. Er liebt Agility und sein Herrchen. Was er nicht liebt, sind Richter oder Trainer, die direkt auf ihn zukommen und ihn direkt ansehen, sich über ihn beugen oder sich in der Nähe von Hindernissen bewegen, wenn er diese gerade überwindet. Das jagt ihm Angst und Schrecken ein.

Als Zip das erste Mal in die Unterrichtsstunde kam, lernte er die Deckenarbeit kennen, die ihm später half, mit seiner Sensibilität gegenüber Druck umzugehen. Er lernte seinem Herrchen Menschen anzuzeigen, die auf ihn zukamen, während er auf der Decke war, und wurde dafür belohnt. Er wurde ein Experte im »Guck mal da!«-Spiel. Dann begann ich die Decke in Trainingssequenzen einzubauen, indem er nach einem oder zwei Sprüngen auf seine Decke geschickt wurde. Sobald Zip dort ankam, liefen ein Helfer oder ich um die Decke herum etc. Ich experimentierte damit, herauszufinden, was zuviel für ihn war. Wenn sich jemand ein wenig zu sehr in Richtung Decke lehnte oder etwas zu energisch auf sie zuging, sank er auf seiner Decke zusammen wie eine welke Blume. Wenn Sie eine Decke im Training verwenden, ist es sehr wichtig, sicherzustellen, dass der Hund immer das Gefühl hat, die Decke sei ein sicherer und glücklicher Ort. Nicht, dass Sie die Decke so »vergiften« wie die Wippe für Quinn »vergiftet« wurde.

Als Zip besser darin wurde, zuversichtlich zu bleiben, während Menschen um den Parcours liefen, entfernte ich die Decke, um sicher zu sein, dass er auch ohne seinen Rettungsanker mit uns klarkommen würde. Dann legte ich die Decke auf die Kontaktzone. Ich verbrachte viele Trainingseinheiten damit, ihm beizubringen, dass er die Deckenregeln jederzeit in seiner Two on/Two off-Position auf der Kontaktzone anwenden konnte, wann immer ein bedrohlicher Trainer auf ihn zukam, um ihn zu beobachten. Am Anfang war er die A-Wand heruntergesaust und hatte die Kontaktzone fröhlich berührt. Während er auf das nächste Signal von Herrchen wartete, fing er an zu »welken«, sobald eine Person auf ihn zukam. Mit »welken« meine ich, dass Zips Ohren sich nach hinten unten bewegten und sein Körper aussah, als würde man die Luft aus ihm herauslassen. Im schlimmsten Fall hatte er langsam und mit traurigem Blick die Kontaktzone verlassen. Es war meine Aufgabe, Zip im Unterricht niemals traurig zu machen, also nahm ich die große Herausforderung an, die Dinge unter seiner Reizschwelle zu halten.

Ich kam auf die Idee, auch hier das Nachlassen von Druck zusammen mit der Decke als Verstärker anzuwenden. Also integrierte ich das Signal seines Herrchens zum Verlassen der Kontaktzone in die nächste Phase des Deckentrainings. Sobald Zip die Kontaktzone berührte, würde sein Herrchen darauf warten, dass ich mich den beiden näherte. Zip würde sich zu mir orientieren und mich anschließend ebenso seinem Herrchen »anzeigen« wie den gruseligen Richter im dritten Schritt der Deckenarbeit. Sobald er das tat, würde sein Herrchen es markieren und ihn durch Werfen eines Spielzeugs in die mir entgegengesetzte Richtung von der Kontaktzone entlassen. Ich wollte Zip zu verstehen geben, dass er diese unkomfortable soziale Situation durch sein eigenes Verhalten beenden konnte und dass er in der Tat die Kontrolle hatte.

Zip verbesserte sich gewaltig und startete seine Wettkampfkarriere erfolgreich – bis ein Richter von hinten auf ihn zu rannte, während er im Slalom war. Das war traumatisch und er sprang aus dem Slalom, während er sich nach dem Monster umsah. Später spielte ich im Unterricht einige Parallel-Spiele mit Zip, um ihm beizubringen, dass er – egal was um ihn herum passiert – vertrauensvoll im Slalom bleiben kann.

Zuerst stand ich in gewisser Entfernung vom Slalom, während Zip davor saß und auf das Signal seines Herrchens wartete. Ich musste herausfinden, in welcher Distanz ich stehen konnte, bis Zip die Ohren hängen ließ. Also lernte Zip, durch den Slalom zu gehen, während ich dort stand. Ich legte die Decke in die Nähe des Ausgangs, so dass er für seine Belohnung hinterher dorthin rennen konnte. Wir übten das mit vielen Wiederholungen und dann entschied ich, dass sein Herrchen das Frisbee für Zip werfen konnte, sobald dieser aus dem Slalom kam. Ich hatte das Gefühl, dass er die Decke in diesem Kontext nicht mehr brauchte. Im nächsten Schritt bewegte ich mich am Slalom entlang, so dass ich an jeder Stange auf der gleichen Distanz stehen konnte, und anschließend begann ich mich zu nähern. Zip guckte ab und zu »verwelkt«, und wir machten einen Schritt zurück bis zu einem Punkt, an dem er erfolgreich sein konnte. Dann begann ich mich langsam zu bewegen, während er im Slalom war (wir begannen mit nur sechs Slalomstangen). Als Nächstes musste ich herausfinden, in welcher Distanz zu den Stangen ich mich bewegen konnte. Als das für Zip in Ordnung war, verringerte ich die Distanz. Ich fand heraus, dass es einfacher für Zip war, wenn ich an der letzten Stange stand und mich in Bewegung setzte, wenn er am Ende war. Und dann, wenn ich in der Mitte stand und startete, sobald er auf der Hälfte war. Ich stellte einen Tunnel in der Nähe des Slaloms auf, sodass er vor dem Einfädeln beschleunigte und bewegte mich weiterhin, während er im Slalom war. Ich beschleunigte ebenfalls, bis wir beide rennen konnten. Bei jeder Wiederholung verringerte ich die Distanz ein kleines bisschen, bis ich in vollem Tempo direkt neben ihm an den Stangen entlang rennen konnte.

Ich verwendete außerdem eine »intermediäre Brücke« als Stimulus. Ich brachte ihm das zischende Geräusch bei, das ich mag, um Hunde zum Schnellerwerden anzufeuern. Mit diesem Zischen fing ich an, wenn Zip ein Verhalten begann, und hörte erst auf, wenn das Verhalten beendet war, gefolgt von Click und Leckerchen. Dieses Geräusch vermittelte Zip, mit dem weiterzumachen, was er gerade tat. Ich brachte es ihm bei, indem ich sein Frisbee warf, zischte, während er es jagte und das Fangen mit einem »Ja!« markierte. Das Zischen dauerte so lange an wie das Jagen. Anschließend setzte ich das Zischen ein, während Zip im Slalom war, und sein Herrchen warf das Frisbee, sobald er den Slalom beendete. Das Zischen wurde zu einem vertrauten ermutigenden Stimulus, der aussagte: »Du machst das fantastisch. Das ist eine Struktur, die du kennst. Am Ende folgt das Frisbee, mach weiter!«. Es war eine zusätzliche Unterstützung, um ihm zu helfen, im Slalom zu bleiben. Es war außerdem etwas, das sein Herrchen im Wettkampfring verwenden konnte, um Zip Sicherheit zu geben, wenn ein Richter sich ihm näherte.

Am Ende der Trainingseinheit (das komplette Slalom-Parallel-Spiel-Training fand in einer einstündigen Einzelstunde statt) konnte Zip mich vollkommen ignorieren und voller Enthusiasmus durch den Slalom fädeln, egal wie nah ich kam, selbst wenn ich direkt hinter ihm rannte.

Wir fuhren fort, auf diese Weise zu trainieren und weitere »Richter« in das Training mit einzubeziehen. Zip guckt nun bei Wettkämpfen fröhlich und zuversichtlich und sein Herrchen hat gelernt, wie er Stressanzeichen erkennt und wie er ihn in der Wettkampfumgebung wieder aufmuntern kann. Zip ist ein »Guck mal da!«-Fan geworden und liebt es, seinem Herrchen Leute anzuzeigen, wenn er zwischen den Turnierdurchgängen mit ihm herumläuft. Wenn Menschen sich nähern, zeigt Zip sie hilfsbereit an, und jeder erzählt ihm, dass er ein kluger Hund ist.

Ein Jahr nach seinem Stressfrei-Kurs und vielen erfolgreichen Wettbewerben, erreichte Zip den siebten Platz in seiner Größenklasse bei den nationalen Meisterschaften. Selbst mit den zusätzlichen Stressoren durch die Reise, weit weg von zuhause, raste Zip durch jede seiner sieben Prüfungen ohne irgendeine Angst vor fremden Richtern oder Turnierhelfern. Weiter so, Team Zip!

Uns stehen nahezu uneingeschränkte Möglichkeiten zu Verfügung, um unsere Welpen zu verstärken. Um Verstärkung sinnvoll anzuwenden, benötigen wir sowohl Weitblick als auch Vorstellungskraft. Wir müssen einen Schritt zurücktreten und das Gesamtbild betrachten, um herauszufinden, wie wir entweder die Umgebung oder unser Training anpassen können, um das Bestmögliche aus dem, was wir haben, herauszuholen.

11 Kontrolle vs. Kooperation

»Nichts im Leben ist umsonst« ist eine gut gemeinte Idee, die in der Hundesportszene teilweise sehr extrem ausgelebt wird. Die Grundidee ist, dem Welpen beizubringen, dass er sich durch höfliches Verhalten Dinge verdienen kann, die er gern möchte. Aber einige Menschen haben es übertrieben, indem sie alle Ressourcen streng limitieren und eine große Menge an Deprivation anwenden. Wir sollten als einzigen Aspekt dieses veralteten Konzepts beibehalten, dass es wichtig ist, dem Welpen beizubringen »Für gutes Verhalten bekommt man tolle Dinge.« So einfach ist das!

Mein Lieblingsbeispiel für jemanden, der dieses Prinzip auf die Spitze getrieben hat, ist eine Agility-Trainerin aus meiner Gegend, die tatsächlich ihr Fenster mit Holzbrettern versperrt hat, weil sie ihren Terrierwelpen dabei beobachtet hatte, wie er durch das Fenster ein Eichhörnchen beobachtete. Sie wollte verhindern, dass er jemals wieder die Chance bekam »sich selbst zu belohnen«, indem er aus dem Fenster sah. Das hat kaum noch etwas mit einem Welpen zu tun, der sich erst hinsetzen muss, bevor er einen Keks bekommt.

Ich halte das Konzept »Nichts im Leben ist umsonst« für unsinnig. Der Welpe darf immer noch eigenständig atmen. Was ich mache, ist, ein Standardverhalten zu trainieren und es gleichzeitig zu festigen, indem ich das Konzept »Für gutes Verhalten bekommt man tolle Sachen« erkläre. Dafür nehme ich eine primäre Ressource und warte, bis der Welpe sein Standardverhalten anbietet. Wenn ich also die Futterschüssel zur Futterzeit in der Hand halte, überlegt sich mein Welpe, »Sie hat etwas, das ich gerne hätte. Wie kann ich ihr mitteilen, dass ich es gerne haben möchte? Lass mich nachdenken, welches Verhalten kann ich anbieten, das sie dazu bringt, auf mich zu reagieren? Oh, ich weiß es! Jedes Mal wenn ich mich hinlege, scheint das zu funktionieren.« Er legt sich hin und bekommt seine Futterschüssel.

Ein anderer großartiger Weg, dieses Konzept und die Ausschalt-Spiele zur selben Zeit zu trainieren, ist es, den Welpen dazu aufzufordern, sein Spielzeug loszulassen und es ihm, nachdem er sein Standardverhalten gezeigt hat, wiederzugeben.

Sie haben vielleicht bemerkt, dass ich weiter oben von einer »primären Ressource« gesprochen habe. Ich habe eine kurze Liste der Dinge, um die meine Hunde nach dem Motto »Für gutes Verhalten bekommt man tolle Sachen« bitten sollen. Den höchsten Wert für das McDevitt-Rudel besitzen Futter, Lieblingsspielzeuge, das Haus durch die Vordertür verlassen (was mit großer Sicherheit bedeutet, dass wir auf Abenteuerreise gehen) und der Zugang zum Ohne-Leine-Laufen oder Schwimmen. Ein schnelles Standardverhalten – Sitz, Platz oder Augenkontakt – bringt mich dazu, das Freizeichen zu geben. Und da »Lass es« ein Lebensstil für meine Hunde ist, sind Verhalten, die mich dazu bringen »Das Wort« zu sagen, sehr gut geübt und werden mit Freude angeboten. Das ist es. Und für mich ist es Teil unserer Kommunikation darüber, was für beiden Seiten funktioniert und wie unser Teamwork durch Kooperationsbereitschaft gestärkt wird, wenn meine Hunde ihr Standardverhalten anbieten – kein »Ich kontrolliere Alles und Du musst gehorchen, wenn Du diesen Keks haben möchtest.« Ja, bei mir liegen Spielzeuge und Knochen im Haus herum. Oh, und auch die Katzen bewegen sich frei im Haus, sodass die Hunde mit ihnen interagieren können, wann immer sie wollen. Und sie haben alle Fenster, aus denen sie herausschauen können!

Nur als Randbemerkung möchte ich an dieser Stelle erwähnen, dass manche Leute es auch damit übertreiben, ihren Welpen auf sein Essen warten zu lassen. Sie können die Mahlzeiten mit zu viel Druck besetzen, indem sie langandauerndes Sitz oder Platz vor der gefüllten Futterschüssel verlangen – »Bleib! Bleib!« zum hungrigen Welpen. Der Welpe *braucht* eine stressfreie Mahlzeit ohne all diesen Druck. Meine Hunde sehen mir zu, während ich das Futter zubereite und legen sich automatisch hin. Sie bekommen ihr Futter, sobald sie liegen und jeder ist zufrieden. Sie haben trotzdem höflich um ihr Futter »gebeten« und da es »ihre eigene« Idee war, musste ich keinen Druck auf sie ausüben und sie auffordern, ein Gehorsamkeitsverhalten zu zeigen, bevor sie essen durften.

Ihr Welpe bekommt sein Leckerchen und darf es auch fressen!

Viele Leute kommen frustriert und enttäuscht zu mir, weil ihre Hunde »Dinge« mögen. In der Hundesportszene werden die Leute regelrecht darauf programmiert, zu denken, dass sie als Trainer – und möglicherweise auch als Mensch – versagt haben, wenn ihr Hund sich für Dinge in seinem Umfeld interessiert. Aber ich habe gute Neuigkeiten für Sie. Durch eine kreative Anwendung des Premack-Prinzips und der Grundlagenarbeit in diesem Buch können Sie eine kooperative Beziehung mit Ihrem Hund genießen, in der Sie den Fokus und die Kontrolle erhalten, die sie sich wünschen, und Ihr Hund seine hündischen Bedürfnisse befriedigen kann. Das reduziert den Frust für beide Seiten.

Zurück zu den Menschen, die sich aufregen, weil ihr Hund sich für die Welt interessiert. Da ich mit so vielen reaktiven Hunden arbeite, ist es zunächst einmal *toll*, ausgeglichene Hunde zu treffen, die Dinge in ihrer Umgebung genießen, statt jedes einzelne davon für ein potenzielles Problem zu halten. Wenn Ihr Welpe also die Welt interessant findet, super! Es ist kein Grund, es als persönliches Versagen zu betrachten, wenn beispielsweise Ihr Terrier, der dafür gezüchtet wurde, in Tunnel zu kriechen, es tatsächlich genießt, im Garten in Löcher zu krabbeln. Das bedeutet nicht, dass Sie Ihrem Terrier kein Agility beibringen können oder er nicht lernen kann, sich auf Sie zu konzentrieren, wenn Sie das möchten. Aber wie bei allem gibt es Leute, die Konzepte wie die Kontrolle der Umgebung auf extreme Weise anwenden, sodass manche Hunde erleben müssen, wie ihr Leben mehr und mehr eingeschränkt wird.

Zweitens, wenn die Leute sich darüber beschweren, dass ihre Hunde sich für so viele Dinge interessieren, sage ich zu ihnen, »Gut! Je mehr Dinge sie mögen, desto mehr Dinge haben wir, mit denen wir sie belohnen können!«

Wir können die ganze Welt zur Hilfe nehmen, um unsere Welpen zu trainieren! Das ist ein großer Paradigmenwechsel für viele Leute. Sobald sie beginnen, darüber nachzudenken, wie sie eine Lernumgebung schaffen können, in der die Welt für und nicht gegen uns arbeitet, entspannen sie sich und das Welpentraining macht auf einmal viel mehr Spaß! Wenn ein Welpe am Gras schnüffelt, können wir, anstatt uns wie Versager zu fühlen, weil der Welpe nicht ausschließlich mit uns spielen will, unsere Stressfrei-Grundlagen wie »Lass es«, die Blitzwendung und das »Komm und geh«-Spiel üben. Sobald das Premack- Prinzip uns dabei geholfen hat, das Gras zu einer geringeren Ablenkung zu machen, können wir das Zerrspiel integrieren und das »Mach mal Pause!«-Spiel spielen. Zerren, zerren – »geh schnüffeln.« »Oh, du warst noch nicht fertig mit dem Zerrspiel? Okay, noch eine Runde…«

So machen sowohl Hundeführer als auch Welpe eine gute Erfahrung damit, dass ihre individuellen Bedürfnisse erfüllt werden. Die schwarze Wolke über unseren Köpfen mit Gedanken über das »selbstbelohnende« Verhalten unserer Welpen und was es über uns als Trainer aussagt, verschwindet und wir können den sonnigen Himmel sehen. Es ist alles eine Frage der Perspektive. Wenn Ihr Welpe also das nächste Mal etwas Interessantes in der Welt entdeckt, integrieren Sie es, wenn es möglich ist, in Ihr Training. Tappen Sie nicht in die Falle, das Leben Ihres Welpen immer weiter einzuschränken (»Er mochte diesen Gegenstand – also lasse ich ihn nie wieder in seine Nähe, da er nur das mögen darf, was ich schon vor seiner Geburt für ihn festgelegt habe!«). Lassen Sie sich von Ihrem Welpen für das Training den besten Weg zeigen, der seine Persönlichkeit und seine ureigenen Vorlieben und Abneigungen würdigt. Die Welt ist ein großer Spielplatz, lassen Sie uns spielen gehen!

Eine Belohnung sollte den Welpen belohnen!

Es stört mich, dass es unter vielen Hundesporttrainern eine weit verbreitete Attitüde gibt: Es hat immer der Mensch die Kontrolle darüber, welcher Verstärker verwendet wird. Hinter dieser Einstellung verbirgt sich die Aussage, »Ich entscheide, was du magst, und es sollte dir besser gefallen.« Ich habe gesehen, wie Menschen ihre Welpen mit dieser Begründung dazu zwingen, Leckerchen zu nehmen. Dabei gibt es viele Gründe, warum ein arbeitender Welpe gerade keine Leckerchen möchte:

- Vielleicht ist er zu gestresst, um zu fressen! Wenn Sie generell einen futtermotivierten Welpen haben und dieser während einer bestimmten Trainingseinheit keine Leckerchen nehmen möchte, atmen Sie tief durch, streichen Sie alle Gedanken von »Er muss das Futter nehmen, weil ich das gesagt habe!« und überprüfen Sie ihn auf Anzeichen von Stress.

- Vielleicht ist er in einem Modus, der sich nicht mit Fressen vereinbaren lässt. Das passiert im Speziellen regelmäßig mit jungen Border Collies. Diese Welpen lieben die Arbeit, aber weigern sich, ein Leckerchen zu nehmen, wenn Sie es ihnen anbieten oder spucken es wieder aus. Sie bevorzugen ein Spielzeug oder einfach das Fortfahren mit der Arbeit ohne eine »Futter-Unterbrechung«.

- Vielleicht war es eine lange Trainingseinheit und er ist müde, erschöpft, oder satt.

- Vielleicht braucht er eine »Pippi-Pause« oder das Ende der Trainingseinheit.

- Vielleicht fühlt er sich ein bisschen neben der Rolle.

- Vielleicht hat er gerade keinen Appetit.

Wenn Sie gerade dabei wären, einen Marathon zu laufen oder eine Gehirn- Operation durchzuführen oder eine Oper zu singen, und jemand würde Ihnen zu der hervorragenden Arbeit gratulieren und Ihnen einen Schokoriegel anbieten, könnte es sein, dass Sie ablehnen: »Ich kann gerade nicht essen, ich bin beschäftigt«. Wenn Ihnen jedoch jemand eine Flasche Wasser anbietet, während Sie beim Marathon an ihm vorbeilaufen, würden Sie sie eventuell für eine angemessene »Belohnung« halten und sie dankbar annehmen. Manche Menschen können sehr verärgert werden, wenn ihr Welpe eine eigene Meinung dazu hat, was er mag und was nicht. Wie würde es Ihnen gefallen, wenn jemand Sie zwingen würde, während des Marathonlaufes einen Schokoriegel zu essen?

Warum interessiert es die Leute, ob ihr Welpe die Leckerchen nimmt, oder nicht? Die wesentlichen Gründe sind rational und ich stimme ihnen zu:

- Es ist schlicht und ergreifend praktisch, Futter im Training zu verwenden.

- Je mehr Werkzeuge Sie in Ihrer Werkzeugkiste haben, desto besser. Und für mich ganz persönlich ist Futter eines der Hauptwerkzeuge.

- Es gibt Trainingssituationen, in denen Sie Spielen oder Zugang zu Umgebungsbelohnungen nicht verwenden wollen oder können – welches meine normalen Nicht-Futter-Verstärker wären.

- Es gibt Momente im Training, in denen es sinnvoll ist, Ihren Welpen in einer bestimmten Position zu belohnen, und Zeiten, in denen Sie das Erregungsniveau Ihres Welpen auf einem bestimmten Level halten wollen und ein Leckerchen dafür sinnvoller wäre als ein Zerrspiel oder etwas anderes.

- Ich bin mir sicher, dass es noch weitere Gründe gibt. Die wesentliche Aussage an dieser Stelle ist, dass es gut ist, Leckerchen zu verwenden, um Ihren Welpen zu trainieren.

Während ich also vollkommen zustimme, dass es wundervoll ist, wenn Ihr Welpe Leckerchen mag, verabscheue ich es, wenn Leute Ihrem Welpen die Leckerchen ins Maul stopfen und ihn zum Schlucken zwingen. Ich dachte immer, dass das Wort »Leckerchen« etwas Angenehmes beinhaltet. Etwas, das der Welpe genießt und nicht etwas, das wir ihm in den Hals stecken müssen, während er lieber etwas anderes haben würde. Für mich ist es eine aggressive Handlung, den Welpen zu zwingen, etwas zu essen, was er nicht möchte. Stellen Sie sich vor, das mit einem Kind zu machen statt mit einem Welpen. Meine Großmutter zwang mich einmal, eine große Menge an ganzen Sardinen zu schlucken, inklusive Augen und Schwanz. Es war traumatisierend, da ich dabei an meinen Goldfisch dachte, und ich war extrem aufgewühlt, während ich die Sardinen schlucken musste. Wegen dieses traumatischen Ereignisses habe ich seit über 30 Jahren keine Meerestiere mehr gegessen.

Was können Sie also tun, wenn Ihr Welpe keine Leckerchen nehmen möchte und Ihre Freunde oder Trainer darauf bestehen, dass Sie ihn dazu zwingen müssen?

Ich schlage Ihnen vor, die Entstehung dieses Drucks in erster Linie zu verhindern. Das können Sie auf zwei Arten tun:

1. Wenn Sie einen Welpen haben, der Spielzeuge oder Umweltbelohnungen bevorzugt, so wie den Zugang zu sozialer Interaktion oder Erkundung, nutzen Sie das Premack-Prinzip.

2. Bringen Sie Ihrem Welpen bei, dass das Leckerchen das Spielen oder das Freizeichen ankündigt, wie ich es in Kapitel 7 beschrieben habe. Es wird den Wert des Leckerchen erhöhen, da es mit einer Aktivität verknüpft wird, die Ihr Welpe liebt. Gewöhnen Sie ihn an ein Muster von Leckerchen – Spielzeug – Leckerchen – Spielzeug, so dass er einfach von einem zum anderen wechseln kann.

Als Easy ein Welpe war, wollte er keine Leckerchen nehmen, wenn er im Spielmodus war. Verschiedene Gehirnareale sind hieran beteiligt, und es ist für die Hunde nicht einfach, zu lernen, vom instinktiven in den operanten Modus umzuschalten. (Ich kenne die aktuelle Bezeichnung aus der Neurowissenschaft für dieses Phänomen nicht. Es reicht aber, an dieser Stelle zu sagen, dass es absurd ist, sich über Ihren Welpen zu ärgern, wenn seine normale Gehirnfunktion sich nicht an Ihren Trainingsplan anpasst.) Es war schwer für ihn, ein Leckerchen aus der einen Hand zu nehmen, wenn ich sein Spielzeug in der anderen Hand hielt. Also legte ich das Spielzeug auf einen Tisch und gab ihm das Leckerchen in ein paar Schritten Entfernung. Ich musste nur erst den richtigen Abstand zwischen ihm und dem Spielzeug herausfinden, um ihm zu helfen, in einen mentalen Zustand zu kommen, in dem er das Leckerchen für eine gute Idee hielt. Dann spielte ich mit ihm, legte das Spielzeug wieder auf den Tisch und begann von vorne. Wir arbeiteten daran, bis er ein Leckerchen aus meiner Hand nehmen konnte, während ich ein Spielzeug hielt und tasteten uns dann vor, bis wir zwischen Leckerchen und Spielzeug abwechseln konnten.

Dieser Prozess dauerte eine Weile. Das ist in Ordnung. Ihren Welpen zu trainieren, kann eine Weile dauern. Ich wollte außerdem den Wert des Tennisballs erhöhen. Zwar liebte Easy Zerrspiele am meisten, aber ich wollte trotzdem manchmal einen Ball werfen, um ihn auch auf Distanz belohnen zu können. So lernte er zwischen dem Ball und seinem Zerrspielzeug hin und her zu wechseln.

Auch dieser Prozess sollte Spaß machen und Sie sollten ihn mit der Einstellung beginnen: »Es gibt so viele lustige Dinge in der Welt für dich zum Ausprobieren!« Und nicht: »Ich habe gesagt, dass Du das magst, also hast Du es zu mögen.«

Nachdem ich erfolgreich verschiedenen Spielzeugen einen gleichen Wert gegeben hatte, machte ich einen Schritt zurück vom Training und dachte mir: »Ich kann genauso gut einfach ein Zerrspielzeug werfen wie einen Ball und oft lasse ich das Spielzeug sowieso liegen und schicke ihn dorthin, statt es überhaupt zu werfen. Warum hab ich mir so viel Mühe damit gegeben, obwohl ich in der Zeit etwas anderes hätte machen können?« Der Leckerchen-Spielzeug-Wechsel war wichtig für mich, aber der Spielzeug-Spielzeug-Wechsel brachte mich, im Nachhinein betrachtet, dazu zu hinterfragen, wieviel Kontrolle ich wirklich über die Wahl des Verstärkers brauche; es ist eine Frage dessen, wo Sie die Grenze ziehen.

Ich hatte eine Schülerin, deren Welpe zu gestresst war, um in einem meiner Kurse Zerrspiele zu spielen. Er konnte aber Leckerchen nehmen und er lernte die Übungen gut. Ich war zufrieden mit seiner Leistung und wusste, dass er irgendwann ein Komfortniveau erreichen würde, bei dem er auch das Zerrspiel im Unterricht genießen könnte, da er es zuhause auch konnte.

Ich behielt im Hinterkopf, dass Spielverhalten durch Stress unterdrückt werden kann und konzentrierte mich darauf, den Stress des Welpen im Unterricht zu verringern, sodass sein natürliches Spielverhalten zum Vorschein kommen konnte, anstatt zu versuchen, ihn zum Spielen zu »zwingen«, wenn er es nicht wollte. Seine Fähigkeiten, Leckerchen zu nehmen und zu lernen, zeigten mir, dass wir auf dem richtigen Weg zu dem Zustand waren, den sein Frauchen sich wünschte. Sie konnte sich aber nicht wirklich über seine Fortschritte freuen, weil man ihr eingeredet hatte, ihr Welpe müsse immer und überall in der Lage sein, Zerrspiele zu spielen. Dafür war er noch nicht bereit, aber ansonsten entwickelte er sich gut.

Ich sehe keinen Grund für solche extremen Überzeugungen und bin selbst keine Extremistin, außer, wenn es um den Einsatz positiver Verstärkung geht. In meinem Welpentraining geht es um Balance und Kooperation, also sehe ich einfach keinen Grund für extreme Aussagen wie »Ihr Welpe muss … egal was passiert … sonst wird er später nicht erfolgreich im Agility sein!« Ich habe einige wirklich absurde Aussagen gehört. Der Welpe der oben erwähnten Kundin fühlte sich nach einer Weile im Unterricht wohl genug, um mit seinem Ball zu spielen. Ich war begeistert über seinen Fortschritt, aber die Kundin war immer noch darüber verärgert, dass er keine Zerrspiele spielen wollte. Sie kamen an einen Punkt, an dem der Welpe begann, mit dem Ball zu zerren, und ich wusste, dass er schon bald mit einem Zerrspielzeug spielen würde. Ich war zufrieden, dass er sich wohl genug fühlte, um zu spielen, da er vorher ein wenig reaktiv gegenüber anderen Hunden war und wir ihm helfen mussten, damit umzugehen. Die Tatsache, dass sein Selbstvertrauen einen Punkt erreicht hatte, an dem er spielen konnte, war eine gute Sache.

Die Kundin nahm eine Agility-Einzelstunde und kam noch verärgerter zurück. Der Trainer hatte ihr einen Vortrag darüber gehalten: Es sei nicht »gut genug«, dass der Hund mit einem Ball Zerrspiele spielt, er müsse an einem langen Fleece-Tau zerren, sonst würde es nicht zählen. Die Kundin blieb weiterhin frustriert über ihren Welpen, während ich sagte, »Aber sehen Sie doch, welche Fortschritte er macht!« Wir betrachteten zwei unterschiedliche Welpen.

Am Ende geht es immer darum, für welchen Weg Sie sich entscheiden, um Ihren Welpen aufzuziehen.

Sie können lernen, Ihren Welpen zu lesen, so dass Sie ihn nicht in eine Situation bringen, in der er sich weigert, während des Trainings ein Leckerchen zu nehmen. Finden Sie heraus, wie viele Pausen er braucht, welche Übersprungshandlungen er bei Stress zeigt und so weiter. Ich kann Ihnen in jeder Situation den angemessenen Verstärker für einen Hund nennen, da ich hyperfokussiert auf seine Körpersprache, seine Energie und die von ihm gesendeten Nachrichten bin, genauso wie auf das Trainingsumfeld und seine Einschränkungen. Werden Sie hyperfokussiert auf Ihren Welpen und Sie werden immer wissen, was in der gegebenen Situation für ihn das Richtige ist, um seine Bedürfnisse zu erfüllen.

Lernen Sie, darüber zu lachen

Wenn Ihr Welpe im Training ein unerwünschtes Verhalten zeigt, erinnern Sie sich selbst daran, dass er ein Welpe ist! Und es geht nur um Hundetraining nicht um den Weltfrieden! Wenn Ihre Freunde Ihren Welpen kritisieren, weil er nicht in ihr Konzept des imaginären perfekten Sportwelpen passt, lachen Sie darüber. Erinnern Sie sie ebenfalls daran, dass es nur um Training geht! Es ist nur Verhalten! Die Welt wird nicht untergehen, und was auch immer im Training nicht so funktioniert, wie Sie es sich erhoffen, ist nur eine weitere Information für Sie, mit deren Hilfe Sie beim nächsten Mal eine bessere Lernerfahrung für sich und Ihren Welpen schaffen können. Lächeln Sie!

12 Aufmerksamkeit ist auch nur ein Verhalten

Wenn der zukünftige Sporthund Schwierigkeiten damit hat, sich in Gegenwart von Ablenkungen zu konzentrieren – sei es in der Hundeschule oder in der Welt – werden die Besitzer oft für eine schlechte oder nicht vorhandene Beziehung kritisiert.

Natürlich ist die Beziehung der wichtigste Faktor an dieser Stelle. Für mich dreht sich das Tiertraining an allererster Stelle darum, eine Bindung zu einem Tier zu aufzubauen und zu pflegen. Und ja, je besser die Bindung zu Ihrem Welpen ist, desto einfacher wird er zu trainieren sein.

Doch was bedeutet Bindung? In der Hundesportszene ist sie zu einem hoch emotional geladenen Begriff geworden, und nach meiner Meinung wird er überbeansprucht und als Sündenbock verwendet, um eine Reihe von Trainingsproblemen abzudecken. Ihr Hund hat X nicht korrekt ausgeführt? Dann haben Sie eine schlechte Bindung.

Für mich bedeutet »Bindung« in diesem Fall einfach Beziehung, das Verhältnis von zwei Lebewesen zueinander.

Wenn Ihr Verhältnis zu Ihrem Welpen gut ist, werden Sie Verständnis für seine Situation haben. Er denkt zum Beispiel: »Es ist schwer, sich an diesem lauten, aufregend riechenden Platz zu konzentrieren, während andere Welpen direkt neben mir Zerrspiele spielen!« Sie kennen seine Persönlichkeit, wissen, wie sein Tag war, welche Art von Training für ihn am besten funktioniert, wie viele Pausen er braucht, welche Belohnungsrate und welche Balance zwischen Erregung und ruhigem Verhalten er benötigt, um am besten lernen zu können und so weiter.

Wenn er ein gutes Verhältnis zu Ihnen hat, versteht er, was Sie von ihm fordern, kann Ihre Körpersprache gut lesen und bekommt wichtige Informationen von Ihnen darüber, was funktioniert, was nicht und wie die Spielregeln sind.

Manche Welpen werden sich ablenken lassen. Wenn die Umgebungsbedingungen anspruchsvoller werden, wird es für den Welpen schwerer, sie zu verarbeiten und dabei konzentriert zu bleiben. Ich denke nicht, dass der konstruktivste oder direkteste Weg für den Umgang mit diesem Thema ist, mit dem Finger auf die Bindung zu zeigen und über sie zu urteilen. Und ich denke auch nicht, dass Sie eine schlechte Bindung zu Ihrem Welpen haben, wenn er in einer neuen Hundegruppe mit einem anderen Welpen spielen möchte. Bindungen sind kein starrer Zustand, und es geht darum, ein Gefühl für die passende Art und den richtigen Zeitpunkt zu entwickeln, mit Ihrem Welpen zu kommunizieren. Wie dem auch sei, ich kenne einige Trainer, die direkt zu »Das ist ein Bindungsproblem« übergehen, und zu mir kommen eine Menge entmutigte Menschen mit dem Gefühl, versagt zu haben.

Ich erinnere mich an eine Schülerin, deren Border Collie-Welpe später eine Flyball-Karriere starten sollte und die jeden Tag viel Zeit damit verbrachte, mit ihm Zerrspiele zu spielen. Am ersten Abend im Welpenkurs war er während des Freilaufs von den vielen anderen herumtobenden Welpen so abgelenkt, dass er nicht für ein Zerrspiel zu ihr kam. Der Trainer, der wusste, dass der Hund für Flyball trainiert werden sollte, schrie sie vor der ganzen Gruppe an, »Dein Welpe will mit den anderen Welpen rennen statt mit Dir zu zerren! Hast Du das nicht zuhause mit ihm geübt?« Zuhause Zerrspiele zu spielen bedeutet erstens nicht automatisch, dass Ihr Welpe es sofort richtig machen wird, wenn Sie die Anforderungen steigern und dieses Verhalten an einem neuen Ort abfragen – also war diese Reaktion unlogisch. Zweitens wurde dieser Welpe, nur weil er später Flyball spielen sollte, deutlich anders behandelt als die anderen Welpen im Kurs, denen die Zeit gegeben wurde, um Sozialkontakte zu knüpfen und deren Besitzer nicht öffentlich beschämt wurden, wenn ihre Welpen abgelenkt waren.

Nur weil dieser Welpe – ein von Geburt an ballverrückter und schneller Border Collie, der als Erwachsener keine Probleme haben würde, über vier Hindernisse zu springen, einen Ball zu holen und ihn schnell zurück zu bringen – in der Zukunft Flyball spielen sollte, wurde an dieser Stelle unnötigerweise mit zweierlei Maß gemessen.

Dieser Welpe brauchte es, in der Welpenstunde genau dieselben Erfahrungen zu machen wie die anderen Welpen – ein bisschen Training, ein paar Pausen, ein wenig Freilauf. Er hatte etwas Angst vor anderen Welpen und bereits ein lautes reaktives Verhalten gegenüber großen erwachsenen Hunden entwickelt.

Die Welpenstunde hätte sehr hilfreich für ihn sein können, um das interaktive Spiel mit anderen Welpen kennenzulernen und zu lernen, in ihrer Nähe ruhig und zuversichtlich zu arbeiten. Aber seine Besitzerin war so besorgt um die Zerrspiele, dass sie die Welpenstunde nur nutzte, um diese in der Nähe anderer Welpen zu üben. Sie fragte sich verunsichert, ob sie eine schlechte Bindung zu ihrem Welpen hatte, da er an diesem ersten Abend in der Welpenstunde die anderen Welpen beachtet hatte. In Wirklichkeit hatte sie eine gute Bindung zu ihrem Welpen, solange sie sich nicht darüber den Kopf zerbrach, was andere Menschen in der Hundeschule über sie sagen würden. Sie hatte ein großes Einfühlungsvermögen, kannte seine Persönlichkeit gut und konnte ihn gut genug einschätzen, um einfach vorhersagen zu können, was er im Unterricht leisten konnte. Und er, als ein schüchterner Welpe mit guter Auffassungsgabe und sehr enger Bindung zu ihr, verbrachte viel Zeit damit, sie zu lesen und seine sozialen Hinweise von ihr zu bekommen (»Sie scheint sich zu freuen, dass dieser Welpe auf uns zu rennt.... Ich schätze, es ist ungefährlich.«).

Dass er keine Zerrspiele spielen konnte, war kein Problem ihrer Bindung, sondern ein Problem der Kriterien. Erinnern Sie sich daran, dass Spielverhalten unter Stress unterdrückt wird. Dieser Welpe war besorgt wegen der anderen Hunde. Vielleicht dämpfte es seinen Spieltrieb, das erste Mal eine Gruppe junger Hunde zu sehen, die auf einem kleinen, abgesperrten Platz herumtoben. Auch das verrät uns nichts darüber, wie sehr er seinen Menschen respektiert, sondern zeigt uns einen Welpen, der uns mitteilt, dass er noch lernen muss, sich im Umfeld der Welpenstunde wohlzufühlen.

Betrachten Sie »Aufmerksamkeit« und »Fokus« emotionsloser

Aufmerksamkeit ist auch nur ein Verhalten wie Sitz oder Platz. Man könnte sagen, dass es eine Anzahl bestimmter Verhalten gibt, die mit Aufmerksamkeit assoziiert sind, beispielsweise sich zum Hundeführer zu orientieren - ein Verhalten, das man verstärken kann. Der Welpe lernt die Aufmerksamkeit erst in einer ablenkungsfreien Umgebung, und anschließend können Sie die Kriterien erhöhen, bis er überall aufmerksam sein kann. Genauso, wie Sie ihm beigebracht haben zu sitzen und sich hinzulegen und ihm anschließend geholfen haben, dieses Verhalten an einer Vielzahl anderer Orte zu generalisieren.

Wenn Sie die Aufmerksamkeit als ein weiteres Verhalten wie das Sitzen betrachten, neutralisiert das all die Kritik, die Sporthundwelpen-Besitzer manchmal erfahren, wenn das Verhalten ihres Welpen sie darauf hinweist, dass die Trainingsstruktur angepasst werden muss. Mit dieser Betrachtungsweise könnten unsere wohlmeinenden Vereinsmitglieder und Trainer – statt mit dem Finger auf sie zu zeigen – die Leute dabei unterstützen, die verschiedenen Puzzleteile so zu sortieren, dass ihre Welpen erfolgreich Leistungen erbringen können.

13 Bestätigungsuchendes Verhalten

Manchmal sehe ich Hundeführer, die ihre Welpen durch Aufstampfen mit den Füßen oder eine andere aversive Handlung erschrecken, wenn diese während des Agilitytrainings zu anderen Leuten rennen; das ist mehr als unangemessen. Andere stehen einfach still und ignorieren den Welpen; das ist eine wesentlich angemessenere Reaktion, obwohl es auch sozial sensiblere Welpen gibt, die das »nicht normale« Verhalten ihrer Menschen beunruhigt. Wieder andere machen eine große Sache aus dem Ignorieren und versuchen regungslos dazustehen, anstatt einfach mit der Tätigkeit fortzufahren, bei der sie gerade waren, als sich der Welpe ihnen näherte. Es ist nicht nötig, sämtliche Bewegungen einzufrieren. Verhalten Sie sich nicht seltsam, sondern einfach neutral, wenn Sie vorhaben, nicht auf einen ankommenden Welpen zu reagieren.

Als Easy klein war, verhielt er sich gegenüber bestimmten Leuten schüchtern. Manchmal reagierte er auch reaktiv und bellte sie unsicher an, um dann ängstlich zurückzuspringen. Einmal ging er auf jemanden in unserem Hundesportverein zu, um ihn zu begrüßen – und ich war zufrieden mit seiner Initiative. Diese Person nahm aber an, ich würde nicht wollen, dass Easy mit einer anderen Person als mit mir interagierte. Also stand er still und ignorierte ihn. Ich konnte beobachten, wie sich seine Körpersprache von vorsichtig-freundlich zu ängstlich änderte. Er war kurz davor, seine Bellen- und Zurückspringen-Sequenz zu starten, und ich rief ihn zu mir, damit er keine Gelegenheit bekam, reaktiv gegenüber Menschen zu reagieren. Easy rannte sofort zu mir zurück – sichtlich erleichtert darüber, eine für ihn unsichere soziale Situation verlassen zu können. Mein Rufen war weniger ein Rückruf als vielmehr eine Erinnerung, dass er die Möglichkeit hatte, eine verstörende Situation zu verlassen, statt »festzustecken« und reaktiv zu reagieren.

Diese Erfahrung brachte mich dazu, die Körpersprache von Hunden, die ignoriert werden, genauer zu beachten. Ich rede nicht von Hundeführern, die sich dafür entscheiden, in bestimmten Situationen nicht auf ihren Hund zu reagieren, um ihrem Welpen zu vermitteln, dass bestätigungsuchendes Verhalten nicht funktioniert, z. B. Bellen, weil er etwas von ihnen will. Ich rede von Fremden, die sich auf eine als »unnormal« empfundene Weise verhalten, indem sie keine typische sozial angemessene Reaktion zeigen. Auch hier geht es mir wieder darum, sich auf den individuellen Welpen einzustellen. Für viele Welpen werden neutral herumstehende Menschen, die sich unterhalten, nicht traumatisch sein! Aber um eine potenziell stressige Situation für einen sensiblen Welpen zu vermeiden, bitte ich im Allgemeinen die Leute darum, den Kleinen ruhig zu seinem Hundeführer zu bringen.

Natürlich sollte man dem Welpen nicht die Möglichkeit geben, während des Trainings davonzurennen, aber beim Training ohne Leine kann das einfach passieren. Sie sollten für den Umgang mit solchen Fällen einen Plan absprechen, über den sich alle einig sind.

Ich habe an Agilitykursen teilgenommen, in denen ich klatschen, aufstampfen oder den Welpen anschreien sollte, falls dieser den Parcours verlassen und in meine Richtung oder Nähe kommen sollte. Ich weigere mich, so etwas zu tun. Ich habe viele Hunde gesehen, die verständlicherweise gestresst und eingeschüchtert reagierten, wenn Leute sich so unangemessen verhielten. Diese Hunde lernen nur, dass Agility Stress bedeutet und Fremde potenziell bedrohlich sind. Ich habe sogar Leute gesehen, die mit Hindernisstangen auf den Boden schlugen wie ein Schäfer seinen Stab. Wollen wir wirklich, dass unsere Hunde Hindernisstangen für eine Strafe halten? Ich nehme den Hund gerne an die Leine und bringe ihn zurück zu seinem Besitzer, wenn ich darum gebeten werde. Aber ich werde niemals einen fremden Hund misshandeln, nur weil diese Person es fordert.

Mir wurde einmal erklärt, es gehe darum, dem Hund beizubringen, sein Hundeführer sei das einzig Gute während des Trainings und alles andere negativ oder beängstigend, damit er ausschließlich bei seinem Hundeführer sein möchte. Für reaktive oder sensible Hunde oder für Welpen, die noch dabei sind, zu lernen, wie die soziale Welt funktioniert, ist das eine extrem schädigende Einstellung. Wir wollen, dass unsere Hunde gesundes Verhalten zeigen *und* gute Sporthunde sind. Glauben Sie mir, wenn wir Ihren Hund Trainingstechniken aussetzen, die ihm beibringen, sich wegen Menschen, anderen Hunden, der Umgebung oder allem anderen außer Frauchen Sorgen zu machen, solange er nicht vollkommen bombensicher ist, werden wir später in seiner Wettkampfkarriere Probleme mit ihm bekommen. (Und warum sollte man einen bombensicheren Hund so etwas aussetzen, nur weil man eventuell damit durchkommt?) Ein Hund, der sich immer Sorgen um potenzielle Gefahren macht, kann Ihnen nicht 100% seiner Aufmerksamkeit und Leistungsfähigkeit geben!

Manche Welpen oder Hunde rennen aus Unsicherheit zu fremden Leuten, weil sie das Bedürfnis haben, sie zu prüfen und nicht, um sie zu begrüßen. Das ist ein wichtiger Unterschied, den die meisten Leute nicht erkennen. Hunde, die im Parcours davonrennen, um die Richter oder Helfer zu begrüßen, werden häufig für »zu freundlich« gehalten, dabei nähern sie sich diesen Menschen in Wirklichkeit häufig aus Stress, sozialer Angst oder Unsicherheit. Das ist Aufmerksamkeit oder Bestätigung suchendes Verhalten und wir können es beenden, indem wir den Stresslevel senken und dem Hund klare und zeitgerechte Rückmeldung geben. Es gibt zwei Gründe für dieses Verhalten.

Wissen Sie, was gerade vor sich geht?

Viele unausgebildete Hunde oder Welpen wenden sich hilfesuchend an die nächstbeste Person, wenn sie sich nicht ganz sicher sind, was Ihr Hundeführer gerade von ihnen fordert. Sie bekommen die benötigte Information nicht von ihrem Hundeführer, der entweder nicht schnell genug mit seiner Rückmeldung ist oder selbst gestresst oder vielleicht sogar genervt davon, dass der Hund etwas nicht richtig versteht – also sucht der Hund sich jemand anderen, der ihm eventuell besser erklären kann, was gerade vor sich geht.

Als Easy ungefähr ein Jahr alt war und wir einen Führkurs besuchten, gab es einen Moment, in dem ich den Ablauf einer bestimmten Sprungfolge nicht auf Anhieb umsetzen konnte. Die Trainingssituation war etwas über meinem Ausbildungsstand und ich wusste nicht, wo und wann ich meine Signale geben sollte. Easy wollte es wie immer richtig machen, aber auch bei den Wiederholungen machte ich es weiter falsch. Als ich langsam frustriert wurde, sah Easy meinen Stress und dass ich ihm nicht helfen und ihm nicht die benötigten Informationen darüber geben konnte, wie er mit dieser sozialen Situation umgehen sollte. Ich wollte die Sprungfolge richtig hinbekommen und machte mir Gedanken darüber, was der Trainer und die Gruppe über mich denken würden.

Ich hätte darum bitten sollen, die Sprungfolge anzupassen oder in kleinere Abschnitte zu unterteilen, damit ich – und dementsprechend auch Easy – es einmal richtig machen konnte. Oder ich hätte einfach so tun sollen, als ob alles richtig war, Easy belohnen und das Training für diesen Moment beenden. – Aber ich steckte im »Guter-Schüler-Modus« fest und wiederholte die Übung wie gefordert, ohne darüber nachzudenken, was das für Auswirkungen haben könnte.

Ich vergaß, dass Easy ein sensibler Hund ist: Er sucht alle Informationen über die Welt bei mir und hasst es, Fehler zu machen oder das Gefühl zu haben, dass etwas nicht so ist, wie es sein sollte. In der geschilderten Situation würde er meinen Stress übernehmen und eine schlechte Erfahrung wegen meines Verhaltens machen. Er erinnerte mich daran, als er den Parcours verließ und sich einer Person zuwendete, die uns zusah. Seine Körpersprache war unterwürfig, er war geduckt und kriecherisch; es war dieselbe Haltung, die er in Schwierigkeiten einnehmen würde. Wenn er jemanden voller Freude begrüßt, sieht er deutlich anders aus – er quietscht und springt und verteilt Küsse, sein Schwanz wedelt und er wirkt elektrisiert. Natürlich hatten diese Person und alle anderen das Gefühl, dass Easy sich daneben benahm, indem er mich stehenließ.

Ich wusste wiederum sehr genau, dass Easy bei dieser Person nach Bestätigung suchte, weil er die notwendige Information von mir nicht bekam. Er wusste, dass etwas falsch war, und er wusste, dass ich aufgeregt war. Ich rief ihn und er kam zu mir zurück, ich spielte mit ihm und beendete meine Versuche mit dieser Sprungfolge. Er verließ mich nie wieder während eines Kurses und ich ihn ebenfalls nicht. Mit meinem Verhalten hatte ich meinen Hund verlassen, obwohl ich physisch immer noch neben ihm war. Wegen meines Stresses war ich nicht mehr mit ihm verbunden und nicht für ihn da, als er mich brauchte. Wie könnte ich ihm dafür die Schuld geben, dass er gehofft hatte, eine andere Person würde ihn aus dieser seltsamen Situation, die ich verursacht hatte, retten?

Sind Sie das Problem?

Viele Hunde und Welpen, die sich nicht vollkommen sicher über Menschen sind oder die zwar generell sehr sicher im Umgang mit Menschen sind, aber in neuen sozialen Kontexten verunsichert werden, wenden sich an andere Personen, um herauszufinden, ob es ein Problem gibt. Es könnte zum Beispiel sein, dass beim ersten Freilauf in der Welpenstunde ein Fremder hinzukommt und sich in die Ecke stellt, um zuzusehen. Diese Hunde wollen keinen Streit, aber sie brauchen zusätzliche Informationen, weil sie an eine potenzielle Bedrohung denken.

Reaktives Verhalten – auf etwas zurennen, es voller Adrenalin und Panik anzubellen oder zu knurren – ist informationssuchendes Verhalten, um bei etwas Beunruhigendem das Ausmaß an Bedrohung herauszufinden.

Mit diesem Verhalten sollte auf eine Art umgegangen werden, die dem Welpen vermittelt, dass er in Sicherheit ist und seine Energie für nichts anderes braucht, als das Training zu genießen.

Das »Guck mal da!«-Spiel ist ein beliebtes Hilfsmittel für meine Stressfrei-Schüler. Es schafft eine Regelstruktur für den Hund, neue oder unbekannte Dinge als »normal« anzusehen, indem es den unbekannten Stimulus selbst zum Signal für ein verlässliches lustiges Spiel macht, das der Hund mit seinem Hundeführer spielen kann. Stellen Sie sich all ihre Hundeschulerfahrung als Arbeit in der Box (Kapitel 31) vor.

Seien Sie zuversichtlich und machen Sie sich keine Sorgen! Seien Sie fair, übertreiben Sie es nicht und fordern Sie nicht zu viel. Lassen Sie Ihren Welpen beim Erlernen des Verhaltens »Aufmerksamkeit« das Tempo bestimmen.

14 Targetarbeit

Wie ich es bereits in meinem Buch *Stressfrei über alle Hürden* beschrieben habe, spielen Targets eine große Rolle in unserem Leben. Seit seiner Veröffentlichung hatte ich einige Jahre Zeit, um diese Aussage zu überprüfen und halte sie sehr zu meiner Freude immer noch für zutreffend.

Targets geben uns wichtige Hinweise zur Interaktion mit unserer Umgebung. Das Autofahren zum Beispiel besteht aus einer Reihe von Targetverhalten: vom Treten auf das Gaspedal über das Einlegen des Ganges, bis zum Drehen des Lenkrads und der Betätigung der Regler für Klimaanlage und Radio. Beim Agility geht es für die Hunde ebenfalls um Targets, entweder um ihren Hundeführer (Hundeführerfokus) oder eine Hürde (Hürdenfokus).

Die Targetarbeit erfordert zwei Voraussetzungen: ein gewisses Maß an *Aufmerksamkeit*, damit man sich auf das Target konzentrieren kann und das *Verständnis* dafür, welches das passende Targetverhalten ist (Gaspedal betätigen vs. Hinterbeine auf der Kontaktzone vs. mit dem ganzen Körper auf der Decke liegen). Wir nutzen die Targetarbeit, um unseren Welpen zu helfen, sich auch unter starker Ablenkung, wie im Unterricht oder später auch auf Wettbewerben, auf ihren Hundeführer zu fokussieren. In einigen Stressfrei-Spielen kommt die Targetarbeit zum Einsatz:

- Umorientierung (Kapitel 23): Das erste Targetverhalten im Stressfrei-Welpenprogramm ist die »Umorientierung«. Der Hundeführer wird für den Welpen in einer ablenkenden Umgebung zum Target. Das Hundeführertarget ist ein traditioneller Weg, um den Fokus zu trainieren (denken Sie an die Fußposition und Augenkontakt!)

- Deckentraining (Kapitel 27): Auch die Decke ist ein gutes altes Target.

- »Guck mal da«-Spiel (Kapitel 26): Der Hund orientiert sich visuell zum Hundeführer als Target oder auf ein Signal auf etwas in der Umgebung.

- »Lass es« (Kapitel 24): Sie können selbst die »Lass es«-Spiele, inklusive »Doggie Zen« als Targetverhalten ansehen. Der Hund soll den Fokus von einem Target nehmen und auf ein anderes richten (Lass das Eichhörnchen in Ruhe, nimm Augenkontakt mit Frauchen auf).

Seit ich vor einigen Jahren eine Anhängerin der buddhistischen Meditation wurde, sind mir viele Gemeinsamkeiten zwischen meinem Unterricht und der Meditation klar geworden. In beiden Fällen geht es um eine Verfeinerung der Fähigkeit, sich zu fokussieren und zu entspannen, um seinen optimalen mentalen Zustand zu erreichen. Bei beiden geht es darum, Stressoren aus der Umwelt mit Gelassenheit zu begegnen und im inneren Gleichgewicht zu bleiben. Bei beiden geht es darum, die Nicht-Reaktivität zur Lebenseinstellung zu machen.

Und es geht auch bei der Meditation um Targetarbeit! Wenn Sie sich zum Beispiel, anstatt auf Ihre Genickschmerzen oder den neusten Klatsch aus dem Hundesportverein auf das Ein- und Ausatmen fokussieren, wird das Atmen selbst zum Target. Wenn Sie dabei erfolgreich sind, wird sich Ihre Fähigkeit, zu entspannen und zu fokussieren, verbessern. Sie nehmen auch weiterhin vorbeiziehende Empfindungen und Gedanken wahr, aber Sie werden nicht auf sie reagieren. Sie werden sie weniger persönlich nehmen und sich selbst erlauben, loszulassen.

Genauso kann Ihr Welpe lernen, dass es Dinge in der Umgebung gibt, auf die er nicht zu reagieren braucht: Er muss keine Notiz von ihnen nehmen, sich keine Sorgen machen, sich nicht aufregen und sie nicht anbellen, nicht an ihnen schnüffeln, nicht mit ihnen spielen und sich nicht vor ihnen verstecken. Ihr Signal – egal ob es ein »Lass es«, »Guck mal da« oder etwas anderes ist – wird für ihn zum Fokussignal, genauso wie es die meditationseinleitende Glocke für mich ist.

Lehren Sie ein Target-Verhalten

Das Hand- oder Fingertarget ist ein einfacher und schneller Weg, Ihrem Welpen ein Target-Verhalten beizubringen. Zu Beginn nehme ich ein Leckerchen in meine geschlossene Hand und biete dem Welpen die andere, flach ausgestreckte Hand daneben an. Hier folgt die Verbindung zwischen »Lass es« und Targetarbeit: Um an das Leckerchen in der geschlossenen Hand zu kommen, muss der Welpe von ihr ablassen und stattdessen die andere Hand berühren. Nicht jede Welpe-Hundeführer-Interaktion erfordert direkten Blickkontakt, auch die Berührung durch Ihren Welpen kann sehr wertvoll sein.

Sie müssen sich zu Beginn auf ein Targetkriterium festlegen: Ich clicke meine Welpen dafür, ihre Schnauze mit geschlossenem Maul und leichtem Druck in meine Hand zu legen. Wenn Sie Ihren aufgeregten Welpen einige Male dafür clicken, mit offenem Maul Ihre Hand zu berühren, wird er die Targetarbeit in Zukunft mit diesem Verhalten verbinden.

Sobald Ihr Welpe die Übung verstanden hat, beginnen Sie die leere Hand zu bewegen und folgende Fragen zu stellen. Kann Ihr Welpe:

- Eine zur Seite ausgestreckte Hand berühren?
- Eine Hand über seinem Kopf berühren?
- Eine Hand unter seinem Kopf berühren?
- Eine sich bewegende Hand berühren, so dass er ihr eine kurze Strecke folgen muss, um sie erfolgreich zu berühren?

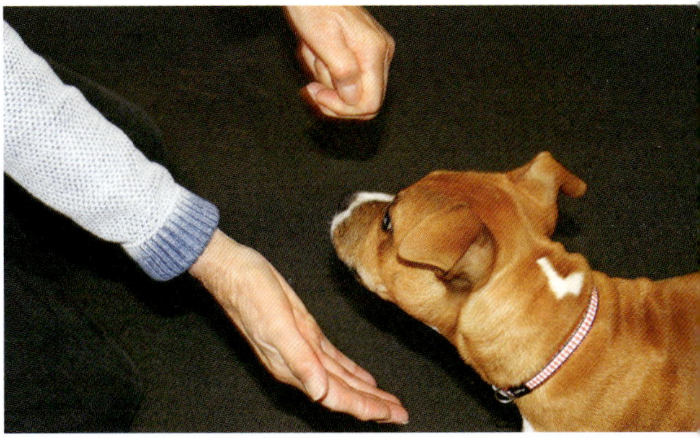

Dieser Welpe hat gelernt, die offene Hand zu berühren, um an das Leckerchen in der geschlossenen Hand zu kommen.

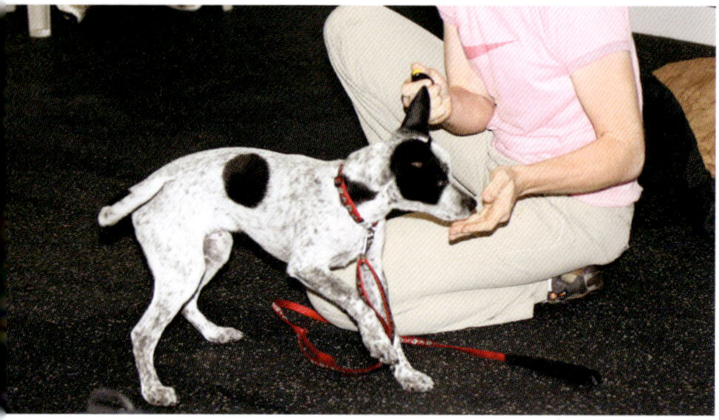

Sobald Ihr Hund das Handtarget verstanden hat, können Sie Ihre Hand in anderen Positionen präsentieren und sogar andere Verhalten trainieren, wie unter Ihrem Bein durchzulaufen.

Wenn der Welpe verstanden hat, dass er der Target-Hand folgen kann, können Sie dieses Verhalten für alle möglichen spaßigen Übungen verwenden: bei Fuß laufen, sich drehen und andere Kunststückchen sowie die Arbeit auf Distanz oder die »Lass es«-Spiele. Sie können ihm selbst das Apportieren in die Hand als Teil des Handtarget-Repertoires beibringen, wie es die folgende Geschichte zeigt.

Der Belgische Schäferhund einer Freundin hatte Schwierigkeiten damit, die Hantel solange zu halten, bis meine Freundin sie nehmen konnte. Er ließ sie zu früh fallen, sobald meine Freundin die Hand ausstreckte. Ich formulierte diese Übung als Variation des Handtargets um, die ihr Belgier bereits gut beherrschte. Meine Freundin gab ihrem Hund das »Touch«-Signal zum Berühren ihrer Hand, während er die Hantel im Maul hatte. Er berührte ihre Hand pflichtbewusst, und so war es ein Leichtes, die Hantel zu nehmen. Ich beschrieb diese Übung als Aufgabe für den Hund, die Hand mit einem anderen Gegenstand als seiner Schnauze zu berühren.

Mit Hilfe des Shapings und des Basisverhaltens »Touch« können Sie Ihren Welpen einfach dazu bringen, einen Gegenstand aufzunehmen. Wenn Sie aufhören, die Nasenberührung zu clicken, wird Ihr Welpe beginnen, andere Verhaltensweisen auszuprobieren und auch sein Maul in der Nähe des Gegenstandes öffnen. Sie können Ihrem schüchternen oder aufgeregten Welpen mit Hilfe des Handtargets ebenfalls beibringen, einen Besucher zu begrüßen. Bitten Sie diesen ruhig zu stehen und seine Hand auszustrecken, während Sie das Targetsignal geben, so geben Sie Ihrem Welpen die Möglichkeit, auf sichere und bekannte Weise mit ihm zu interagieren.

Das Handtarget ist auch für berührungsängstliche Welpen wichtig. Es wird immer Leute geben, die es gut meinen und Ihren Welpen mit ausgestreckter Hand streicheln wollen. Wenn Ihr Welpe eine ausgestreckte Hand als ein weiteres Targetsignal kennengelernt hat und weiß, wie er das »System bedienen« kann, indem er diese Hand

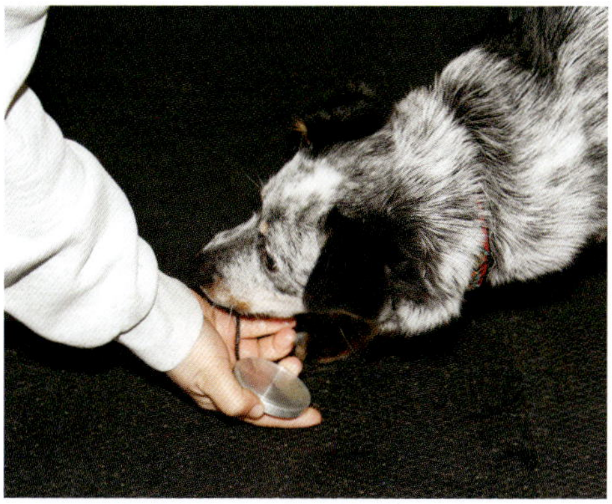

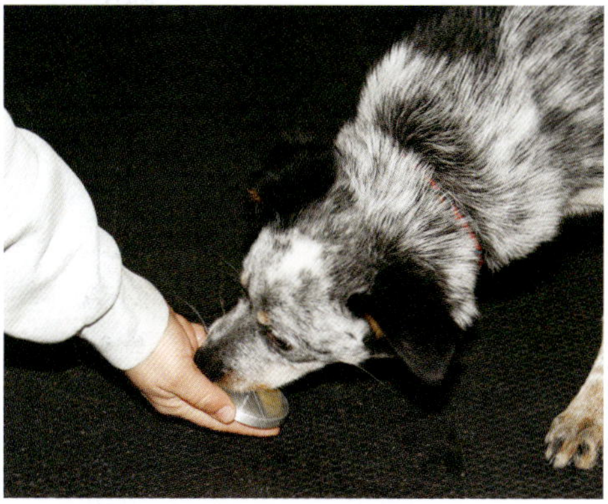

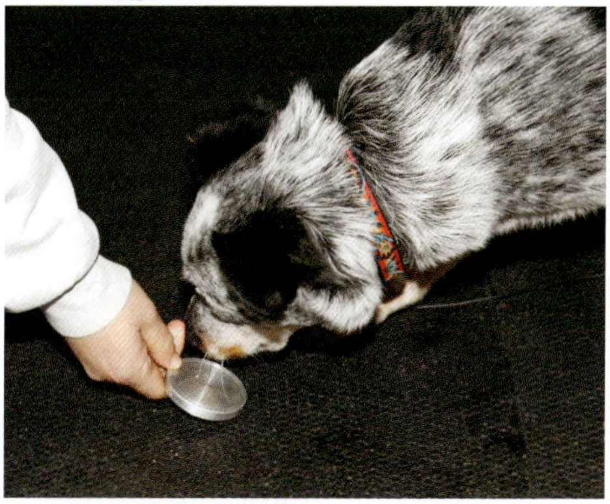

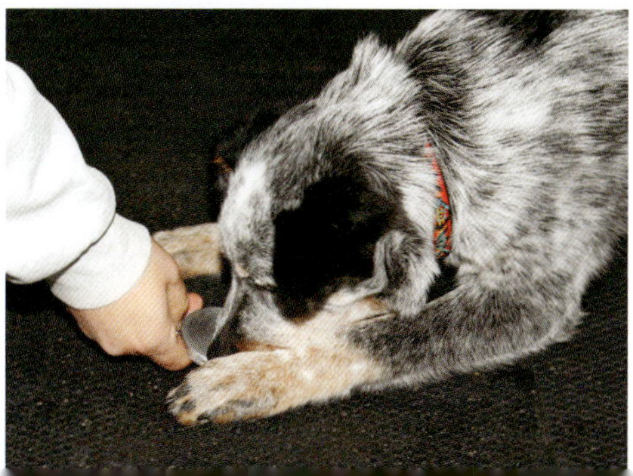

mit seiner Schnauze berührt, wird der unhöfliche Fremde für ihn zu einer weiteren lustigen Möglichkeit, um sich Leckerchen zu verdienen.

Sobald Ihr Welpe dieses Basisverhalten verstanden hat, ist es einfach, es auf andere Gegenstände zu übertragen. Sie können einen Gegenstand in der Hand halten und das »Touch«-Signal geben. Sie können sich natürlich auch dafür entscheiden, ein anderes Signal für die Berührung eines Gegenstandes zu verwenden; ich nutze normalerweise dasselbe Signal.

Nachdem Ihr Welpe ihn mehrere Male mit seiner Schnauze berührt hat (und jedes Mal dafür von Ihnen belohnt wurde), können Sie den Gegenstand vor ihn auf den Boden legen und darauf warten, dass er ihn berührt. Auch wenn er beim ersten Versuch nur seinen Kopf in Richtung des Gegenstandes senkt, ist das einen Click wert. Eine weitere Möglichkeit ist es, den Gegenstand auf den Boden zu legen, sich zurückzulehnen, und die Annäherung sowie anschließende Berührung des Gegenstandes durch den Welpen zu shapen.

Hier übertragen wir das Targetverhalten auf einen Gegenstand. Zu Beginn hält die Hundeführerin den Gegenstand in der Hand, nach erfolgreichen Berührungen bewegt sie ihn immer weiter in Richtung Boden.

Teil 3: Schlüsselkonzepte

15 Standardverhalten

Das Standardverhalten ist das erste Verhalten, das Ihr Welpe ausprobiert, wenn er etwas erreichen möchte.

Nehmen wir einmal an, Ihr Welpe bellt, um zu erreichen, dass Sie ihm sein Spielzeug geben - in diesem Fall ist das Bellen sein Verhalten erster Wahl. Der Aufbau eines zuverlässigen Standardverhaltens – wie Sitz oder Platz – gibt Ihnen und Ihrem Welpen eine für beide Seiten funktionierende Möglichkeit der Kommunikation an die Hand und ist der erste Schritt auf dem Weg zur Selbstbeherrschung. Außerdem vermittelt es ihm das Prinzip der Verfügbarkeit: für Welpen, die ihr Standardverhalten zeigen, sind die gewünschten Ressourcen verfügbar, für aufmüpfige Missetäter nicht.

Ihr Welpe kann lernen, ein instinktives durch ein operantes Verhalten zu ersetzen, auch wenn er aufgeregt oder verunsichert ist oder etwas braucht. Als Rumor zum ersten Mal

Schafen begegnete, war er sofort sehr aufgeregt. Seine instinktive Reaktion wäre es gewesen, wie ein geölter Blitz auf die Schafe zuzurennen und mich dabei an der Leine hinter sich herzuziehen.

Stattdessen setzte er sich, weil er sein Standardverhalten schon im Alter von acht Wochen kennengelernt hatte. Dies war so stark, dass er sich als Jugendlicher automatisch hinsetzte, obwohl er beim Anblick seiner ersten Schafherde aufgeregter war als jemals zuvor: Schafe sind nur für sitzende Tervuren verfügbar.

Wie formt man ein Standardverhalten?

Zur Einführung eines zuverlässigen Standardverhaltens baue ich eine Belohnungshistorie auf. Wenn Sie ein Verhalten wie das Sitz regelmäßig belohnen, wird Ihr Welpe es irgendwann auch ohne Signal anbieten, um herauszufinden, ob es auch so funktioniert. Verstärken Sie das Sitz selbst dann, wenn Sie kein Signal gegeben haben (Beachten Sie bitte, dass es an dieser Stelle um die Trainingsanleitung für ein *Standard*verhalten geht, nicht um generelles Training).

Um die Botschaft zu vertiefen, warten Sie nun mit dem Zugang zu beliebten Ressourcen darauf, dass Ihr Welpe Ihnen ein Sitz anbietet – Lieblingsspielzeug, Futter, die Tür zum Garten, ein anderer Welpe zum Toben – Ihr Welpe wird lernen, *dass er den Zugriff auf diese Ressourcen durch sein eigenes Verhalten bewirken kann*. Das Standardverhalten ist eine Möglichkeit für ihn, Ihnen seine Bedürfnisse auf angemessene Weise mitzuteilen (im Gegensatz zum Bellen, Klauen, Jagen, etc.). Auf diesem Weg bringe ich meinen Welpen ebenfalls während des Sauberkeitstrainings bei, darum zu bitten, nach draußen gelassen zu werden; es ist ein einfaches Verhalten für sie, in der Nähe der Tür zu sitzen, um für meine Aufmerksamkeit und Reaktion zu sorgen. Meine Aufgabe ist es, darauf zu achten und sie herauszulassen. Standardverhalten ist so eine praktische Form eines Dialogs!

Das Standardverhalten muss kein Sitz sein; tatsächlich lasse ich die Hunde selbst entscheiden, welches sie wählen. Ich bevorzuge Sitz, Platz oder Augenkontakt. Viele Ausstellungshunde stellen sich auch auf, d. h. sie stehen in der Pose, die man ihnen für die Begutachtung durch den Richter bei Hundeausstellungen beigebracht hat. Sie können das Standardverhalten nach Belieben frei wählen! Sobald Ihr Welpe es zuverlässig anbietet, um Sie zu etwas aufzufordern, können Sie beobachten, wie er anfängt, es zu generalisieren. Vielleicht setzt er sich vor einem anderen Welpen hin, den er gerne kennenlernen würde, oder er bietet das Sitz in der Nähe von Schafen oder dem Hundetrainer in der Welpenstunde an. Sobald er beginnt, das auszuprobieren, wissen Sie, dass er das Prinzip versteht. Loben Sie ihn dafür und gewähren Sie ihm nach Möglichkeit Zugang zu der gewünschten Ressource. Beginnen Sie das Standardverhalten in die Ausschalt-Spiele zu integrieren; am Ende des Zerrspiels oder Herumtobens bleiben Sie still stehen und warten auf das Standardverhalten, bevor Sie fortfahren. Denken Sie aber immer daran, dass *das Standardverhalten nicht auf Signal gefordert wird!* Es ist das erste Verhalten, dass der Welpe anbietet, wenn er etwas möchte – oder wenn er nicht weiß, was er machen soll. Er wird das Standardverhalten im Vertrauen auf Ihre Aufmerksamkeit und Reaktion anbieten, wenn er unsicher ist, was von ihm verlangt wird. Es ist sein Weg, Sie um Informationen zur aktuellen Situation zu bitten.

Sie können das Biofeedback (Kapitel 17) mit dem Standardverhalten kombinieren. Wenden Sie das Biofeedback beispielsweise an, wenn der Welpe das Standardverhalten während eines Ausschalt-Spiels zeigt, um seine Entspannung zu vertiefen, bevor Sie ihn weiter spielen lassen – Sie können ihn zum Beispiel zum Luftholen auffordern, nachdem er das Standardverhalten gezeigt hat. Oder Sie machen es zu einem Teil des Standardverhaltens, Punkt. Das Standardverhalten meines Pitbull-Mischlings war Sitz / Augenkontakt / Luftholen – dies half ihm dabei, sich zu entspannen.

Standardverhalten zur Selbstkontrolle

Je stärker das Standardverhalten ist, desto zuverlässiger wird Ihr Welpe in der Lage sein, damit ein unangemessenes Verhalten zu ersetzen. Mein Lieblingsbeispiel dafür ist Rumors Neigung, jemandem in den Po zu zwicken.

Einige von Rus direkten Vorfahren, inklusive seiner Mutter, liebten es, sich von hinten an Leute anzuschleichen und sie in den Po zu zwicken. Auch Ru zeigte diese Tendenz bereits sehr früh. Da ich ihn mit dem Konzept des Standardverhaltens aufzog, lernte er, anstelle dieses Verhaltens ein Sitz zu zeigen. Ich machte es zu einem Teil des Ausschalt-Spiels, mich umzudrehen und ihm meinen Rücken zu präsentieren. Wenn wir zusammen durch die Gegend rannten, stoppte ich zufällig und wartete darauf, dass er sich setzte, bevor ich weiterlief. Ich lud ihn sprachlich dazu ein, weiterzulaufen, auch wenn ich kein Signal für das Sitz gegeben hatte. Manchmal forderte ich ihn mit Komm weiter!« oder »Los geht's« oder sogar einfach nur »Okay« auf, rannte dann von ihm weg und drehte mich genau in dem Moment um, wenn er mich erreicht hatte – woraufhin er sich automatisch hinsetzte. Ich wusste, dass das Po-Zwicken ein typisches Erregungsverhalten für Hütehunde ist und wollte Ru die Möglichkeit geben, anders damit umzugehen.

Ich erinnere mich daran, wie eine Freundin mir einmal den Umgang mit dem Po-Zwicken an Rus Halbbruder demonstrierte. Während sie sich mit mir unterhielt, schlich sich der Halbbruder von hinten an sie an und zwickte sie. Daraufhin drehte sie sich um, beugte sich mit einschüchternder Körpersprache über ihn, sah ihm in die Augen, packte ihn am Nackenfell und rief »Nein«. Er beschwichtigte sie, indem er sich duckte und davon kroch. Sie war überzeugt davon, ihm auf diese Weise das Po-Zwicken abzuerziehen. Aber die Tatsache, dass sie dieses Ritual regelmäßig wiederholen musste, bewies, dass er das nicht im Geringsten lernte – er lernte nur, dass er die Situation der körperlichen Bedrohung durch sein Frauchen durch unterwürfiges Verhalten verlassen konnte. Er lernte nicht, seinen Impuls, sie ihn den Po zu zwicken, zu kontrollieren, und ebenfalls nicht, dass er für ein alternatives Verhalten belohnt werden könnte.

Mir war bewusst, dass bestimmte soziale Kontexte in Ru das Verlangen weckten, mir in den Po zu zwicken, also stellte ich sicher, dass er das Standardverhalten in diesen Zusammenhängen übte. Ein Hauptmotivator war es, wenn ich zügig durch den Flur zur Hintertür lief, um die Hunde nach draußen zu lassen – während alle Hunde deswegen aufgeregt waren. Ich hätte es managen können, indem ich ihn anleinte, doch er sollte lernen, sich »selbst am Riemen zu reißen«. Also hielt ich mein symbolisches Auge im Hinterkopf offen (und ich achtete auf seine lauter werdenden Schritte, die ihn, wenn er aufgeregt war, immer verrieten) und wenn ich merkte, dass er sich von hinten näherte, stoppte ich und sah über meine Schulter. Ru setzte sich und ich ging weiter. Ru lernte das inmitten der anderen zur Tür rennenden Hunde. Sein Sitz brachte mich dazu, die Tür zu öffnen, was er letztendlich viel stärker wollte, als mich zu zwicken. Das Zwicken war nur ein Symptom, nicht die Ursache.

Ru liebte es ebenfalls, sich in meinen Frottee-Bademantel zu verbeißen und hinterherziehen zu lassen. Also startete ich ein Ausschalt-Spiel: Ich legte den Bademantel auf den Boden und bewegte seinen Saum ein wenig hin und her, während Ru saß. Er bekam einen Keks und ich bewegte den Bademantel weiter, bis ich mit angezogenem Bademantel zusammen mit Ru durch den Raum rennen konnte. Wenn er sich in Richtung Bademantel orientierte, stoppte ich sofort und wartete darauf, dass er saß. Ich kann mich nicht daran erinnern, ob er den Bademantel erwischte, aber wenn, dann hätte ich ihn wahrscheinlich einfach ausgezogen und wäre gegangen oder ich hätte ihn festgehalten und darauf gewartet, dass Ru sich beruhigt. Dann hätte ich meine Kriterien verringert, um die Trainingseinheit für ihn einfacher zu machen.

Was ich aber tat, war, den Gürtel des Bademantels zu einem Spielzeug zu machen und mit Ru das Ausschalt-Spiel damit zu spielen. Ru hatte bereits gelernt, ein Spielzeug loszulassen und sich hinzusetzen, sobald ich aufhörte zu zerren oder stillstand. Also wendete ich das Premack-Prinzip an und brachte ihm bei, dass sein Standardverhalten Sitz ihm Zugang zum »Töten« eines Teiles meines Bademantels verschaffen würde – anstatt den ganzen Bademantel zu verfolgen, zu fangen, zu packen, zu beißen und zu zerstören. Einen ähnlichen Ansatz habe ich mit vielen Welpen gewählt, die Halstücher oder Rockzipfel jagen. Welpen scheinen Rockzipfel besonders dann zu bevorzugen, wenn ihre Besitzer Treppen herunterlaufen. Ich brachte ihnen nicht bei, an den Kleidungsstücken zu ziehen, so wie ich es mit Ru getan hatte – und ich würde das auch nicht jedem Schüler empfehlen –, ich begann einfach, die Dinge als Teil des Ausschalt-

Spiels durch die Gegend zu bewegen und den Welpen für ein Sitz zu belohnen. Die Verbindung zum »Lass es«-Spiel ist hier offensichtlich.

In meinem ersten Buch schrieb ich über das Problem von Hunden, die ihre Hundeführer im Agility-Parcours zwicken. Ein Standardverhalten zu trainieren und Ausschalt-Spiele zu spielen, verhindert die Entstehung dieses Problems von Anfang an. Ihr Welpe wird gegenüber bestimmten Bewegungen oder Gegenständen desensibilisiert und lernt, seine Erregung besser zu kontrollieren. Hunde, die im Parcours zwicken, haben tendenziell eine geringe Frustrationstoleranz und eine niedrige Erregungsschwelle – sie werden schnell aufgeregt und frustriert und benötigen dann ein Ventil, wie zum Beispiel Ihr Bein. Es kann nötig sein, dass Sie für diese Hunde Ihre Führfertigkeiten verbessern müssen, damit sie von Ihnen schneller klare Informationen darüber bekommen, wohin sie gehen sollen und auf welchem Weg. Korrekte Rückmeldungen verringern die Frustration; Ausschalt-Spiele und Standardverhalten bringen dem Hund bei, seine Erregung herunterzufahren statt reaktiv zu handeln.

Wenn ich mit einem Hund mit solch einer geringen Reizschwelle an zwei oder drei Hindernissen arbeite, verteile ich manchmal Decken im Parcours, sende ihn auf die Decke, gebe ihm das Signal zum Luftholen und spiele eventuell Doggie Zen (Kapitel 24) mit einem Spielzeug. Ich möchte sichergehen, dass der Hund ruhig atmend auf seiner Decke vom Spielzeug wegschauen kann, bevor ich mit den nächsten Hindernissen fortfahre (und nicht seinen Besitzer fast dafür zerfleischt, so wie viele Hunde, bevor sie in meinen Stressfrei-Kurs kommen). Ich möchte seinen Besitzer darin schulen, die Körpersprache zu erkennen, die ein Bellen, Beißen oder Wegrennen ankündigt, damit sie ihrem Hund dabei helfen können, sich wieder zu sammeln, bevor dieser Punkt überschritten wird.

16 Verfügbarkeit

Alle Übungen in diesem Buch dienen dazu, Ihrem Welpen das wichtige Konzept der Verfügbarkeit zu vermitteln und eine großartige Beziehung zu Ihnen aufzubauen. Ihr Welpe wird vor lauter Spaß nicht einmal bemerken, dass es »Arbeit« ist, in der Nähe von Ablenkungen zuverlässig mitzuarbeiten. Behalten Sie dieses Konzept während der Lektüre dieses Buches immer im Hinterkopf. Wenn Ihr Welpe in der Lage ist, anhand Ihrer Signale zu verstehen, was in der Umgebung für ihn verfügbar ist und was nicht, werden Sie keinerlei Aufmerksamkeitsprobleme haben. Versprochen!

Was ist das »Lass es«-Training anderes als eine Diskussion über die verfügbaren Ressourcen? Seit Urzeiten haben Hunde gelernt, ihr Überleben zu sichern, indem sie von Informationen aus der Umwelt ableiten, welche Ressourcen mit einem »Selbstbedienung«-Schild versehen sind, Früher habe ich meinen Schülern erklärt, dass das »Lass es«-Konzept für Hunde nicht intuitiv ist, da sie in der freien Wildbahn ein Leckerchen auf dem Boden einfach fressen würden. Wenn wir sie auffordern, es liegenzulassen, fordern wir das Gegenteil ihrer »natürlichen« Reaktion. Mir ist es ein Anliegen, meinen menschlichen Schülern dabei zu helfen, im Training geduldig und nachsichtig zu sein.

Inzwischen bin ich überzeugt davon, dass das »Lass es«-Training überhaupt nicht so un-intuitiv ist. Wildlebende Hunde müssen in der Lage sein, die Umgebung richtig zu interpretieren, um herauszufinden, welche Nahrung ungefährlich ist. Wir sind ein Teil der Umgebung, nicht unabhängig von ihr. In gewissem Sinne sind wir Übersetzer; wir helfen unseren Hunden, die Regeln in unserer Menschen-orientierten Welt zu verstehen.

Ich sehe in so gut wie jedem Spiel in diesem Buch eine Verbindung zu diesem Konzept. Um einige zu nennen:

»Lass es«: Beim »Lass es«-Spiel (Kapitel 24) geht es darum, zu vermitteln, dass manche Ressourcen mit einer grünen Ampel versehen sind und manche mit einer roten; aber auch »Rotlicht«-Ressourcen können ab und an verfügbar sein, je nach Signal. An dieser Stelle kommt wieder das allgegenwärtige Premack-Prinzip ins Spiel: Wenn Ihr Welpe sich nach Ihrer Aufforderung weg von seinem Spielzeug und zu Ihnen hin orientiert hat, werden Sie ihm vielleicht erneut damit spielen lassen. Zugang zu etwas, das bereits in der Umgebung vorhanden ist, stärkt auf elegante Weise das »Lass es«.

Blitzwendung: Wenn Sie die Blitzwendung (Kapitel 25) trainieren, bringen Sie Ihrem Welpen bei, seinen Kopf von einem Gegenstand seines Interesses abzuwenden und stattdessen Sie anzusehen.

»Guck mal da«: Während des »Guck mal da«-Spieles (Kapitel 26) lernt Ihr Welpe, bis zu welchem Grad ein Gegenstand verfügbar ist: Er kann etwas ansehen, aber nicht mit ihm interagieren.

Deckenarbeit: Beim Training der einzelnen Schritte der Deckenarbeit (Kapitel 27) lernt der Welpe, dass sich nähernde Hunde oder Menschen nur eine zusätzliche Umgebungsinformation darstellen, solange er auf der Decke liegt, und dass ein Leckerchen folgen wird. Selbst wenn jemand mit einem Zerrspielzeug in der Hand in der Nähe der Decke einen Hampelmann macht, könnte es sein, dass Leckerchen für einen braven Welpen auf der Decke verfügbar sind.

Ausschalt-Spiele: Die Verfügbarkeit ist ebenfalls Teil der Ausschalt-Spiele (Kapitel 28); sobald Sie die stimulierende Beschäftigung unterbrochen haben muss ihr Welpe sich selbst herunterfahren, um die Beschäftigung wieder verfügbar zu machen.

»Mach mal Pause«-Spiel: Wenn Sie das »Mach mal Pause«-Spiel (Kapitel 29) anwenden, um Ihrem Welpen ein Zerrspiel, die Decke oder einen bestimmten Ausrüstungsgegenstand schmackhaft zu machen, bringen Sie diesen Gegenstand (wenn möglich) zurück zu ihrem Stuhl, sobald Ihr Welpe seine Pause macht. Diese Gegenstände werden erst dann wieder verfügbar, wenn Ihr Welpe darum »bittet«, indem er sich ihrem Stuhl nähert.

Parallel-Spiele: Bei allen Parallel-Spielen (Kapitel 30), ebenso wie bei der Arbeit in der Box, lernt Ihr Welpe, dass Dinge, die sich außerhalb der Absperrung abspielen (zum Beispiel rennende Hunde), nicht zur Interaktion oder Erkundung zur Verfügung stehen.

Die Verfügbarkeit zieht sich wie ein roter Faden durch alle Übungen in diesem Buch. Darüber nachzudenken, wird Ihnen dabei helfen, zu verstehen, wie diese Übungen miteinander verbunden sind. Es wird Ihnen helfen, mit Ihrem Hund einen konstruktiven Dialog darüber zu führen, welche Ressourcen in der Umwelt verfügbar sind.

Sobald Sie beginnen, über dieses Konzept nachzudenken, wird Ihnen auffallen, welche Relevanz es auch für den Alltag mit Ihrem Hund hat. Drei Beispiele aus dem Leben mit einem Welpen:

- Besucher begrüßen (Besucher sind für ruhige Welpen verfügbar, nicht für Welpen, die herumspringen)
- An der Reihe sein (»Das Leckerchen deines Bruders ist für dich nicht verfügbar, aber dieses hier ist es!«)
- Tauschen oder Umlenken, besonders wenn Sie Kinder haben (»Die Barbiepuppe ist für dich nicht verfügbar, aber dieser lustige struppige Igel ist es!«)

Sie werden nach und nach verstehen, wie wichtig diese »Lass es«-Fertigkeiten für die erfolgreiche Alltagsbewältigung sind.

15 Biofeedback

»Herz-, Atemfrequenz und Aufmerksamkeit sind direkt miteinander verbunden. Wenn wir einem Menschen oder Hund beibringen können, langsame, tiefe Atemzüge zu machen, entspannt er sich, die Herzfrequenz nimmt ab, er kann sich besser auf die anstehende Aufgabe konzentrieren. Diese Reaktionen sind mit der Ausschüttung von Hormonen und anderen chemischen Prozessen im Körper verbunden, die es ermöglichen, den körperlichen und geistigen Zustand von einem reaktiven System, das bereit ist, auf eine Bedrohung zu reagieren, in ein System zu verändern, das sich auf das Lernen fokussieren kann.« – Dr. Karen Overall

An dieser Stelle sehen Leute mich oft voller Verwunderung an, denn das ist ein fremdes Konzept im Hundetraining. *Aber das sollte es nicht sein!* Die Tierverhaltensspezialistin Dr. Karen Overall brachte es mir einst bei. Das Biofeedback-Training ermöglicht es uns, das Nervensystem des Hundes »von außen nach innen« anzusprechen. Ich selbst nahm mehrere Jahre an wöchentlichen Biofeedback-Sitzungen teil, um an meiner eigenen Ängstlichkeit zu arbeiten. Erst das Biofeedback-Training ermöglichte es mir, Seminare zu geben: vom Alleinlassen meiner Hunde und die Überwindung meiner Flugangst bis hin zur Fähigkeit, öffentlich zu sprechen. Mit Hilfe eines Gerätes zur Gehirnstrommessung lernte ich, den optimalen Zustand zu erkennen – sowohl aufmerksam als auch entspannt – so dass ich mein Gehirn auf diesen Zustand konditionieren konnte und die Fähigkeit entwickelte, aktiv in diesen zurückzukehren. Ihren Welpen können Sie zwar nicht an eine Maschine anschließen und ihm beibringen, sich selbst zu clicken – bisher zumindest nicht – aber Sie können ein ähnliches Ergebnis erzielen, indem Sie Entspannungsverhalten auf Signal setzen.

Der folgende Punkt ist wichtig für das Verständnis: Ihr Gehirn kann sich, genauso wie das Ihres Welpen, entweder in einem reaktiven oder einem aufnahmefähigen Zustand befinden. Beide Zustände können nicht zeitgleich auftreten. Der aktuelle Zustand entscheidet darüber, wie gut Sie Informationen aufnehmen und verarbeiten können, wie gut Sie lernen, wie Sie auf Situationen reagieren und sich verhalten. Hätten Sie es lieber, dass Ihr Neurochirurg Sie in einem reaktiven oder aufnahmefähigen Zustand operiert? Hätten Sie es lieber, dass Ihr Hund den Wettkampfring beim entscheidenden Durchgang in einem reaktiven oder aufnahmefähigen Zustand betritt?

Das Biofeedback ermöglicht Ihrem Welpen einen aufnahmefähigen Zustand während des Trainings. Genauso wie das Deckentraining kann es eine tolle »Neustart«-Möglichkeit darstellen, wenn die Dinge sich ungeplant entwickeln.

Interessanterweise wurde in der Forschung festgestellt, dass die andauernde Wiederholung von »Nein« das Gehirn in einen reaktiven Zustand versetzt, während eine regelmäßige Wiederholung von »Ja« für einen aufmerksamen Zustand sorgt. *Denken Sie beim nächsten Mal daran, wenn Sie Ihren Welpen in einer Trainingsstunde tadeln!*

Wie wendet man das Biofeedback nun im Training an? Sie können jedes entspannte Verhalten Ihres Hundes einfangen, markieren und verstärken; ich beginne am liebsten mit dem Luftholen.

Luftholen

Ja, Sie können Ihrem Welpen beibringen, Luft zu holen. Sie können Ihrem vor Aufregung oder Stress hechelnden Welpen beibringen, das Maul für einen Moment zu schließen und auszuatmen. Mehrfach innerhalb einer Trainingseinheit angewendet, werden Sie feststellen, dass Sie einen ruhigeren und aufmerksameren Welpen vor sich haben. Dies ist keine Übung zur unregelmäßigen oder einmaligen Anwendung. Um ein Ergebnis zu erzielen, muss es zu einem normalen Bestandteil Ihres Trainings werden: Ihr Welpe ist ein wenig abgelenkt, besorgt, reaktiv oder rast herum … Luftholen und Neustarten. Das ist ebenfalls ein guter Hinweis an Sie selbst. Im Unterricht erinnere ich meine Schüler daran, zu lächeln *und* zu atmen. Ich möchte keine finster dreinblickenden, hyperventilierenden Schüler!

Wie bringen Sie Ihren Welpen dazu, sein Maul zu schließen? Ich füttere prinzipiell keine Welpen, die aus irgendeinem anderen Grund als vom Rennen in der Sonne hecheln. Meiner Erfahrung nach ist es der schnellste Weg, ein Leckerli so über die Nase des Welpen zu halten, dass er daran riechen kann (wenn er hochspringt, um es zu schnappen, hat er das Prinzip der Verfügbarkeit noch nicht kennengelernt! Das ist in Ordnung; nehmen Sie das Leckerchen kurz hinter den Rücken und beginnen Sie erneut, indem Sie es ein wenig höher halten als beim letzten Mal.) Wenn Welpen etwas riechen, schließen sie typischerweise ihr Maul. Konzentrieren Sie sich also auf den Unterkiefer; sobald er beginnt sich zu heben, geben Sie das Markersignal und dem Welpen das Leckerchen.

Sobald Ihr Welpe das Prinzip verstanden hat, wird er, sobald Sie ein Leckerchen herausholen, sein Maul für eine Sekunde schließen und falls er hechelte – ausatmen. Das Leckerchen wird so zum Signal für den Welpen, die Luft anzuhalten / auszuatmen.

Was können Sie tun, wenn der Hund das Maul immer geschlossen hat? Kein Problem, halten Sie ihm das Leckerchen hin und beobachten Sie seine Nasenlöcher. Warten Sie darauf, dass diese sich etwas weiten. Manche Schüler können es besser erkennen, wenn sie seitlich neben dem Welpen sitzen. Ich stehe normalerweise vor ihm. Bei einem Welpen mit heller Nase, der seinen Kopf hoch trägt, wird es Ihnen leichter fallen als bei einem schwarznasigen Welpen, der den Blick dauerhaft in Richtung Boden richtet.

Wenn Sie Probleme damit haben, das Weiten der Nasenlöcher zu erkennen, können Sie das Leckerchen auch so halten, dass Ihr Welpe daran riecht; seien Sie bereit, jede Form von Nasenbewegung einzufangen, auch das Riechen ist ein erster Ansatzpunkt.

Sobald der Hund aufhört zu hecheln und sein Maul schließt, geben Sie ihm das Leckerchen. Die hohe Kopfhaltung ähnelt der, in der der Hund einen Geruch in der Luft aufnimmt.

Wenn Ihr Welpe ein Meister darin geworden ist, die Luft anzuhalten oder Sie mit geweiteten Nasenlöchern anzusehen, können Sie kreativ werden. Wie sieht Ihr Welpe aus, wenn er sich in einem aufnahmefähigen Zustand befindet? Beim Biofeedback geht es darum, Ausdrücke zu verstärken. Der Ausdruck ist direkt mit dem emotionalen Zustand verbunden. Das ist der Grund dafür, dass einige Leute zu lächeln versuchen, selbst wenn Ihnen nicht danach ist; es ist der Versuch, ihre Stimmung aufzuhellen. Der Augenausdruck ist einfach zu beobachten. Ich mag weiche Augen bei einem Welpen. Wenn Ihr Welpe aufgedreht ist, wünschen Sie vielleicht sogar weiche und schläfrige Augen, um ihm zu vermitteln »Fahr mal ein bitte ein wenig runter«. Beginnen Sie, Ihren Hund dafür zu belohnen, seine Augenlider zu schließen, während er sie mit geweiteten Nasenlöchern ansieht.

Ein anderer Ansatzpunkt ist der Ohrenansatz. Unabhängig davon, ob Ihr Hund Hänge- oder Stehohren hat, ist die Festigkeit oder Weichheit des Ohrenansatzes ein Indiz für seinen Entspannungs- und Aufmerksamkeitslevel. Auch wenn die Ohren Ihres Welpen gespitzt bleiben, können Sie dennoch eine kleine Entspannung des Ohrenansatzes und eine folgende leichte Bewegung der Ohren erkennen. Wenn die Ohren Ihres Welpen unablässig in Bewegung sind, verstärken Sie eine neutrale Ohrenhaltung. Alternativ können Sie auch »fröhliche Ohren« clicken (Pferdebesitzer machen das regelmäßig, da verärgerte Pferde die Ohren anlegen).

Ein weiterer Punkt ist die Bewegung und Haltung der Rute. Wenn sie im aufgeregten Zustand hoch getragen wird, warten Sie, bis der Ansatz sich entspannt und die Rute sich senkt; geben Sie das Markersignal und eine Belohnung. Wenn die Rute auf den Boden trommelt, verstärken Sie eine langsamere, »trägere« Bewegung. Dies ist ein weiterer Weg, um Ihren Welpen dazu aufzufordern, ein wenig herunter zu kommen. Bei Snap wende ich das häufig an, da er bei Aufregung so schnell mit dem Schwanz wedelt, dass er jederzeit abheben könnte. Er hat langsames Schwanzwedeln und ein komplettes Stoppen der Bewegung gelernt. Es sieht wirklich amüsant aus, wenn er mit wedelndem Schwanz auf seiner Decke liegt, mich ansieht und mit einem »Bumms« den Schwanz auf den Boden knallt, um ihn anschließend perfekt still zu halten.

Eine andere Möglichkeit ist das »entspannte« Platz im Gegensatz zum »Sphinx«- Platz, bei dem die Hüften des Welpen entspannt sind und er auf einer Seite liegt; das können Sie ebenfalls nutzen. Wenn Sie Spaß am Clickertraining haben, möchten Sie eventuell all diese Verhalten clicken; bei vielen Hunden nutze ich aber nur ein Lächeln oder ein leises »Richtig« oder gebe ihnen das Leckerchen ohne Markersignal direkt nach dem Verhalten. Ich möchte verhindern, dass das Erregungslevel den Trainingserfolg untergräbt. Während dieser Art von Training bin ich normalerweise sehr ruhig, wie auch beim Training des Entspannungsprotokolls.

Dr. Overalls Entspannungsprotokoll

Das Biofeedback ist die treibende Kraft hinter Dr. Overalls Entspannungsprotokoll (*Clinical Behavioral Medicine für Small Animals, 1997*), das Sie im Internet finden können. In diesem Trainingsplan werden die Hunde dafür belohnt, sich in immer anspruchsvolleren Situationen zu entspannen statt reaktiv zu reagieren. Es ist ein Aerobic-Workout für den Hundeführer, das Joggen, Hürdenlauf u.v.m. beinhaltet. Nach jeder aufregenden und ablenkenden Aufgabe, die der Hundeführer ausführt, wird der Hund dafür belohnt, im Sitz oder Platz zu bleiben. Dieses Protokoll wurde ursprünglich für Hunde entwickelt, die an einer klinischen Verhaltensstörung litten. Es hat sich im Lauf der Zeit aber auch als ein exzellenter Welpen-Trainingsplan erwiesen.

Das Protokoll ist keine bloße Bleib-Übung, nur weil der Hund auf seinem Platz bleibt (auch wenn ein bombensicherer Hund das Ergebnis dieses Protokolls ist). Die Magie dieses Protokolls liegt in der Biofeedback-Komponente. Die Frage an Ihren Welpen sollte nicht lauten, »Kannst du bleiben, während ich an der Tür läute, diese öffne und imaginäre Besucher herein bitte?« sondern »Kannst du mit weichen Augen auf deinem Platz bleiben und atmen, während ich an der Tür läute, diese öffne und imaginäre Besucher herein bitte?« Zwischen diesen beiden Fragen ist ein Unterschied. Nach jedem Durchgang kehren Sie zu Ihrem Welpen zurück und belohnen ihn in seiner Position. Halten Sie dazu einfach das Leckerchen hoch oder tippen Sie sich an die Nase, falls Sie das Augenkontakt/Luftholen-Signal verwenden. Sobald Ihr Welpe das Maul schließt oder die Nasenlöcher weitet, geben Sie ihm das Leckerchen.

Sie können dieses Protokoll an verschiedenen Orten anwenden, zu Beginn zuhause und später im Unterricht, bei Wettbewerben oder im Tierfutterladen; wo immer Ihnen Ablenkungen begegnen. Es sollte keine Überraschung sein, dass ich meinen Schülern beibringe, dieses Protokoll auf einer Decke zu üben.

Ein Beispiel: Easy war noch ein Teenager, als er an seinem ersten Agility-Kurs teilnahm, in dem andere Hunde gleichzeitig mit ihm im Unterrichtsraum rannten und Agility-Hindernisse übten. Das fand er ziemlich aufregend. Seine Körpersprache erinnerte mich an seine Mutter, die als Teenager im Agility-Unterricht begonnen hatte, schreiend auf andere Hunde zuzurennen (was durch meine Freundin, ihre Besitzerin, schnell behoben wurde!). Ich hatte ihm bereits beigebracht, auf Signal die Luft anzuhalten und auszuatmen. Also rief ich seinen Namen – das Signal für die Blitzwendung – und er kam zu mir zurück. Ich berührte meine Nase, er schloss sein Maul, hielt die Luft an und atmete aus. Nach einigen Wiederholungen verband ich das Luftholen mit dem »Guck mal da«-Spiel – nebenbei bemerkt eine nützliche Kombination – und forderte ihn auf, die anderen Hunde zu beobachten, sich zu mir zu orientieren und zu atmen. Das war wahrscheinlich das erste Mal, dass ich diese beiden Spiele kombinierte. Es funktionierte wunderbar und er konnte anschließen ohne Leine arbeiten. Eine weitere tolle Kombination ist das Luftholen in Verbindung mit dem »Ausschalt«-Spiel.

Ich erinnere mich an eine amüsante Geschichte: Eine Schülerin konnte nicht glauben, dass meine Hunde auf Signal blinzeln oder die Luft anhalten könnten. Ich war gerade dabei, ihr Dr. Overalls Entspannungsprotokoll zu erklären und ihr zu zeigen, wie man das Atmen, die schläfrigen Augen, Ohren, etc. in die einzelnen Trainingsschritte einbringt. Sie hielt mich für verrückt, also lieh ich mir Rumor aus und schickte ihn auf seine Decke. Er rannte hin und warf sich auf die Decke, sah ihr direkt in die Augen und blinzelte einmal sehr bewusst und langsam – da sie Futter in der Tasche hatte, welches er riechen konnte und wusste, dass dieses Verhalten auf der Decke funktionieren sollte. Es wirkte auf sie, als ob er Deutsch verstehen würde und er ihr absichtlich zeigen wollte, dass er tatsächlich gelernt hatte zu blinzeln. Für mich sah es ebenfalls so aus.

Immer, wenn Sie bei der Anwendung von Übungen aus diesem Buch das Gefühl bekommen, dass Ihr Welpe ein wenig Hilfe dabei braucht, einen entspannten und aufnahmefähigeren Zustand zu erreichen, oder Sie nicht wissen, was Sie als nächstes tun sollen und einen Neustart benötigen, denken Sie an das Luftholen! Wenn Sie lernen, es geschickt einzusetzen, werden Sie später neue und interessante Anwendungen dafür finden. Ich kann Ihnen verraten: Es ist eine tolle Sache als Bestandteil Ihres Startsignals, falls Ihr Hund zu Frühstarts neigt! Wenn Sie nun auf einem Wettbewerb eine meiner Schülerinnen dabei beobachten, sich an der Nase zu kratzen, wissen Sie, was in Wirklichkeit vor sich geht.

18 Shaping

Ich bezeichne mich selbst als Clickertrainer; das bedeutet, dass ich Verhalten forme. Um dieses Buch anzuwenden, müssen Sie kein Clickertrainer sein – wenn Sie das Formen von Verhalten (»Shaping«) verstehen, können Sie die beschriebenen Übungen jedoch besser nachvollziehen.

Ich wende das Shaping gerne an, um einem Welpen zu vermitteln, dass er die Hälfte eines Teams ist, dass er ein Feedback geben kann und, ja, auch dass es eine zweiseitige Kommunikation darüber gibt, wie sich am besten Leckerchen verdienen lassen. Mir geht es dabei um einen Dialog zwischen Welpen und Hundeführer und nicht um eine Kommandokultur: »Tu dies, sonst …!«.

Statt einen Welpen beispielsweise durch Druck auf das Hinterteil zum Sitz zu zwingen, erlaubt das Shaping dem Welpen, selbst herauszufinden, welches Verhalten zu einer Belohnung führt. Bei dieser Methode beobachten Sie die Bewegungen des Welpen und achten auf Verlagerungen des Gewichts oder der Balance, auf jedes Zeichen, das ein Hinsetzen ankündigt.

Eine weitere clickertaugliche Möglichkeit ist das Einfangen von Verhalten (»Capturing«). Um beim Beispiel des Sitz zu bleiben: Da Welpen sich von Natur aus alleine hinsetzen können, beschreibt es das Konzept des »Einfangens« perfekt. Wenn ich den Welpen sitzen sehe, belohne ich ihn. Nach einigen Wiederholungen wird der Welpe ausprobieren, ob er mich durch das Hinsetzen dazu bringen kann, ihn zu belohnen – und das kann er. Sobald der Welpe mir das Sitz zuverlässig anbietet, kann ich das Verhalten »Sitz« benennen.

So funktioniert das Clickertraining: Wir formen das Verhalten oder fangen es ein, markieren und verstärken es und benennen es anschließend – anstatt es zu kommandieren. Wenn Sie dem Welpen ein Signal geben, verwenden Sie den Namen eines speziellen Verhaltens, um ihn wissen zu lassen, dass eine Belohnung verfügbar ist, wenn er dieses Verhalten zeigt (ein kleiner Clickerausflug in mein Konzept der Verfügbarkeit). Ein guter Trainer verlangt vom Welpen nur Dinge, die er in der gegebenen Situation zeigen kann und passt diese gegebenenfalls an. So stellt er sicher, dass der Welpe auf ein Signal immer richtig reagieren kann. Für mich ist es immer eine Herausforderung, jemanden in einer Einzelstunde oder auf einem Seminar zu unterrichten, der noch auf die klassische Weise trainiert, da ich die Dinge inzwischen so anders sehe. Beim Clickertraining geht es nicht darum, einen Clicker einzusetzen, sondern um die Art der Kommunikation mit dem Welpen; es geht um Ihre Wahrnehmung, worum es beim »Training« wirklich geht.

Dem Welpen beizubringen, in oder auf Gegenstände zu klettern, ist ein lustiger und einfacher Weg, Ihre Shaping-Fähigkeiten zu verbessern.

Nun aber zurück zum Shaping. Beim Formen zerlegen Sie das Verhalten in kleine Teilstücke, die Sie belohnen, während Ihr Welpe selbst herausfinden kann, welches seiner Verhalten zu einem Click führt. Ein einfacher Weg, das Shaping einzuführen, ist ein Target auf dem Boden. Lassen Sie Ihren Welpen frei im Raum laufen und setzen sich derweil auf die Couch. Immer wenn Ihr Welpe in Richtung des Gegenstandes läuft, clicken Sie und werfen ein Leckerchen in die andere Richtung, damit Ihr Welpe sich anschließend erneut dem Gegenstand nähern kann; oder werfen Sie das Leckerchen in die Nähe des Gegenstandes, um Ihrem Welpen zu helfen, in dessen Nähe zu bleiben.

Während des Übens werden Sie ein Gefühl dafür entwickeln, die Anforderungen flexibel anzupassen. Beim Shaping warten wir nicht darauf, dass der Welpe den kompletten Raum durchquert und den Gegenstand berührt, bevor wir clicken – auch wenn dies das Endziel ist. *Der wichtige Punkt an dieser Stelle ist, dass es nicht um das Ziel geht, sondern um den Prozess! Ich möchte Sie ermutigen, wie ein Prozess-orientierter Trainer zu denken, während Sie dieses Buch lesen.* Wir clicken den allerersten Schritt in die Richtung des Gegenstandes und alle anderen Schritte in die richtige Richtung. Falls der Welpe sich nicht bewegt und eventuell sogar von Ihnen weg sieht – nicht einmal in Richtung des Gegenstandes – würden Sie selbst das Clicken. Denn Sie können dieses Verhalten dahingehend formen, dass der Welpe sich von Ihnen weg bewegt. Wir werden immer etwas zu clicken finden und wir wollen das Training immer so gestalten, dass der Welpe erfolgreich sein kann.

Dieselbe Shaping-Technik kann angewendet werden, um dem Welpen beizubringen, dass er für Belohnungen sorgen kann, indem er in seine Box geht: eine wesentlich freundlichere Methode für einen Welpen, der die Box nicht mag. Auch das Premack-Prinzip können Sie hier anwenden: Sobald der Welpe in seine Box geht, clicken Sie und rufen ihn aus der Box heraus! Das Leckerchen kann in der Box gefüttert werden, oder Sie können es weit davon wegwerfen – behalten Sie immer im Hinterkopf, dass das Verlassen der Box ein größerer Verstärker sein kann als das Leckerchen. Ziemlich schnell werden Sie einen Welpen haben, der wie der Blitz zurück in seine Box rennt, da es zu einem tollen Spiel geworden ist.

Es gibt viele gute Bücher und Internetseiten über Shaping und Clickertraining; auf »clickertraining.com« finden Sie zum Beispiel eine ausführliche Übersicht. Besuchen Sie, wenn möglich, ein Clickertraining nach Karen Pryor (»Clicker Expo«). Falls Sie nicht bereits vom Clickertraining überzeugt sind, werden Sie es spätestens dort.

19 Integratives Training

Als integratives Training bezeichne ich das Konzept der Balance von Körper, Geist und Seele im Tiertraining. Wir werden darüber reden, ein Bewusstsein für diese einzelnen Aspekte unseres Welpen zu entwickeln, damit wir während seiner weiteren Entwicklung sein volles Potenzial fördern können.

Beim Clickertraining oder jeder anderen Form der operanten Konditionierung fokussieren sich viele Trainer auf den mentalen Aspekt des Lernens. Wir formen oder locken oder fangen Verhalten ein, wir verstärken das Verhalten, wir verbinden das Verhalten mit einem Signal, wir generalisieren das Verhalten in verschiedenen Umgebungen usw.

Die meisten von uns beurteilen Erfolg oft mehr oder weniger oberflächlich. Nehmen wir an, der Welpe hat das Sitz gelernt. Er kann es zuhause, im Unterricht, im Park, in einem Laden zeigen und sogar, wenn er einen anderen Hund sieht oder anstatt jemanden anzuspringen. Das klingt, als ob Sie ihm das Sitz erfolgreich beigebracht haben, oder etwa nicht? Das ist die geistige Komponente. Wie geht es Körper und Seele? Fühlt sich Ihr Welpe wohl und entspannt? *Mag* er es, worum Sie ihn bitten?

Lassen Sie uns annehmen, dass Ihr Welpe sich nicht wohl dabei fühlt, völlig gerade zu sitzen und lieber beide Beine auf eine Seite legt, anstatt das Gewicht gleichmäßig auf beide Schenkel zu verteilen. Als mein Tervuren Rumor ein Welpe war, wollte er immer auf diese Weise sitzen. Da ich mit ihm an Obedience-Prüfungen teilnehmen wollte, verbrachte ich viel Zeit damit, ihm ein Sitzen in gerade Position beizubringen. Ich zog es niemals in Betracht, dass sein Körper mir mit diesem »schlampigen« Sitz vielleicht etwas mitteilen wollte. Ich brachte ihm einfach nur bei, gerade zu sitzen und korrigierte ihn frustriert, wenn er es nicht tat.

Manchmal haben Welpen während eines Wachstumsschubs Schmerzen bei bestimmten Bewegungen. Manchmal haben sie eine gesundheitliche Beeinträchtigung, wie Rumor mit seinen Wirbelsäulenproblemen oder der English Mastiff-Welpe einer ehemaligen Schülerin, Captain. Der acht Monate alte Captain hatte Probleme mit dem Sitz und stand immer wieder auf. Also ignorierte ich das Sitz eine Weile und übte Aufgaben wie das Bleib oder das »Lass es« im Platz. Der Tierarzt diagnostizierte schließlich eine neuromuskuläre Beeinträchtigung. Ich möchte wetten, dass er deshalb so viele Probleme mit dem Sitz hatte.

Ich erinnere mich an einen Besuch bei Captain in der Welpenspielgruppe, als alle Kleinen »Welpen-Push-Ups« machten, indem sie immer und immer wieder von einem Sitz in ein Platz und umgekehrt wechselten. Captain wirkte unglücklich auf mich und hatte scheinbar Probleme damit, aus dem Platz in ein Sitz zu wechseln. Ich wies seine Besitzerin darauf hin, dass er sich beim Platz nicht in eine »Sphinx«-Pose, sondern mit zur Seite ausgestreckten Beinen legte. In dieser Position hatte er nicht die nötige Balance, um genauso schnell in ein Sitz zu wechseln wie die anderen Welpen.

Wir mussten uns entscheiden, ihm ein »Sphinx«-Platz beizubringen oder ihn aus dem Platz aufstehen zu lassen, damit er in eine bessere Ausgangsposition für das Sitz gelangte; der für uns einfachere Weg in der Gruppenstunde. Es hätte noch eine dritte Wahl gegeben: ihn die Übung gar nicht machen zu lassen, aber diese Möglichkeit kam mir in diesem Moment gar nicht in den Sinn.

Was meine ich an dieser Stelle also mit *Seele*? Ich meine die Emotionen Ihres Welpen, vor allem die Freude. *Beim Stressfrei-Training ist es wichtig, zu verstehen, dass jede Emotion, die ein Lebewesen (inklusive Sie selbst) während des Lernvorganges fühlt, den weiteren Lernprozess beeinflusst.* Ich kann Ihnen gar nicht sagen, wie wichtig dieses Konzept für mich ist. Ich bin überzeugt davon, dass hier die Ursache für meine lebenslange Abscheu gegen Mathematik liegt.

Meine Familie zog um, als ich in der ersten Klasse war. Ich kam mitten im Schuljahr in eine Schule, in der Mathematik auf eine komplett andere Art unterrichtet wurde. An meiner alten Schule hatte man uns in einer unterstützenden Lernatmosphäre die Zeit gelassen, die wir brauchen. Laut meiner Mutter hatte ich dort kein Problem mit Mathe. An meiner neuen Schule waren »Tests auf Zeit« gerade in Mode. Unser Lehrer gab uns ein Blatt mit Matheaufgaben, startete eine Stoppuhr, und wir mussten so viele Aufgaben wie möglich lösen, bevor die Zeit ablief. Als Kind mit einer unerkannten Angststörung, das bereits viele Probleme damit hatte, an einer neuen Schule, in einem neuen Staat, in einem neuen Zuhause und in einem neuen Leben anzukommen, bekam ich Panik. Ich geriet in meinen typischen Zustand, in dem meine Angst alle Versuche, zu funktionieren, überdeckte und ich mich fühlte, als ob ich träume. Mein Lehrer reagierte darauf immer sehr negativ und schimpfte, weil ich nicht genug Aufgaben lösen konnte und so viele Fehler machte. Ich wurde zur Mathe-Nachhilfe geschickt und mir wurde vermittelt, dass ich schlecht in Mathe bin. Dieses Gefühl verfolgt mich bis zum heutigen Tag, selbst wenn ich es inzwischen aus einer anderen Perspektive sehen kann.

Das eigentliche Problem war nicht meine (Un-)Fähigkeit, Mathe zu lernen. *Es lag darin, wie mein bereits überfordertes Nervensystem auf diese Art des Matheunterrichts reagierte.* Als Lehrer versuche ich immer den besten Weg zu finden, Informationen so zu übermitteln, dass es zum Nervensystem von Hund und Hundeführer passt. Sie müssen Ihren Schüler kennen und wissen, wie Sie mit ihm reden können. Ich frage meine Schüler immer nach ihrem Beruf. Die Antwort gibt mir Aufschluss darüber, wie ihr Geist funktioniert. Sie können beobachten, dass ich dieselbe Übung an einem Tag zwei unterschiedlichen Menschen auf zwei komplett verschiedene Arten erkläre. Sie werden feststellen, dass ich dieselbe Übung auch zwei unterschiedlichen Welpen auf verschiedene Weise vermittele.

Freude und Zuversicht entstehen im Training, wenn die Lerninhalte auf eine Weise präsentiert werden, die Rücksicht auf das Individuum nimmt. Ich habe kein Interesse an einem Welpen, der zwar überall und zu jeder Zeit sitzen kann, aber gestresst wirkt, sobald er das Signal dazu bekommt, und mir begegnen solche Welpen immer wieder. Es wäre, als ob Sie die Erstklässlerin Leslie fragen, wieviel 2 + 2 ist. Wenn Sie sie gefragt hätten, während Sie gemeinsam ein Bild malen, hätte Sie Ihnen die Antwort mit Zuversicht geben können – sobald Sie eine Stoppuhr in der Hand gehalten hätten, hätte Sie Ihnen die Antwort mit rasendem Herzen gegeben, nicht in der Lage, klar zu denken.

Wer möchte, dass seine Schüler sich so beim Lernen fühlen, egal welcher Spezies sie angehören? Lernen macht Spaß. Wir können herausfinden, wie die Welt funktioniert und welche Aufgabe wir in ihr haben. *Kein Schüler ist motiviert zu lernen, wenn er glaubt, »schlecht« in einer Sache zu sein, und das sehe ich jeden Tag bei den Hunden.*

Um die Seele Ihres Welpen zu würdigen, fragen Sie ihn beim Trainingsbeginn in Gedanken: »Wie kann ich Dir helfen, mit Spaß zu lernen?« Hier sind einige Möglichkeiten:

- Verstärken Sie sein Verhalten mit etwas, was er möchte. Möchte er Ihre Freundin begrüßen, schwimmen oder in Ruhe gelassen werden? Dann nehmen Sie das in diesem Moment als Verstärker für Ihren Welpen. Wenden Sie das Premack-Prinzip an, um Ihr Training fair und motivierend zu gestalten.

- Finden Sie heraus, wie er am besten lernt. Hilft es ihm, zuerst andere Hunde bei der Übung zu beobachten? (Ja, wirklich!) Braucht er viel Körperkontakt während des Trainings oder überhaupt keinen? Benötigt er viele Spielpausen oder Ruhepausen? Auf welche Körperspannung, welches Energieniveau und welchen Ausdruck von Ihnen reagiert er am besten? Manche Welpen sind regelrecht arbeitswütig und andere überhaupt nicht. Ich hoffe, dass Sie ihnen den Unterrrichtsstoff auf unterschiedliche Weise beibringen.

Lassen Sie uns noch einmal zum Sitz zurückkehren. Von allen Hunden, denen ich es jemals beigebracht habe, fiel es Easy am schwersten, das Bleib in einer sitzenden Position zu halten. Er war körperlich in der Lage, genau das zu tun, was ich forderte. Er war geistig in der Lage, genau das zu tun, was ich forderte, *solange er unter seiner »Instinkt-Reizschwelle« war.*

Diesen Begriff habe ich erfunden, da ich keinen besseren Ausdruck finde, um die Situation zu beschreiben. Sobald ich mich vom sitzenden Easy entfernte, sank sein Kopf und er nahm die Border Collie-Haltung ein, die meine Freunde und ich als »geiern« bezeichnen. Sie haben sie möglicherweise schon an der Startlinie gesehen, wenn die Hunde auf Ihr Startsignal warten. Normalerweise betrachte ich das »Geiern« als gutes Zeichen dafür, dass der Hund in seiner Arbeit aufgeht und halte es nicht für ein Problem… solange der Hund nicht nach jedem Kopfsenken aufsteht. Das tat Easy. Sein Kopf sank und mit der veränderten Balance nahm sein Körper diese lauernde Haltung an und er stand auf, um loszupirschen.

Ich wusste, dass Easy das Konzept des »Bleib / Halte deine Position« verstanden hatte. Ich war mir ebenfalls sicher, dass er wusste, wie man sitzt. Er hatte aber anscheinend nicht verstanden, dass er seinen Kopf auch während des Sitzens in einer neutralen Position halten konnte. Also begann ich seine neutrale Kopfhaltung zu formen. Dann fügte ich Dauer und Entfernung hinzu. Statt des Bleib-Trainings, das mich in den Wahnsinn getrieben hatte, formte ich nun ein »Halte deinen Kopf hoch« - das sorgte bei uns beiden für Erleichterung. Er machte keine Fehler mehr. Vorher hatte ich ihn nach jedem Aufstehen wieder in ein Sitz geschickt. Er wusste, dass er etwas falsch gemacht hatte, und er mochte es noch nie, Fehler zu machen. Er konnte nicht anders als in den Instinkt-Modus zu wechseln. Wenn ich von ihm wegging, sobald er saß, entstand für ihn ein Raum ohne Druck – ohne den Druck, den ich durch das bloße Stehen neben Easy aufgebaut hatte – und in diesen Raum wurde er förmlich hineingezogen.

Ein weiterer Schritt zur Umformung unseres Bleib-Trainings war das Einführen eines verbalen Signals statt des bisherigen Druck-Signals. Nach wenigen Einheiten konnte Easy mit neutraler Kopfhaltung sitzen und sich dabei nicht einen Millimeter bewegen, während ich über den Platz rannte und die Kriterien steigerte.

Ich denke, dass dieses Beispiel das integrative Training sehr gut illustriert. Ja, Easy war körperlich in der Lage, ein Sitz zu zeigen. *Aber* sein Körper wollte als Reaktion auf mein Weggehen eine geduckte, lauernde Position einnehmen. Das Sitz war also physisch anspruchsvoll, weil es seinem Instinkt entgegengesetzt war. Ja, Easy war geistig in der Lage, ein Sitz-Bleib zu lernen, aber für einen Lernerfolg musste ich einen besseren Weg finden, es ihm zu erklären; ich musste ein guter Clickertrainer sein und das Verhalten in seine Einzelteile zerlegen, damit ich das Kernverhalten herausfinden konnte – in Easys Fall die Kopfbewegung. Und um den seelischen Teil anzusprechen und ein freudiges Lernen zu ermöglichen, musste ich erst selbst lernen, das Trainingsproblem als Trainings-*Prozess* zu betrachten und darüber zu lachen. Dann konnte ich einen Schritt zurücktreten und die erstaunlichen Instinkte des Hundes würdigen. Wie fein und wundervoll die Raubtier-Bewegungsmuster in der DNA eines Border Collies sind. Was für eine aufregende Sache!

Und ich konnte nach dieser Erkenntnis Druck anders anwenden, um Easy zu helfen, seine Position zu halten. Zusätzlich zum Training der neutralen Kopfhaltung begann ich, mich auf eine leicht geänderte Weise von ihm zu entfernen. Ich machte intuitiv erst einen kleinen Schritt zur Seite, bevor ich davonlief. Dies half ihm, seine Position zu halten statt von meiner Bewegung mitgezogen zu werden, und es funktionierte. Ich konnte es schnell ausschleichen und ihn schließlich mit jeder Geschwindigkeit in jede Richtung verlassen.

Wenn Sie trainieren, trainieren Sie den ganzen Hund! Dies ist ein wundervolles Geschenk.

20 Energiesparen

Das Verständnis für das Konzept des Energiesparens ist wichtig für das Stressfrei-Welpenprogramm. Jedem von uns steht nur eine begrenzte Menge an Energie zur Verfügung, die er am Tag verbrauchen kann. Nach einem anstrengenden Arbeitstag und einem stressigen Heimweg haben Sie nach dem Abendessen sicher weniger Energie für die Hausaufgaben Ihrer Kinder übrig, als wenn sie den ganzen Nachmittag mit einem Cocktail am Pool verbracht hätten.

Unseren Hunden geht es genauso. Und genauso wie viele Menschen sind sie nicht immer gut darin, sich ihre Energie sinnvoll einzuteilen, d.h. sich Energie für spätere Situationen aufzusparen, in denen sie dringend benötigt wird. Ängstliche Hunde verbrauchen einen Großteil ihrer Energie damit, sich Sorgen zu machen – Energie, die dafür hätte verwendet werden können, Alternativverhalten und Bewältigungsstrategien zu lernen (an dieser Stelle ist eine medikamentöse Begleitbehandlung in einigen Fällen sinnvoll).

Ängstlichkeit verbraucht einen *großen* Teil der verfügbaren Energie, und es bleibt nicht mehr viel dafür übrig, anstehende Aufgaben zu erledigen oder etwas Neues zu lernen, wie zum Beispiel die Two-on / Two-off Kontakt-Position. Information über eine hochgradig ablenkende oder überwältigende Umwelt zu verarbeiten benötigt ebenfalls einen großen Teil an Energie, womit wir wieder bei unseren Welpen sind. Stellen Sie sich einen Welpen vor, der eine Reithalle betritt, in dem ein Agility-Kurs stattfindet!

Vielfältige Gerüche, Anblicke und Geräusche strömen gleichzeitig auf ihn ein und er muss, um seine Gruppe zu erreichen, an einem fortgeschrittenen Hund vorbei, der laut bellend einen Parcours absolviert. Auch von seiner Gruppe aus kann er die fremden Hunde der Fortgeschrittenengruppe immer noch hinter der Absperrung sehen. In seiner Gruppe gibt es sieben weitere Welpen, manche spielen Zerrspiele, manche bellen, manche ziehen in seine Richtung, um ihn zu überprüfen, während ihre Hundeführer versuchen ihre Aufmerksamkeit zurückzugewinnen. Obendrein übernimmt ihn vielleicht noch ein unbekannter Trainer und versucht ihm ein neues Verhalten beizubringen oder beginnt ein wildes Spiel, während er sich noch unsicher über die Arbeit mit einem fremden Menschen ist.

All diese Informationen müssen in diesem Moment verarbeitet werden und das verbraucht eine Menge Energie. Es bleibt nicht viel davon übrig, um im Unterricht Leistung zu zeigen (und wir haben bisher nicht einmal all die Dinge betrachtet, die während des restlichen Tages passiert sind). Wenn der Welpe nach der Hälfte der Stunde keine Energie mehr hat und aussteigt, geben wir die Schuld dafür dem Hundeführer und fordern stärkere Einschränkungen im Alltag? Oder sagen wir, er muss mit einer Auszeit dafür bestraft werden, dass er seinen Hundeführer stehen gelassen hat, oder sagen wir, sein Hundeführer war nicht interessant genug und soll ihn deshalb in ein noch intensiveres Spiel verwickeln?

Nach alldem, was ich Ihnen zuvor über das Energiesparen und all die Dinge, die der Welpe an diesem Tag bereits verarbeiten musste, erzählt habe, wäre das absurd; und doch ist es in der Regel genau das, was einem Sporthundwelpen-Hundeführer geraten wird.

Uns sollte bewusst sein, wie viel Energie die Verarbeitung von Umweltinformationen verbraucht. Viele Hunde, die im Ring abschalten, sind »Über-Verarbeiter«. Für sie ist die Wettkampfumgebung wie ein riesiger Energie-Sauger; sie nehmen konstant und ohne Filter oder Pause alle Eindrücke auf. Es bleibt schlicht und ergreifend nicht genug Energie übrig, um die Leistung zu erbringen, die ihr Hundeführer erwartet. Überlegen Sie einmal, wieviel Energie es benötigt, eine komplexe Aufgabe mit voller Konzentration zu erfüllen – für einen Hund! Ein Hund, der die ganze Zeit das Gefühl hat »Oh Mann, hier ist ja eine ganze Menge los.« Daher kommt es nicht überraschend, wenn ihn nach dem Adrenalinrausch der ersten Hürden (der letzte Energieschub vor dem Burnout) die Kraft verlässt. Sobald Sie sich dieser Problematik bewusst sind, können Sie einige Dinge tun, um den Effekt zu verringern.

Das Stressfrei-Training ermöglicht es unseren Hunden, mit uns einen Dialog über die Umwelt zu führen. Es erlaubt ihnen, Informationen zu verarbeiten, ohne zuviel Energie dafür aufzuwenden, ohne sich Sorgen um die Umwelt zu machen oder von ihr abgelenkt oder aufgeregt zu werden.

Diese unverbrauchte Energie kann Ihr Hund später im Wettkampf nutzen. Problemverhalten im Ring ist nicht einfach nur ein Leistungsproblem. Es ist ein Energiespar-Problem, und seine Lösung beginnt damit, dem Hund beizubringen, Informationen über seine Umwelt auf eine energiesparende Weise zu verarbeiten.

Für manche Hunde ist das kein Thema; sie können den ganzen Tag arbeiten und fragen noch nach mehr. Aber für viele andere stellt es ein Problem dar, das oft nicht als solches erkannt und behandelt wird. Wir denken selten darüber nach, wieviel wir von unseren Welpen verlangen, wenn wir mit Ihnen zur Gruppenstunde gehen; und noch weniger, wieviel Energie es von ihnen erfordert, inmitten der vielen Gerüche, Geräusche und Anblicke etwas Neues zu lernen.

21 Das Beißschwellen-Training

Eng verbunden mit dem Ansatz des Energiesparens ist das lerntheoretische Konzept des Beißschwellen-Trainings. »Das brauche ich sicherlich nicht zu wissen«, denken Sie jetzt vielleicht. Mein Welpe ist kein Beißer. Das Beißschwellen-Training ist aber nicht nur etwas für aggressive Hunde.

Für Stressfrei-Trainer spielt dieses Konzept eine wichtige Rolle. Es erinnert uns daran, uns der Faktoren bewusst zu sein, die unser Training beeinflussen: die Umgebung, die Gefühle unseres Welpen, wie sein Tag bisher war. Es hilft uns dabei, unsere Kriterien geschickt anzupassen, um das Beste aus unserem Training herauszuholen.

Dieses Modell zu verstehen ist entscheidend dafür, unserem Sporthundewelpen zu Höchstleistungen zu verhelfen. Das Beißschwellen-Training lehrt uns, dass eine bestimmte Anzahl von Faktoren präsent sein muss, um ein Tier über seine Beißschwelle zu bringen – oder, in unserem Fall – die Reizschwelle, unterhalb derer der Welpe in der Lage ist, erfolgreich zu lernen und sich zu benehmen.

Manche Welpen »drehen unter Stress auf« während andere »unter Stress abschalten«. Manche Welpen reagieren auf zuviel Training, zuviel Druck oder eine anspruchsvolle Umgebung mit starker Erregung, andere reagieren darauf, indem sie sich ausklinken. Anstatt nur die einzelnen Verhaltensweisen zu betrachten, lernen Sie, das Gesamtbild zu betrachten.

Was passierte im Raum, bevor Sie Ihrem Welpen das Signal x, y, oder z gaben? Lief am anderen Ende des Geländes ein Hund durch einen Tunnel – ein Geräusch, das ihr Welpe bisher nie zuvor gehört hatte? Brachte der Paketbote während des Essens ein Paket, hatten Sie anschließend einen Streit mit Ihrem Kind und steckten den Welpen dann schnell ins Auto, da Sie bereits zu spät für den Unterricht waren? Gab es einen Wetterumschwung? Wenn Sie sich des Beißschwellen-Modells bewusst sind, werden Sie aufhören zu denken, dass etwas »vollkommen ohne Vorwarnung« passiert ist. Dinge passieren nicht ohne Vorwarnung. Alles beeinflusst alles, und das ist es, was dieses Modell für mich bedeutet. Selbst ein verschobener oder verpasster Spaziergang kann das spätere Verhalten Ihres Welpen beeinflussen.

Eine Kundin wollte mir nicht glauben, dass das Verhalten ihres Tierschutzwelpen – eines Hundes mit einigen Aggressionsproblemen – eskaliert war, weil er zuvor eine Spritze vom Tierarzt bekommen hatte und anschließend beim Hundesitter war. Sie konnte die Verbindung nicht sehen. Uns solcher Tatsachen bewusst zu sein, hilft uns, die Dinge aus einer anderen Perspektive zu sehen und mehr Geduld im Training zu haben. Wir können die Kräfte, die hinter diesem Modell stecken, nicht kontrollieren, aber wir können uns ihrer bewusst sein und versuchen, die Umgebung nach Möglichkeit anzupassen und nicht selbst noch zusätzliche Reizschwellen-überschreitende Faktoren mit ins Spiel zu bringen. Und anstatt einfach zu behaupten »Er ist heute einfach eine Nervensäge«, können wir Einfühlungsvermögen zeigen und sagen, »Wir kennen nicht alle Faktoren, die gerade mit ihm Spiel sind, aber er ist heute nicht auf der Höhe. Wie können wir damit umgehen?«

Alle fühlenden Lebewesen haben eine Reizschwelle, und sobald wir diese überschritten haben, ist mit uns nicht mehr allzu gut Kirschen essen. Der lerntheoretische Begriff ist Beißschwellen-Modell, aber Sie können es sich auch als Ekliges- Verhalten-Reizschwellen-Modell vorstellen. In seiner traditionellen Bedeutung geht es um all die Faktoren, die zusammenkommen müssen, um einen Hund an den Punkt zu bringen, an dem er aggressiv reagiert.

Aus diesem Grund ist dieses Modell so wertvoll für uns Trainer, da es uns daran erinnert, die verschiedenen Variablen im Auge zu behalten und das Training entsprechend anzupassen.

Wenn in unserem Fall ein Welpe seine Reizschwelle überschritten hat, hat sich sein Zustand von nett und aufnahmefähig in einen *suboptimalen Lernzustand* gewandelt. Aus Verhaltenssicht können Sie vielleicht an seinem Herumrasen erkennen, dass er die Reizschwelle überschritten hat! Vielleicht hat er Sie auch aus Frust angebellt oder unangemessen gegenüber dem Fremden an der Tür reagiert oder hat abgeschaltet und wollte nicht mehr spielen. Vielleicht ist er am Boden schnüffelnd davon gewandert. Vielleicht fixiert er, geduckt und angespannt, das Planschbecken, während Sie ein Sitz und Augenkontakt von ihm fordern.

Wenn eine der genannten Situationen auftritt, können Sie einfach ihre Kriterien anpassen, so dass Ihr Welpe erfolgreich sein kann. Sie könnten sich mit ihm vom Planschbecken entfernen oder es einfach mit ihrem Körper blockieren; oder sie könnten Ihn auf die Decke schicken und Luftholen lassen, um neu zu starten. Sie könnten Ihn auch per Mikroshaping zurück auf die Erde holen (Und anschließend würde ich das Premack-Prinzip anwenden und ihn planschen lassen, sobald er mir die geforderte Aufmerksamkeit geschenkt hat).

In unserem Beispiel bringt die Nähe zum Planschbecken den Welpen über die Reizschwelle (Lachen Sie nicht, wenn er mit Easy verwandt ist, besteht die Chance dass das passieren könnte). Unabhängig davon erinnert uns das gute alte Reizschwellen-Modell daran, dass auch Dinge, die im Lauf des Tages oder sogar am Tag davor passiert sind, das Verhalten des Welpen beeinflussen können.

Der Border Collie eines Schülers schaffte bei seinem Wettbewerb die ersten drei Durchgänge mit Bestnote und verlor beim vierten Durchgang die Nerven. Dieser Border Collie hatte hart daran gearbeitet, seine Angst vor fremden Personen – und im Speziellen den sich nähernden Richtern – zu überwinden. Er leistete Großartiges in den ersten drei Durchgängen, aber im vierten Durchgang wurde es ihm zu viel und er verließ den Slalom, als der Richter sich näherte. Kleine Stressoren hatten sich über den Tag verteilt angesammelt und der Richter war der letzte Tropfen, der das Fass zum Überlaufen brachte.

Mein Schüler hätte den Wettkampf einfach nach dem zweiten oder dritten Durchgang beenden können, und ich denke, dass er dies beim nächsten Mal machen wird. Sein Hund kann nach und nach lernen, den ganzen Tag in der Wettkampfumgebung zu verbringen, ohne seine Reizschwelle zu überschreiten.

Meine Schüler lernen, auf unerwünschte Verhaltensweisen zu achten, und sie als Information dafür zu sehen, dass ihr Welpe seine Reizschwelle oder den optimalen Lernzustand überschritten hat. Auf diese Weise können Sie das Training anpassen, neu starten oder die Fragestellung ändern, und beide Teammitglieder können erfolgreich sein.

22 Übergänge

Das Stressfrei-Programm nutzt Übergänge, um die bestmögliche Lernumgebung für den Welpen zu schaffen. Manche Welpen können neue Informationen nach einer »Aufwärmphase« besser verarbeiten, während andere Welpen eine »Abkühlphase« benötigen. Diese Phasen sind Teil des Trainingsprozesses und nicht unabhängig von ihm. Im folgenden Kapitel geht es um die Anwendung von passiver und aktiver Aufmerksamkeit.

Am Ende einer Trainingseinheit verwandelt sich die vorher hochstrukturierte Aktivität in eine deutlich weniger strukturierte. Für manche Welpen stellt das überhaupt kein Problem dar; sie können nach dem Training oder einem Spiel einfach abschalten und sich mit sich selbst beschäftigen. Für andere Welpen ist das jedoch gar nicht so einfach. Diese Welpen geraten während des Trainings in hohe Erregung – werden sie anschließend mit dieser Erregung alleine gelassen, zeigen sie viele unerwünschte Verhaltensweisen zum Spannungsabbau. Maulorientierte Welpen beißen fester, andere Welpen bellen lauter.

Unsichere Welpen fühlen sich ein wenig verloren und wissen nichts mit sich anzufangen, wenn ihnen die Struktur genommen wird. Außerdem können *alle* Welpen von einer Übergangszeit profitieren, in der sie das frisch gelernte in Ruhe verarbeiten können. Wenn Sie sich also nicht sicher sind, ob Ihr Welpe diese Übergangszeit benötigt, gönnen Sie sie ihm einfach. Behalten Sie dieses Konzept der Übergänge zwischen direktem Lernen und Ruhephasen auch während der Welpenstunde im Hinterkopf.

Die ersten Gedanken über dieses Thema machte ich mir, während ich Snap kurz nach seiner Adoption bei der Interaktion mit einer meiner Freundinnen beobachtete. Meine Freundin spielte ein wildes Zerrspiel mit ihm und ging anschließend davon, damit er sich mit etwas anderem beschäftigt. Er war immer noch außer sich vor Erregung, als ob sie ihn in die Steckdose gesteckt und dort vergessen hätte. In solch einem übererregten Status war er nicht mehr in der Lage zu denken und wurde später sehr erschöpft. Da ihm das häufig passierte, war er schwer zu trainieren. Als ich ihn in diesem Moment sah, begriff ich, dass er Hilfe beim Übergang in einen weniger erregten Zustand benötigte. Darüber hatte ich zuvor niemals nachgedacht.

Ein einfacher Weg, ein »Übergangs-Ritual« für Ihren Hund zu schaffen, ist es, ihm einen Knochen zu geben oder mit ihm auf seiner Decke oder in seiner Box zu arbeiten. Sie haben aber noch viele weitere Optionen; sie könnten zum Beispiel einen Schnüffelspaziergang mit Ihrem Welpen machen oder mit ihm im Garten

Alle Welpen können in der Übergangszeit die neu gelernten Informationen in Ruhe verarbeiten. Ihrem Hund einen Knochen auf seiner Decke zu geben, mit ihm spazierenzugehen oder ihn mit anderen Hunden spielen zu lassen, sind Beispiele für mögliche Übergangs-Rituale.

spielen, falls ihn das nicht noch weiter aufheizt. Wie immer hängt es hier vom individuellen Welpen ab. Meinen Hund Easy ließ ich nach einer Clickereinheit im Wohnzimmer immer mit den anderen Hunden im Garten spielen. So war das Trainingsende einfach zu erkennen, und er musste nicht noch weiter in meiner Nähe herumlungern.

Das Konzept der Übergänge besteht noch aus einem weiteren Baustein. Manche Welpen benötigen auch Hilfe dabei, sich auf eine Trainingseinheit vorzubereiten und nicht nur dabei, sie zu beenden. Genauso wie manche nicht »einfach so« das Training beenden können, sollten andere es nicht »kalt« anfangen. Welpen, die sich nicht sofort konzentrieren können, sobald Sie das Training beginnen (indem Sie ihren Clicker oder die Leckerchen bereitlegen), müssen erst in die richtige Stimmung für eine positive Lernerfahrung kommen.

Eine hervorragende Aufwärmübung ist der Aufmerksamkeitsteil des »Mach mal Pause«-Spiels (Kapitel 29). Durch dieses Spiel wird Ihr Welpe auf spielerische Weise aufmerksam. Es ist perfekt dafür geeignet, den Druck von einem sensiblen oder leicht zu stressenden Welpen zu nehmen, und dafür, einem einfach abzulenkenden Welpen dabei zu helfen, sich zu konzentrieren.

Für die Welpen am anderen Ende des Spektrums (Welpen, die bereits beim Gedanken an Training übererregt werden und nicht mehr in der Verfassung sind, klar zu denken) ist die Körperarbeit, möglichst auf ihrer Decke, ein guter Start ins Training. (Wenn Ihr Welpe sich nicht gerne anfassen lässt, müssen Sie sich zunächst noch ganz anderen Themen widmen). Diese Welpen für Stillsitzen und Luftholen zu belohnen ist ebenfalls ein guter Weg, das Training zu beginnen. Genauso hilfreich ist langsames Laufen auf einem Zirkel oder in Form einer Acht. Sie können Übungen wie Sitz oder Luftholen ebenfalls in dieses Laufmuster integrieren. Auf diese Weise wird es zu einem sehr einfachen Ausschalt-Spiel. Mehr über die Ausschalt-Spiele erfahren Sie in Kapitel 28. Der Zweck dieser Übungen ist es, dem Welpen zu helfen in einen Zustand zu gelangen, in dem er sich noch auf das Training freut aber nicht mehr so aufgeregt ist, dass er keine klaren Entscheidungen mehr treffen kann.

Der ganze Sinn der Übergänge ist es, die bestmögliche Lernumgebung für den Welpen zu schaffen.

Aktivitäten mit passiver und aktiver Aufmerksamkeit

Im Stressfrei-Programm sprechen wir von aktiver und passiver Aufmerksamkeit als Bestandteil des Übergangsprozesses. Unter passiver Aufmerksamkeit verstehe ich Aktivitäten mit wenig Druck und Struktur wie beispielsweise Schnüffelspaziergänge, das Achten-Laufen oder Körperarbeit. Diese Aktivitäten ermöglichen dem Team, sich aufeinander einzustellen, ohne dass der Hundeführer ein Verhalten vom Hund fordert, dass dieser noch nicht ausführen kann.

Ich bitte die Besitzer von Hunden, die mit dem »Kopf in den Wolken« zum Stressfrei-Unterricht kommen, die Ohren des Hundes zu massieren oder TTouches anzuwenden, während der Hund auf seiner Decke liegt - so lange, bis der Hund geerdeter und präsenter wirkt. Manche Welpen mögen es allerdings nicht, stillzuhalten, andere sind nicht direkt in der Lage, sich auf die Körperarbeit einzulassen. Diesen Welpen biete ich einen Kompromiss: Zunächst wende ich für einige Sekunden einfache TTouches an (zu Beginn können sie in dieser Zeit auch an einem Knochen nagen) und laufe anschließend auf strukturierte Weise mit ihnen, zum Beispiel auf einem Zirkel oder in Form einer Acht. Danach gehen wir zurück zur Decke, auf der einige weitere Sekunden des Stillhaltens und der Berührung folgen. Mit der Zeit wird der Anteil der Bewegung kleiner und die Zeit auf der Decke länger. Auch hier ist wieder das Premack-Prinzip im Spiel.

Bei der Körperarbeit kann sich das Team aufeinander einstellen, ohne dass der Hundeführer ein Verhalten von seinem Hund fordert, für das dieser noch nicht bereit ist.

Dehnübungen können ebenfalls Bestandteil der passiven Aufmerksamkeit sein. Damit meine ich Übungen, bei denen der Hundeführer den Hund dehnt. Übungen, bei denen sich der Hund zum Aufwärmen selber dehnt, indem er ordentlich sitzt, seinen Kopf zu beiden Seiten dreht oder sich durch die Beine seines Herrchens schlängelt, sind hingegen hervorragende Aktivitäten für die aktive Aufmerksamkeit.

Sobald Sie sich bereit fühlen, aus der passiven in die aktive Aufmerksamkeit zu wechseln, könnten Sie mit Augenkontakt und Luftholen beginnen und sich anschließend wieder passiveren Aktivitäten widmen. Es ist normalerweise nicht zwingend notwendig, mit dieser Form der Balance – statt einem »Kaltstart« – das Training zu beginnen; aber es kann für Welpen, die sich schnell ausklinken, oder Hundeführer, die sich über den richtigen Zeitpunkt für den Übergang zur aktiven Aufmerksamkeit unsicher sind, hilfreich sein.

Aktive Aufmerksamkeit ist im Stressfrei-Programm jedes für den Hund einfach auszuführende Verhalten auf Signal, wie zum Beispiel ein Trick, den er gerne zeigt. Das Ziel ist es, den Welpen in die richtige Laune für das Training zu bringen und die Verbindung zu seinem Hundeführer zu vertiefen. Das kontrollierte Spiel mit einem Spielzeug fällt genauso in diese Kategorie wie die Bodenarbeit. Manche Welpen sind in der Lage, das Training ohne Aufwärmphase zu beginnen, andere könnten von ein wenig aktiver Aufmerksamkeit profitieren, um ihr Gehirn darauf vorzubereiten, etwas Neues zu lernen. Wieder andere benötigen passive Aufmerksamkeit oder ein Ausschalt-Spiel, um ihre Balance zu finden.

Lernen Sie, Ihren Welpen zu lesen

Das Konzept der Übergänge hilft den Hundeführern dabei, ihre Welpen besser lesen zu lernen und einzuschätzen, wann sie sich aktiv mit ihm beschäftigen können und wann er eine Pause braucht. *Die Phase der passiven Aufmerksamkeit zu Beginn einer Unterrichtsstunde sollte ebenfalls eine Überprüfung der Körpersprache und des Verhaltens des Welpen beinhalten.* Das ist eine gute Möglichkeit, das Lesen Ihres Welpen zu üben.

Beobachten Sie die Körpersprache Ihres Welpen, um zu entscheiden, welche Form der Interaktion er benötigt, um seinen optimalen Lernzustand zu erreichen. Sein Körper wird Ihnen alles Notwendige über seinen Gefühlszustand verraten. Mit den folgenden Fragen möchte ich Ihnen einige Denkanstöße an die Hand geben:

- Ist sein Augenausdruck weich oder hart? Können Sie viel Weiß in den Augen erkennen, wie es bei Stress der Fall wäre? Blinzelt er seltener oder häufiger als normal? Falls er häufig blinzelt (ohne dass Sie mit ihm die »schläfrigen Augen« geübt haben), könnte es ein Zeichen dafür sein, dass er versucht, ein Gefühl von Anspannung oder einen Konflikt abzumildern. Dies wird manchmal als »Beschwichtigungssignal« bezeichnet.

- Im Gegensatz hierzu könnte es so wirken, als ob Ihr Welpe überhaupt nicht blinzelt, sobald er sich in einem hohen Erregungsstatus befindet. Wenn er diesen Blick hat und sich nicht auf passive Aufmerksamkeit einlassen oder sich in Ruhe auf seiner Decke niederlassen kann, könnten Sie das Biofeedback anwenden. Ich würde nicht empfehlen, einen Hund in diesem Erregungszustand zu clicken (für schläfrige Augen, Luftholen, entspannte Ohren oder ruhiges Schwanzwedeln), da die meisten meiner Schüler ihren Hund auf diesem Weg, wenn auch unbeabsichtigt, noch mehr erregen würden. Ich bitte sie also, ihren Hund nur auf ruhige Weise zu belohnen. Wenn auch ein Leckerchen noch zu aufregend ist, sollen meine Schüler das Verhalten einfach mit einem milden Lächeln und entspannten Augen honorieren, während sie selbst tiefe, ruhige Atemzüge machen.

- Bewegen sich die Ohren des Welpen unablässig, um Informationen über alles um sich herum aufzunehmen? Ist sein Ohrenansatz entspannt? Selbst, wenn er aufgerichtete Ohren hat, kann man den Unterschied erkennen.

- Atmet er schnell und flach? Riecht er die Luft aus einer bestimmten Richtung? Welpen bekommen Informationen über die Umwelt nicht nur mit Augen und Ohren, sondern auch über ihre Nase. Sie können oft schon vorher erkennen, dass ein Welpe seinem Hundeführer gleich in eine bestimmte Richtung davonlaufen wird, wenn er sich auf einen Geruch aus dieser Richtung konzentriert.

- Verteilt er sein Gewicht gleichmäßig? Wirkt er, als ob er jeden Moment aufspringen könnte? Verlagert er sein Gewicht deutlich auf die Hinterhand auf, damit er jederzeit rückwärts ausweichen kann, wenn er sich bedroht fühlt?

- Zeigt er irgendein anderes Anzeichen von Stress, besonders, wenn Sie ihn zu etwas aufgefordert haben? Dazu gehören zum Beispiel: das Wegsehen und wiederholte Lecken der Lippen, Gähnen, unsichtbare Wunden kratzen oder sich schütteln, obwohl das Fell trocken ist.

Manchmal fragen mich die Leute: »Wie kann ich unterscheiden, ob mein Welpe sich kratzt, weil es ihn juckt, oder weil er angespannt ist?« Der Zusammenhang ist entscheidend. Soziale Verhaltensweisen treten nicht zufällig auf; sie sind Antworten auf die Umgebung. Das italienische Winspiel einer Schülerin kratzt sich zum Beispiel jedes Mal, wenn sie ihm in einer Agility-Stunde die Leine abnimmt.

Bereiten Sie sich auf das Lesen des Welpen vor

Es gibt viele gute Informationen darüber, wie Sie Ihren Welpen richtig lesen können. Informationen darüber, wie Sie sich mental und körperlich darauf vorbereiten können, sich mit Ihrem Welpen zu verbinden, sind allerdings nicht so einfach verfügbar.

Wenn Sie Ihren Welpen lesen, besteht die Chance, dass Sie dabei sehr »kopflastig« sind (das bedeutet, dass Ihr Fokus auf dem Verhalten des Hundes liegt). Aber was ist mit dem Rest Ihres Körpers? Hunde sind Meister darin, mit und in ihrem ganzen Körper präsent zu sein; um eine vollständige Verbindung mit ihnen einzugehen, sollten wir uns ebenfalls darin schulen. Die Hunde werden anders auf Sie reagieren, wenn Sie während des Trainings ein Gefühl für Ihren Körper haben. Wenn Sie Yoga machen oder reiten, kennen Sie vielleicht schon das Konzept des Trainings aus der Körpermitte. Viele meiner Schüler kennen dieses Konzept nicht, daher möchte ich Ihnen im Folgenden kurz zusammenfassen, welche Übungen ich mit ihnen mache (an dieser Stelle geht ein herzlicher Dank an meine Yoga-Lehrerin Anna Trezzi):

- **Füße:** Werden Sie sich zunächst Ihrer Füße bewusst. Setzen Sie sich auf einen Stuhl (oder den Fußboden, wenn Sie sehr flexibel sind) und schlagen Sie Ihre Beine übereinander. Fassen Sie Ihren rechten Fuß mit der linken Hand und nehmen Sie die Finger zwischen die Zehen. Führen Sie Ihren Fuß im Uhrzeigersinn im Kreis und wechseln sie anschließend die Richtung. Auf diese Weise wird Ihr Knöchel gedehnt. Massieren sie danach kurz Ihren rechten Fuß und fassen Sie ihn mit Ihrer rechten Hand, Finger zwischen den Zehen. Diesmal machen Sie eine Faust mit Ihrem Fuß, drücken dabei mit Ihren Fingern und zählen bis sechs. Spreizen Sie anschließend Ihre Zehen so weit wie möglich mit Ihren Fingern und zählen Sie ebenfalls bis sechs. Wiederholen Sie beide Übungen. Beginnen Sie anschließend mit der anderen Seite.

- **Beine:** Nach vielen Rückenverletzungen in den letzten Jahren habe ich endlich gelernt, zu stehen, zu laufen oder einen reaktiven Hund an der Leine zu führen, ohne mich dabei unwohl oder unbalanciert zu fühlen. Ich beginne die Arbeit mit Hunden immer in der »Berghaltung«. Stellen Sie sich so hin, dass ihre mittleren Zehen in gerader Linie Richtung Wand zeigen und die Fersen gerade hinter Ihren Zehen ausgerichtet sind. Spannen Sie Ihre Beinmuskeln an, indem Sie sich vorstellen, dass Sie einen Würfel zwischen den Waden haben (oder nehmen Sie einen Würfel zwischen die Waden). Drücken Sie den Würfel mit Ihren Waden, so dass Sie fühlen können wie sie sich aufeinander zu bewegen. Stellen Sie sich anschließend vor, wie sich Ihre inneren Oberschenkelmuskeln voneinander entfernen: Waden aufeinander zu, Oberschenkel voneinander weg. Stellen Sie sich stolz hin und fühlen Sie, wo Ihr Körperschwerpunkt ist, knapp unterhalb des Bauchnabels. Aus dieser Körpermitte heraus sollten Sie sich bewegen; *Ihre Arme und Beine sollten nur Verlängerungen Ihres Zentrums sein.* Ich kann diesen Punkt gar nicht oft genug betonen. Wenn ich die

Leute dabei beobachte, wie sie eine Leine führen, sehe ich oft, wie sich die Arme ohne Verbindung zum restlichen Körper bewegen. Dasselbe kann ich auch oft bei Agility-Hundeführern beobachten. Die Hunde folgen nicht Ihren Armen! Sie müssen sich Ihrer Körperausrichtung bewusst sein.

- **Arme:** Atmen Sie tief ein, während Sie Ihre Arme über den Kopf nehmen. Fühlen Sie, wie Ihre Schulterblätter sich dabei nach unten bewegen. Atmen Sie aus, während Sie Ihre Arme zurück an die Seite sinken lassen. Eine weitere Übung ist es, die Arme wie lose Kleidungsstücke am Körper herunter hängen zu lassen, während Sie sich von einer Seite zur anderen drehen. Die dritte Armübung ist schwierig. Machen Sie mit einem Arm langsam kreisende Bewegungen von vorne nach hinten und folgen Sie der Bewegung mit Ihrem Kopf. Bewegen Sie sich immer schneller, bis Sie das Gefühl haben, Ihr Arm könnte davonfliegen. Lassen Sie den Arm anschließend hängen und fühlen Sie den Unterschied zum anderen Arm. Der Arm, den Sie gerade gedehnt haben, wird sich länger anfühlen als der andere. Wiederholen Sie die Übung anschließend mit dem zweiten Arm.

Nachdem wir diese Übungen in einem Seminar durchgegangen sind, bitte ich die Leute, zu mir zu kommen und das Ende einer Leine in die Hand zu nehmen. Ich bitte Sie, sich so hinzustellen, wie sie es normalerweise bei der Arbeit mit ihrem Hund machen und ziehe dann mit einem Ruck an der Leine. Sie verlieren an dieser Stelle immer die Balance; manche machen sogar einen Schritt auf mich zu. Anschließend erinnere ich sie an ihre Körperausrichtung: Knöchel, Knie, Hüften und Schultern in einer Linie. Ich erinnere Sie daran, ihre Beinmuskulatur anzuspannen und sich auf ihre Körpermitte zu konzentrieren; die Leine wird zur Verlängerung des Körperschwerpunkts. Sie sollen die Knie und Ellenbogen leicht beugen, ohne sie anzuspannen. Wenn jetzt an der Leine gezogen wird, bewegen sich ihre Arme in Richtung des Zuges, während die Ellenbogen gebeugt bleiben und sie ihre innere Balance halten können. Auf diese Weise sind sie »unumstößlich«. Sie stehen also auf diese Art, ich rucke erneut an der Leine, und nichts passiert.

Auf einem Stressfrei-Seminar auf der Glen Highland Farm ging ich noch einen Schritt weiter. Ich erklärte meinen Schülern, dass wir, weil wir von den Hunden volle Konzentration fordern, ebenfalls üben müssen, uns zu konzentrieren - damit wir unsere volle Aufmerksamkeit auf die Hunde richten können, ohne über andere Dinge nachzudenken. Ich stellte einen Stoffhund in die Mitte des Raumes und gab ihnen die Aufgabe, den Hund fünf Minuten anzusehen. Jeden ablenkenden Gedanken sollten sie registrieren (»Welches Training folgt als nächstes? Was gibt es zum Mittagessen? Was tut mein Hund gerade? Welcher Hund bellt da?«) und sich weiter der Aufgabe widmen, den Stoffhund zu betrachten.

Am nächsten Tag ließ ich sie diese Übung mit ihren eigenen Hunden wiederholen. Selbst die normalerweise reaktiven Hunde lagen ruhig neben ihnen, während sie auf die beschriebene Weise meditierten: Kein Bellen! Ich bat sie ebenfalls, während des Laufens in ihre Füße hinein zu fühlen: Die Ferse berührt den Boden, dann der Fußballen, dann die Zehen. Ich nahm sie mit auf einen Spaziergang - keine Unterhaltung erlaubt - und erinnerte sie an ihre Füße, daran, sich aus ihrer Körpermitte zu bewegen und die Leine zu einer Erweiterung ihres Körpers werden zu lassen. Ich bat sie, ein Bellen einfach zu registrieren und sich weiter auf ihre Füße zu konzentrieren. An diesem Seminar nahmen 13 Hunde teil; sie alle liefen ruhig nebeneinander den Wanderpfad entlang. Ich brachte auch meine eigenen Hunde in die Nähe der Teilnehmerhunde und ließ sie schnüffeln, während ich ihre Besitzer daran erinnerte, zu atmen. Am Ende des Spaziergangs waren alle so erleichtert und glücklich! Manchmal bringt es Sie viel weiter, sich mit Ihrem eigenen Körper und Ihrem Hund zu verbinden, als es ein Training jemals könnte.

Diese Übung ist nicht nur für die Besitzer reaktiver Hunde geeignet, die während eines Spazierganges selbst angespannt werden. Sie ist für jeden geeignet, der sich auf eine Trainingseinheit vorbereiten will, der sich vom vergangenen Tag gestresst fühlt - Stress im Körper, Stress wegen der Leistung im Unterricht, Müdigkeit oder eine nicht vorhandene Verbindung zu seinem Welpen. Durch diese Übung wird nicht nur Ihre Körperwahrnehmung verbessert, Sie werden auch feststellen, dass es viel einfacher ist, Ihren Welpen zu lesen. Sie werden mit einem ruhigen Geist so viel mehr bemerken. Und Sie werden beginnen zu bemerken, wie leicht sich Ihre Vereinsfreunde wegen des bevorstehenden Trainings anspannen oder aufgeregt werden. Sie werden sich dabei erwischen, sie daran zu erinnern, eine kurze Pause zu machen und durchzuatmen.

Teil IV: Spiele und Übungen

23 Umorientieren

Grundlage des Umorientierens ist das »Lass es«-Konzept. Wenn der Hund sich von etwas abwendet und sich gleichzeitig hin zu seinem Hundeführer orientiert, bezeichnet man dies als Umorientierungsverhalten. Auch bei der Blitzwendung orientiert sich der Hund in Richtung des Menschen um; dennoch ist sie keine Umorientierung, da der Hundeführer dem Hund ein Signal gibt. Im Gegensatz dazu wird das Umorientieren durch Umweltsignale eingeleitet. Es ist eine Reaktion des Hundes auf physikalische Grenzen; Aus- und Eingänge, Orte, an denen Ihr Hund einen weniger stimulierenden Platz für einen mehr stimulierenden Platz verlässt. Das Umorientieren ist ein Targetverhalten, welches dem Hund hilft, seine Aufmerksamkeit von einem neuen Stimulus zurück zu Ihnen zu richten.

Umorientierungsverhalten sind in zwei Situationen besonders wichtig: beim Betreten des Trainingsgeländes und beim Verlassen der Transportbox am Trainingsort. Weitere potenzielle Anwendungsorte für diese Verhaltensweisen sind zum Beispiel das Verlassen der Wohnung durch die Vordertür, das Aussteigen aus dem Auto und das Betreten eines aufregenden Ortes wie z. B. des Parks.

Das Training des Umorientierens ist relativ unkompliziert. Wenn Sie es mit Hilfe der Transportbox unterrichten, bringen Sie Ihrem Welpen zunächst bei, in der offenen Box auf sein Freigabesignal zu warten. Öffnen Sie die Tür, leinen Sie Ihren Welpen an (er sollte weiterhin in der Box bleiben, da Sie ihm nicht das Freizeichen gegeben haben) und stellen Sie sich neben die Box – am besten auf die Seite, zu der sich die Tür nicht öffnet, aber beide Seiten funktionieren. Geben Sie das Freizeichen und beobachten Sie die vordere Ecke der Transportbox. Clicken oder markieren Sie den Moment, in dem Sie sehen können, wie der Kopf Ihres Welpen sich in Ihre Richtung dreht. Verstärken Sie genau die Bewegung, die für den Welpen zur Belohnung führt. Indem Sie den Welpen immer wieder dafür belohnen, dass er seinen Kopf in Ihre Richtung – und weg von anderen Dingen – dreht, schaffen Sie eine solide »Lass es«-Basis.

Sobald der Welpe verstanden hat, dass er sich beim Verlassen der Transportbox zu Ihnen drehen soll, können Sie Ihre Kriterien steigern. Sie können ein paar Schritte zurücktreten, so dass Sie am Ende der Box oder sogar hinter ihr stehen oder Sie können einige Schritte zur Seite machen. Sie können Entfernung und Winkel so verändern, dass der erste Gedanke des Welpen beim Verlassen der Box ist, Sie zu finden. Anschließend können Sie Ablenkungen in Ihrer Nähe hinzufügen, wie andere Hunde in Transportboxen (ruhig stehende Hunde, laufende Hunde, rennende Hunde, Hunde beim Agility

Dieser Welpe hat bereits gelernt, in einer offenen Transportbox zu bleiben. Ich stehe neben der Box und gebe dem Welpen sein Freizeichen. Sobald sein Kopf um die Ecke in meine Richtung kommt, clicke ich.

usw.). Bei jeder Steigerung der Kriterien halten Sie Ihren Welpen zunächst an der Leine (offensichtlich benötigen Sie an dieser Stelle eine lange Leine). Eventuell müssen Sie Ihrem Welpen helfen, indem Sie seinen Namen – als Signal für die Blitzwendung – sagen, sobald er die Box verlässt. Wenn Sie diese Hilfe allerdings öfter benötigen, ist der aktuelle Trainingsschritt noch zu groß. Sind Sie zufrieden mit dem Erfolg Ihres Welpen, können Sie im nächsten Schritt die Leine loslassen. Das Ziel ist ein Hund, der Sie auch ohne Leine auf direktem Wege sucht, sobald er das Freizeichen gehört hat, egal ob er Sie von der Transportbox aus sehen kann oder nicht.

In anderen Worten: Trainieren Sie diesen Schritt so lange, bis Sie in der Hundeschule zuversichtlich – in dem Wissen, dass Ihr Welpe geduldig auf sein Freizeichen warten wird – die Tür der Transportbox öffnen können. Er wird Sie hinter der Box »finden«, auch wenn Ihre Freundin gerade ausgiebig mit ihrem Welpen direkt vor seiner Nase ein wildes Zerrspiel spielt.

Ein ähnliches Ritual unterrichte ich an der Eingangstür zu meinem Trainingsgelände. Manche meiner Schüler verbringen das erste Viertel ihrer Stressfrei-Stunde auf dem Parkplatz und arbeiten daran, dass Ihr Hund sich genug entspannt / konzentriert, um sich vor der Eingangstür umzuorientieren.

Manche Hundeführer bitte ich einfach, eine Blitzwendung vor der geschlossenen Tür zu machen. Wenn das nicht möglich ist, weil der Hund wie festgeklebt an der Tür wartet, öffne ich nicht. Manche Hunde müssen auf dem Weg vom Auto zur Eingangstür alle paar Sekunden per Blitzwendung zurückgerufen werden. Sie müssen lernen, dass das Verlassen des Autos wie das Verlassen einer gigantischen Transportbox funktioniert. Denken Sie daran: Der Unterricht beginnt nicht erst im Klassenzimmer, sondern bereits auf dem Parkplatz. Sobald der Hund in Richtung auf die Tür oder einen anderen Hund zieht, lasse ich den Hundeführer stoppen. Man sollte bereits im Vorfeld die »Blitzwendung ins Platz« trainieren, bevor man dies im normalen Alltag anwendet. Wenn der Hund wieder beim Hundeführer ist, kann dieser seine Bewegung fortsetzen. An dieser Stelle ist auch das Luftholen oder Blinzeln eine gute Sache!

Sobald der Hund sich direkt zum Hundeführer umorientieren kann, wenn dieser an der Eingangstür stehen bleibt, kann die Tür geöffnet werden. Im Normalfall blockiere ich den Eingang ein wenig, so dass der Hund zwar eintreten und sich in Richtung seines Hundeführers drehen kann, aber keinen Erfolg damit hat, wenn er versucht hereinzustürzen (und damit eventuell sensible Hunde in der Nähe der Tür erschreckt).

Schafft es der Hund, sich beim Betreten des Gebäudes direkt zu seinem Hundeführer zu drehen, erlaube ich meinem Schüler als nächstes, zu einer »Stressfrei-Station« zu gehen. Die Stressfrei-Station besteht aus der Transportbox des Hundes, Spielzeug, Leckerchen und einem Stuhl. Falls der Hund bereits auf dem Weg zu seiner Station zu ziehen beginnt oder abgelenkt ist, lasse ich den Hundeführer wieder anhalten und warten, bis der Hund sich umorientiert. Der Hund wartet in seiner Transportbox darauf, an der Reihe zu sein, und der Hundeführer arbeitet mit ihm beim Verlassen der Box am Umorientieren. Anschließend lege ich die Decke in die Nähe der Box, sodass der Hund sich darauf legen kann, sobald er seinen Hundeführer »gefunden« hat. Indem die Decke etwas von der Transportbox entfernt liegt, helfen wir dem Hund dabei, seinen Fokus von einem Gegenstand auf den anderen zu richten, ohne dabei von den vielen Eindrücken der Umgebung überwältigt zu werden. Nicht jeder Hund benötigt solche klitzekleinen Schritte, aber die Hunde, die neu zu mir in den Stressfrei-Kurs kommen, benötigen sie oft dringend!

Easy zeigt eine Version des Umorientierens für Fortgeschrittene: Ohne Leine wendet er sich nach dem Durchqueren eines Tores zu mir, obwohl eine »Ablenkung« direkt vor uns sitzt.

Wenn ich die Tür zum Trainingsgelände öffne, erwarte ich von meinen Hunden, sich an dieser Stelle so schnell zu mir umzuorientieren, dass sie sich noch in der Luft drehen und mit Blick zu mir landen. Ich »schubse« sie an diese Stelle, was bedeutet, dass ich sie weder in Fußposition gehen lasse noch versuche, vor ihnen zu laufen. Ich schicke sie in dem Wissen voraus, dass sie automatisch zu mir zurückkommen, wenn ich mich nicht weiter bewege. Da die Hunde während des Trainings der Blitzwendung lernen, auf kleinste Bewegungsänderungen als Signal für das Umorientieren zu achten, müssen Sie an dieser Stelle nur ein zusätzliches Umgebungssignal einführen, wie zum Beispiel eine Tür oder ein Tor. Ich schicke den Hund aus zwei Gründen voraus:

Es verschafft dem Hund genug Platz, um sich zu mir umzudrehen, und wir müssen uns nicht beide gemeinsam durch die Tür quetschen.

Es gibt dem Hund die Möglichkeit, ein großes »Umgebungs-Lass es« zu zeigen, indem er dem Trainingsgelände den Rücken zukehrt und stattdessen seinen Hundeführer ansieht.

Easy kann es immer kaum erwarten, herauszufinden, welche seiner Lieblingsmenschen und Hundefreunde auf dem Gelände sind. Während ich ihm schon lange nicht mehr dabei helfen muss, sich innerhalb des Unterrichtsraumes zu konzentrieren, benötigt er immer noch das Ritual des Umorientierens an der Eingangstür, um seine Denkfähigkeit nicht an der Tür abzugeben. Sobald er zu mir zurückgekommen ist, gehe ich mit ihm zur Belohnung direkt in den Raum. Vielleicht gebe ich ihm das Signal, einen Freund begrüßen zu gehen oder ich bringe ihn direkt zu seiner Transportbox, je nachdem, was gerade los ist. Wie immer versuche ich, so oft wie möglich das Premack-Prinzip anzuwenden, um Easy darin zu bestärken, sich im Eingang zu mir zu orientieren. Wenn also ein Freund in der Nähe der Tür ist, gehen wir sofort dorthin.

Beim Umorientieren geht es einfach um Struktur: darum, eine chaotische Umgebung so zu strukturieren, dass der Welpe sich konzentrieren kann. Bei Wettbewerben wendete ich dasselbe Konzept bei meinem Welpen Easy an wie im Trainingsraum. Ich brachte ihm bei, dass auch das Verlassen des Zeltes ein Umorientierungssignal ist. Wenn ich den Reißverschluss des Zeltes öffne, schießt er durch den Ausgang, wendet mitten in der Luft und landet mit Blick in meine Richtung auf dem Boden. Bei Wettbewerben sieht es noch dramatischer aus, da er dort besonders aufgeregt ist. Als er noch jünger war, hatte ich vor dem Zelt (das ich immer so nah wie möglich am Ring aufbaue) eine Decke liegen, auf die ich ihn schicken konnte. Auf diese Weise konnte er bereits einige Informationen über die Umgebung aufnehmen, während er sich an die »Decken-Regeln« hielt. Die Decke in der Nähe des Übungssprunges zu verwenden, war ein weiterer guter Ansatz, solange das Team, welches dort arbeitete, damit einverstanden war.

Training ist immer fließend und das Ausmaß der Struktur, die Ihr Hund oder Welpe benötigt, kann jederzeit Ihren aktuellen Bedürfnissen angepasst werden. Mein Ziel ist es, immer einen Partner zu haben, der um mich herum läuft, verschiedene Orte mit mir betritt und sich dabei an meiner Seite wohl und zuversichtlich fühlt. Es geht nicht um Kontrolle. Struktur bedeutet, dem Hund zu helfen, sich mit Hilfe von Targets und Ritualen selbst zu verankern. *Es geht darum, eine riesige Umgebung in kleinere Teile zu zerlegen.* In meinem Buch *Stressfrei über alle Hürden* beschrieb ich bereits, wie ich aus Debs rotem Van für mich selbst ein Target machte, dem ich auf der Autobahn folgen konnte, um nicht in Panik zu geraten. Seit damals musste ich unglücklicherweise mit

Hilfe des Targettrainings noch an anderer Stelle Struktur in meiner Umwelt schaffen: Ich benötigte ein Flughafen-Protokoll.

Mich auf einem unbekannten Flughafen auf dem Weg zu einem Stressfrei-Seminar zurechtzufinden, war ein Alptraum für mich. So sensibel, wie ich auf die Umgebung reagierte, war der Flughafen überwältigend; und die Tatsache, dass es mich ängstigte, weit entfernt von Zuhause ein Seminar zu geben, half ebenfalls wenig. Im Nebel der Angst fühlte sich *alles*, was ich tun musste, wirklich kompliziert und verwirrend an – meine Tasche überprüfen, mein Terminal finden, die Bordkarte heraussuchen. Also nutzte ich Hinweistafeln als Targets und unterteilte den Flughafen in »den Raum zwischen den Schildern«. Auf diese Weise betrachtete ich nicht den Flughafen als Ganzes, sondern als kleine Stücke, unterbrochen von meinen Targets. Ich lief von Hinweistafel zu Hinweistafel und alles, was ich zu tun hatte, war, die nächste Tafel zu erreichen; so konnte ich viele kleine Erfolge erleben. Das Schild für mein Terminal oder die Toilette zu finden, war wie ein Jackpot.

Nun, nach vielen Jahren des Reisens, bin ich immer noch gestresst, aber in einem wesentlich geringeren Ausmaß, und ich benötige diese Struktur nicht mehr. Ich kann mich nicht mehr daran erinnern, wann ich die Hinweistafeln zum letzten Mal auf diese Weise verwendet habe. Ich wende aber immer noch andere Targetverhalten an, wie mich auf jeden Atemzug und jeden meiner Schritte zu konzentrieren. Ich habe gelernt, meinen Körper als Anker zu verwenden. Aber ich weiß auch, dass ich jederzeit in der Lage bin, meine Umgebung in eine Reihe von Targets zu verwandeln, wenn ich sie benötige. Als Nächstes sollte ich vielleicht auf diese Weise lernen, in einem Einkaufszentrum einzukaufen. Okay, vielleicht werde ich das lieber auslassen!

24 »Lass es«

Für jeden Hund ist es wichtig zu wissen, wann etwas den »Lass es«-Regeln unterliegt. Im folgenden Abschnitt beschreibe ich Ihnen meine Art, das »Lass es« zu trainieren.

Bevor Sie mit dem Training beginnen, sollte Ihr Welpe bereits ein Standardverhalten kennen. Dadurch hat er, selbst wenn er im Verlauf des Trainings verwirrt oder frustriert wird, immer eine sichere Rückzugsmöglichkeit. Das Standardverhalten wird (in den Augen des Welpen) zum Bestandteil des »Lass es«. Wenn Sie die »Lass es«-Regeln auf einen Gegenstand anwenden, wird ein Welpe mit einem starken Standardverhalten oft mit diesem reagieren (erinnern Sie sich an das Beispiel von Ru, der sich beim Anblick einer Schafherde hingesetzt hat?). Vielleicht wird Ihr Welpe auf die Information, dass etwas für ihn nicht verfügbar ist, so reagieren: Er orientiert sich zu Ihnen um, setzt sich hin und sieht Sie an. Wenn Sie ihm keine Informationen darüber geben, was er tun soll, sondern nur darüber, was er nicht tun soll (»Friss das nicht«), wird er auf diese Informationslücke mit (s)einem Standardverhalten reagieren.

Zur Einführung in das »Lass es«-Training, unterrichte ich zunächst das berühmte »Doggie Zen«-Spiel. Bei diesem Spiel halten Sie ein Leckerchen (oder ein Spielzeug) hoch und warten, bis der Welpe seinen Blick davon abwendet und sich in Ihre Richtung orientiert. Falls der Welpe wirklich gefesselt von diesem Gegenstand ist, müssen Sie das Umorientieren in winzigen Schritten formen – selbst wenn eine Pupillenbewegung für den Bruchteil einer Sekunde zunächst alles ist, was Sie von ihm bekommen können. Im weiteren Verlauf können Sie daraus den Augenkontakt formen, aber fordern Sie am Anfang nicht zu viel, sonst frustrieren Sie nur sich selbst und Ihren Welpen – besonders, wenn er einen sehr ausgeprägten Beutetrieb und / oder »Auge« hat und Sie ein Spielzeug halten (aus diesem Grund beginne ich dieses Training mit beuteorientierten Hunden immer erst mit Leckerchen und wechsle später zu Spielzeugen).

In diesen beiden Beispielen des Doggie Zen – eins mit Leckerchen und eins mit Spielzeug – wartet der Hundeführer darauf, dass sich der Hund vom Gegenstand abwendet und ihn ansieht.

Wenn er Probleme damit hat, sich von dem Leckerchen oder Spielzeug abzuwenden, nehmen Sie es hinter den Rücken und belohnen Sie ihn für Augenkontakt. Lassen Sie dann ein kleines Stück hinter Ihrem Rücken hervorschauen, damit er nicht gleich den ganzen Gegenstand sieht. Dadurch fällt es ihm oft leichter, sich davon abzuwenden. Wenn er Sie einige Sekunden lang ruhig ansehen kann, ohne dass seine Pupillen sich suchend hin und her bewegen, können Sie die Aufgabe mit dem »tanzenden Leckerchen« spannender gestalten. Bewegen Sie das Leckerchen ein wenig durch die Gegend, so dass es zu springen beginnt. An dieser Stelle müssen Sie die Kriterien eventuell wieder einen Schritt vereinfachen und die ersten Anzeichen des Abwendens belohnen.

Sobald der Welpe das Leckerchen oder das Spielzeug als Umgebungssignal dafür betrachtet, Sie anstelle des Gegenstandes anzusehen – selbst wenn er sich bewegt –, ist es an der Zeit den Gegenstand unter Ihrem Schuh zu platzieren. Falls Ihr Welpe bereits ein gut trainiertes Standardverhalten kennt, wird er es Ihnen in diesem Moment vielleicht einfach anbieten. Oder er wird, wie viele Welpen, versuchen, es unter Ihrem Schuh hervor zu holen. Bleiben Sie stark! Er darf es nicht haben! Geben Sie ihm die Zeit, von alleine etwas anderes anzubieten – wie zum Beispiel einen Schritt vom Schuh zurückzutreten,

Eventuell wird Ihr Welpe versuchen, an das Leckerchen unter Ihrem Schuh zu gelangen. Geben Sie ihm die Zeit, von selbst ein anderes Verhalten anzubieten, selbst wenn er nur von Ihrem Schuh aufsieht. Click und Belohnung!

oder seinen Kopf zu heben. Wenn er seinen Kopf hebt, können Sie daraus den Augenkontakt formen. Markieren und belohnen Sie den Moment, in dem er sich von Ihrem Schuh abwendet. Ich verwende dazu normalerweise ein Leckerchen aus meiner Tasche, aber ab und an gebe ich dem Welpen auch das Leckerchen unter meinem Schuh. Am Anfang des Trainings gebe ich dem Welpen aber nicht das Freizeichen dafür, sich das Leckerchen selbst zu holen, sondern hebe es auf und gebe es ihm.

Zeigt Ihr Welpe sofort sein Standardverhalten, sobald der Gegenstand unter Ihrem Schuh ist, legen Sie ihn neben den Schuh. Falls Ihr Welpe sich bewegt, können Sie Ihren Fuß einfach auf den Gegenstand stellen. *Bitte seien Sie dabei vorsichtig.* Ein sensibler Welpe kann sich erschrecken, wenn der Fuß plötzlich über dem Leckerchen auftaucht. Falls Sie solch einen sensiblen Welpen haben, treten Sie vorsichtig auf. Die Übung soll Ihrem Welpen Spaß machen und es ist bereits frustrierend genug für ihn, nicht an den Gegenstand zu kommen, ganz ohne »Gefahr von oben«-Erfahrung durch einen bedrohlich aufstampfenden Fuß. Falls Ihr Fuß für den Welpen zuviel ist, legen Sie das Leckerchen auf einen Stuhl und stellen sich daneben. Wenn Ihr Welpe sich dem Stuhl nähert, können Sie das Leckerchen einfach aufheben (oder Sie können einen Freund bitten, das Leckerchen vom Stuhl zu nehmen; genauso wie ein Spielzeug vom Boden, wenn Sie später im fortgeschrittenen Teil des Trainings sind. Sie können den Hund auf dem Weg zu einem Spielzeug abrufen und Ihren Freund bitten, sich darauf zu stellen oder es hochzunehmen, falls der Welpe nicht schnell genug reagiert.) Glücklicherweise haben die meisten Welpen kein Problem damit, wenn Sie sich auf das Leckerchen stellen.

Wenn Sie das Leckerchen neben Ihrem Schuh liegenlassen können, ohne es mit Ihrem Fuß abzusichern, füttern Sie Ihrem Welpen einige Kekse aus der Hand, während das Leckerchen auf dem Boden weiterhin in Sichtweite bleibt. Eventuell wird der Welpe kurz in Richtung des Leckerchens sehen und anschließend Blickkontakt zu Ihnen anbieten. Belohnen Sie ihn dafür. Er ist dabei, herauszufinden, dass es bei der ganzen Geschichte um die Verfügbarkeit geht und dass Ihre Signale ihm verraten, welche Ressource in diesem Moment für ihn verfügbar ist.

Welpen, die bereits das »Guck mal da«-Spiel kennen, werde ich sogar fragen, »Wo ist das Leckerchen?«, damit Sie mir das Leckerchen auf dem Boden anzeigen und mich anschließend ansehen. Auf diese Weise wird die Bedeutung des Leckerchens als Umweltsignal noch weiter gestärkt. Außerdem macht es Spaß, eine Unterhaltung mit Ihrem Welpen über ein Leckerchen oder ein Spielzeug zu führen, welches er gerne haben möchte, und es ihm anschließend zur Belohnung dafür freizugeben, dass er es »gefunden« hat.

Erhöhen Sie die Kriterien, indem Sie Ihre Entfernung zur Belohnung nach und nach in kleinen Schritten steigern. Eine andere Möglichkeit ist es, das Leckerchen neben

Ihren Schuh fallenzulassen, statt es vorsichtig auf den Boden zu legen. Das Fallenlassen macht es aufregender, und es fällt dem Welpen schwerer, sich abzuwenden. Lassen Sie das Leckerchen anschließend in etwas Entfernung zu Ihrem Schuh fallen. Fahren Sie fort, bis Sie das Leckerchen direkt an Ihrem Welpen vorbeiwerfen oder es neben (oder sogar auf!) seine Pfote legen können.

Aber wann sage ich »Lass es«?

Beginnen Sie Ihr Signal einzuführen, sobald Sie das Leckerchen zuversichtlich neben Ihrem Schuh fallenlassen können. Sagen Sie »Lass es«, während Sie das Leckerchen fallen lassen. Seien Sie konsequent bei der Verwendung des Signals. Frustrieren Sie Ihren Welpen nicht dadurch, ihn darüber im Unklaren zu lassen, ob etwas für ihn verfügbar ist oder nicht. Falls Sie Leckerchen oder Spielzeuge werfen, um ihn zu belohnen, müssen Sie in der Lage sein, ihm mitzuteilen, wann diese Gegenstände nicht für ihn verfügbar sind (obwohl Sie sie werfen). Aus diesem Grund beginne ich bereits sehr früh, das Signal »Lass es« einzuführen (um einen Welpen, der es gewohnt ist, Dinge vom Boden aufzuheben, nicht zu frustrieren). Wenn der Welpe das Signal hört, ist die Ampel für diesen Gegenstand rot. Belohnen Sie den Welpen jedes Mal, wenn er sein gewähltes Leckerchen-Vermeidungsverhalten zeigt – zurücktreten, wegsehen, das Standardverhalten Sitz oder Platz oder eine Kombination aus allem.

Auf lange Sicht möchte ich, dass alle meine Hunde sich auf das Signal »Lass es« von einem Gegenstand abwenden und mich ansehen, also ist es auch das, was ich markiere und belohne; aber zu Beginn des Trainings ist jedes Verhalten in Ordnung, das anzeigt, dass der Welpe eine Idee des Konzeptes bekommt. »Ich verstehe es; ich muss so tun, als ob dieses Ding nicht existiert«. Oft erlebe ich Leute, die den Hund mit strenger Stimme auffordern, sein Spielzeug »zu lassen«; die Hunde stoppen zwar in der Bewegung, aber fixieren den Gegenstand weiterhin, bis er wieder freigegeben wird. Ich bevorzuge es, wenn der Hund den Blickkontakt zum Gegenstand komplett unterbricht und sich aktiv in meine Richtung umorientiert, um den vollen Nutzen des »Lass es« zu haben. Ansonsten habe ich das Gefühl, dass der Hund zwar kurzzeitig aufhört, sich zu bewegen, aber zu keiner Zeit die Verbindung zum Gegenstand unterbricht.

Generalisieren Sie das Verhalten, indem Sie das Leckerchen auf einen Küchenstuhl, den Esstisch oder den Deckel der Transportbox legen und beginnen Sie, das Signal auch bei anderen Hunden, Katzen oder Menschen zu geben. Wenn Ihr Welpe ein einzelnes Leckerchen perfekt ignorieren kann, verteilen Sie mehrere. Seien Sie bereit mit den Leckerchen »Twister« zu spielen und Ihren Fuß auf eines davon zu stellen, falls Ihr Hund die »Lass es«-Regeln für einen Moment vergisst.

Bis zu diesem Punkt ist der Welpe die meiste Zeit stationär in Ihrer Nähe – zwar kann er frei herumlaufen, aber normalerweise bewegt er sich nur in einem geringen Radius um Sie herum. Eins meiner Hauptärgernisse: Ich kann es nicht ausstehen, wenn die Leute von ihrem Welpen während des »Lass es«-Trainings ein »Bleib« fordern. Im normalen Leben werden Sie in einer Notfallsituation niemals genug Zeit haben, von Ihrem Welpen erst ein »Sitz«, dann ein »Bleib« und erst danach das »Lass es« zu fordern, also warum sollten Sie es dann überhaupt trainieren? Bringen Sie ihm bei, dass das »Lass es« das sofortige Ablassen von einem Gegenstand bedeutet, auch in Bewegung!

Jetzt lassen wir ihn herumrennen und geben ihm das »Lass es«-Signal: Das ist wesentlich schwieriger für ihn, weil er aufgeregter ist. Beginnen Sie damit, gemeinsam mit Ihrem Welpen zu laufen, geben Sie das »Lass es«-Signal, *stoppen Sie Ihre Bewegung*, legen Sie das Leckerchen neben Ihren Schuh und seien Sie bereit, es mit Ihrem Fuß zu bedecken. Sobald der Hund diese Übung gut verstanden hat, können Sie beginnen, das Signal in der Bewegung zu geben und das Leckerchen dann nach hinten oder zur Seite zu rollen, je nachdem, was einfacher für Ihren Welpen ist.

Ich lasse das Leckerchen oder das Spielzeug meistens hinter mich fallen, sodass mein Körper es zu Beginn vor dem Welpen abschirmt. Wenn er sich dabei gut macht, trete ich einfach einen Schritt zur Seite. Falls er dann nach vorne geht, kann ich einfach wieder zurücktreten und ihm so den Weg versperren (alternativ kann ich auch wieder

Wenn meine Welpen älter werden, lernen Sie jeden Gegenstand zu ignorieren, für den ich das »Lass es«-Signal gebe.

meinen Fuß auf das Leckerchen stellen, falls es nicht zu weit entfernt liegt). Wenn Ihre Körperblockade nicht ausreicht, um Ihren Welpen an die »Lass es«-Regeln zu erinnern, müssen Sie einige Schritte im Training zurückgehen. Sobald Sie erfolgreich das Leckerchen hinter sich fallenlassen können, beginnen Sie, es an Ihrer Seite fallenzulassen, während Sie dem Hund gegenüber stehen. Anschließend stellen Sie sich neben ihn und werfen das Leckerchen nach vorne. Ziel ist es, dass Sie das Leckerchen geradeaus vor sich werfen können, während Sie neben Ihrem Hund rennen.

Meinen Schülern demonstriere ich das »Lass es« mit meinem Hund Easy. Ich werfe ein Frisbee für ihn und gebe das »Lass es«-Signal, während er hinterherrennt; woraufhin er auf der Stelle stoppt und sich zu mir umdreht. Dafür gebe ich ihm das »Hol's dir«-Signal. Die häufige Anwendung des Premack-Prinzips während des »Lass es«-Trainings sorgt für eine sichere und starke Reaktion. Easy weiß, dass es Bestandteil des Frisbee-Spielens ist, sich ab und an von der Frisbeescheibe abzuwenden; für ihn ist es kein Konflikt, sich zwischen mir und der Frisbeescheibe zu entscheiden. Sie können Ihren Welpen auch mit einem anderen Welpen spielen lassen und ihm das Signal für das »Lass es« geben (oder die Blitzwendung oder einen Rückruf – Sehen Sie, wie all diese Verhalten verbunden sind?). Sobald er sich von dem anderen Welpen abwendet, können Sie ihn zum Spielen zurückschicken. Das Premack-Prinzip auf diese Weise anzuwenden, sichert Ihnen die zuverlässige Reaktion Ihres Welpen auf das »Lass es«-Signal.

Ich werfe die Frisbeescheibe und schicke Easy los, sie zu fangen. Während er zum Frisbee rennt, gebe ich das »Lass es«-Signal. Er stoppt auf der Stelle und wendet sich mir zu.

25 Die Blitzwendung

Bei diesem einfachen Verhalten wendet der Hund seinen Kopf blitzartig in Richtung des Hundeführers, sobald er seinen Namen hört. Ich bezeichne es als die »Blitzwendung«, um die Absicht zu verdeutlichen, dass der Hund sich bei dieser Übung so schnell, wie es ihm körperlich möglich ist, von einem Stimulus abwenden und auf dem kürzesten Weg zu seinem Hundeführer begeben soll. Wie bereits erwähnt, ist die Blitzwendung eines meiner »Lass es«-Verhalten.

Im Stressfrei-Programm wird die Blitzwendung häufig eigenständig als Aufmerksamkeits- oder Rückruf-Signal angewendet; sie ist aber auch die zweite Hälfte des »Guck mal da«-Verhaltens, welches im nächsten Kapitel beschrieben wird. Beim »Guck mal da«-Spiel bekommt die Blitzwendung kein eigenes Signal; die Übung beinhaltet, dass der Welpe sich, sobald er etwas angesehen oder angezeigt hat, sofort anschließend zu Ihnen orientiert.

Ich beginne das Training damit, Leckerchen auf den Boden zu werfen. Während der Welpe die Leckerchen frisst, verändere ich meine Position, so dass ich direkt hinter ihm stehe (Diesen Schritt müssen Sie eventuell anpassen, falls Ihr Welpe ängstlich darauf reagiert, dass jemand hinter ihm steht). Wenn er mit dem Fressen fertig ist, sage ich seinen Namen und richte meinen Blick auf seinen Nacken. Bei dieser Übung ist die Anwendung von Click oder Markersignal hilfreich, da man auf diese Weise die Bewegung eines spezifischen Körperteils einfangen kann, um dem Hund so klar wie möglich zu machen, wofür er belohnt wird. Sobald ich an seinem Nacken sehe, dass sich Kopf oder Ohren in meine Richtung bewegen, markiere ich das Verhalten. An dieser Stelle kann ich dem Welpen das Leckerchen entweder aus der Hand füttern oder es vor ihn werfen, was die Möglichkeit für eine weitere Runde der Blitzwendung schafft.

Sobald der Welpe schnell und zuverlässig auf das Signal reagiert, können Sie einen Helfer mit ins Training einbeziehen. Bitten Sie Ihren Helfer, den Welpen mit einem Leckerchen zu locken, stellen Sich hinter Ihren Welpen und rufen Sie ihn. In dem Moment, in dem Sie den Welpen rufen, kann Ihr Helfer das Leckerchen hinter den Rücken nehmen, so dass das einzige verfügbare Leckerchen für Ihren Welpen bei Ihnen zu finden ist. Wenn Ihr Welpe bereit für gesteigerte Anforderungen ist, kann Ihr Helfer das Leckerchen weiterhin für den Welpen sichtbar in der Hand halten. Rufen Sie Ihren Welpen niemals mehrfach; warten Sie ab, falls er nicht direkt reagiert. Bitten Sie Ihren Helfer, das Leckerchen hinter den Rücken zu nehmen.

Sie können auch ein Spielzeug vor Ihren Welpen rollen, während Sie ihn am Halsband halten. Dazu bitte ich die Leute das Halsband in die Hand zu nehmen, sich selbst klein zu machen und das Spielzeug ganz langsam auf dem Boden zu rollen, damit es sich optisch von einem zum Fangen geworfenen Spielzeug unterscheidet.

Die Hundeführerin wirft ein Leckerchen auf den Boden. Während der Welpe frisst, bewegt sie sich hinter den Welpen. Sobald dieser mit dem Fressen fertig ist, ruft die Hundeführerin seinen Namen und clickt in dem Moment, in dem sich der Kopf des Welpen in ihre Richtung bewegt.

Dies empfehle ich, da die meisten Leute dazu neigen, das Blitzwenden-Training mit einem Spielzeug ähnlich wie ein reguläres Spiel durchzuführen und den Welpen dadurch verwirren. Ich möchte vermeiden, dass das passiert, also gestalten Sie es bitte deutlich anders! Rollen Sie das Spielzeug, während Sie Ihren Hund am Halsband halten, und treten Sie dabei so neben ihn, dass Sie seinen Nacken sehen können. Clicken Sie, sobald sich sein Kopf in Ihre Richtung dreht und geben Sie das Spielzeug frei.

Denken Sie immer daran, das Genick Ihres Welpen zu beobachten, um den richtigen Moment markieren zu können. Viele Leute sind mit ihrem Timing sehr spät, wodurch die Übung nicht klar genug wird. Stellen Sie es sich so vor: Wir versuchen, die Reaktion des Welpen – sich zu Ihnen zu orientieren, egal was er gerade tut – so in seinem Muskelgedächtnis zu speichern, dass sein Name und die physikalische Reaktion der Kopfbewegung untrennbar für immer miteinander verbunden werden. Das kann und *wird* passieren. Im Stressfrei-Programm ist es die Grundlage für einen Hund, der zuverlässig ohne Leine laufen kann, egal ob beim Wandern in einem dicht mit Wild besiedelten Wald oder im Agilityparcours.

Wenn Sie bereit sind, das Training auf der Straße fortzusetzen, können Sie es einfach während der täglichen Gassi-Runde üben. Sie benötigen nicht einmal immer ein Leckerchen oder eine andere Belohnung; dem Welpen Zugang zur Umwelt zu geben ist oft der angemessenste Verstärker für die Blitzwendung. Ihr Rüde möchte zum Beispiel unbedingt einen bestimmten Baum an der Straßenecke markieren. Das bietet Ihnen die perfekte Möglichkeit, das Verhalten zu trainieren. Sagen Sie seinen Namen und beobachten Sie seinen Nacken. Wenn er sich umgehend zu Ihnen umorientiert, markieren Sie seine Reaktion und gehen Sie ohne Umweg mit ihm zu diesem Baum. Vermitteln Sie ihm deutlich, dass Sie mit ihm zu dem Baum gehen, weil er sich zu Ihnen orientiert hat: »Ja! Los!« könnte an dieser Stelle gut funktionieren, wenn Ihr Welpe ein »Ja« als konditioniertes Markersignal kennt und das »Los!« bedeutet, dass er sich mit dem Stimulus seines Interesses beschäftigen darf. Das würde ich zu meinem Welpen sagen. Es hätte eine klare, vorher konditionierte Bedeutung und wäre nicht nur eine zufällige Wortkombination.

Ich weiß, was Sie sich jetzt sicher fragen: Was, wenn der Welpe seinen Kopf nicht umgehend in meine Richtung dreht? Kein Problem. Falls Sie sich zu Beginn des Trainings darüber Gedanken machen, nehmen Sie Ihren Welpen an die Leine. Wenn Ihr Welpe seinen Kopf, nachdem er seinen Namen gehört hat, nicht sofort in Ihre Richtung dreht, beginnen Sie mit Ihren Händen an der Leine »entlangzustreichen«. Das heißt, dass Sie die Hände in Richtung des Hundes bewegen, um die Leine zu verkürzen. Ziehen Sie ihn nicht an der Leine zurück, rucken Sie nicht daran und nutzen Sie sie nicht, um den Kopf des Welpen durch irgendeine Form der physikalischen Manipulation zu sich zu holen. Bewegen Sie sich in Richtung des Welpen statt die Leine dazu zu nutzen, ihn in Ihre Richtung zu bewegen.

Verwenden Sie die Leine während des Blitzwenden-Trainings niemals, um den Welpen in Ihre Richtung zu ziehen. Nutzen Sie auch nicht das Halsband, um seinen Kopf zu bewegen. Lassen Sie es Ihren Welpen alleine herausfinden. Lassen Sie Ihn herausfinden, dass er mit seinem Verhalten neue Möglichkeiten erschaffen kann. Lassen Sie Ihn herausfinden, dass seine Körperbewegung in Kombination mit Aufmerksamkeitsverhalten, wie den Kopf in Ihre Richtung zu bewegen, fantastische Dinge verursacht.

Dieser Welpe hat seinen Kopf nicht sofort in meine Richtung gedreht, also verkürze ich mit meinen Händen die Leine.

Wenn Sie die Leine auf diese Weise verkürzt haben, stehen Sie ruhig auf der Höhe seiner Leiste und warten Sie. Erinnern Sie sich selbst daran, dass es ein junges Tier ist, und haben Sie Geduld. Eventuell wird er am Gras riechen, während Sie sich selbst daran erinnern, geduldig zu bleiben. Das ist in Ordnung. Beobachten Sie einfach seinen Nacken und Kopf und seien Sie bereit, die gewünschte Reaktion zu markieren. Belohnen Sie ihn, sobald Sie die richtige Reaktion erhalten, und lassen Sie ihn anschließend weiter am Gras schnüffeln.

Es kann passieren, dass Sie sich in einer Situation wiederfinden, in der Sie Ihren Welpen aus Sicherheitsgründen von etwas entfernen müssen, auf das er fixiert ist. Sie können ihn dazu ermutigen, indem Sie sich auf Höhe seiner Hüfte stellen. Die meisten Welpen werden neugierig den Kopf wenden, um herauszufinden, was Sie dort machen. Anstatt zu versuchen, sich vor oder neben den Kopf des Welpen zu stellen, was die meisten Hundeführer aus Reflex tun, braucht es deutlich weniger Zeit, den Hund zu wenden, wenn Sie sich seinem Hinterteil nähern. Bewegen Sie sich weiter auf einem Bogen, sobald er seinen Kopf gewendet hat, der Rest seines Körpers wird folgen.

In diesem Spiel geht es, wie in den meisten Stressfrei-Spielen, um Muster; erschaffen Sie ein Muster, das Ihren Welpen beschäftigt und die Bedürfnisse von Hund und Hundeführer erfüllt. Der Hund wendet sich dem Hundeführer zu, der Hund darf am Gras schnüffeln. Es ist eine Win-Win-Situation und es dauert nicht ansatzweise so lange, wie Sie jetzt eventuell vermuten, bis der Hund sich dafür entscheidet, dass die Aufmerksamkeit einen höheren Wert hat als das Schnüffeln am Gras. Es ist die Magie unseres Lieblings-Prinzips: Premack.

Wenn Sie die Leine verkürzt haben, stehen Sie ruhig und warten Sie ab. Belohnen Sie Ihren Hund, sobald er beginnt, seinen Kopf in Ihre Richtung zu bewegen!

26 »Guck mal da«!

Da der Welpe jetzt in der Lage ist, sich von Dingen abzuwenden, können Sie ihm beibringen, Dinge auf Signal anzusehen oder sich in Ihre Richtung zu orientieren. Beginnen Sie mit einem neutralen Gegenstand. Ich halte zum Beispiel ein Buch hinter meinen Rücken. Manchmal verwende ich ein Stofftier, aber das ist für einige Hunde nicht besonders neutral. Auf einem Seminar verwendete ich aus Gründen der Handlichkeit einmal einen Stift. Aber der Cocker Spaniel, den ich trainierte, wollte ihn mir aus der Hand nehmen; seine Hundeführerin erzählte mir daraufhin, dass Sie ihm beigebracht hatte, Stifte zu holen. Nicht neutral! Bei einem anderen Seminar nahm ich einen meiner Müsli-Riegel und die Hundeführerin sagte, »Für mich ist das kein neutraler Gegenstand, weil ich ihn gerne essen würde!« Denken Sie also über die Wahl Ihres neutralen Gegenstands einen Moment nach.

Hunde wie meine eigenen, die viel Erfahrung mit Doggie Zen haben, werden denken, sie sollten mich ansehen, wenn ich ihnen einen Gegenstand hinhalte. Um solche

Hunde nicht zu frustrieren, präsentiere ich den Gegenstand mit einem leisen Zischgeräusch. Sie wenden sich dann dem Gegenstand aus Neugier zu und missverstehen die Situation nicht als Doggie Zen. Ich markiere den Moment, in dem sie sich in Richtung des Gegenstandes orientieren. Dies ist ein guter Zeitpunkt, um Sie daran zu erinnern, klar *und* fair zu bleiben. Wenn Sie etwas Neues trainieren, stellen Sie sicher, dass es nicht wie etwas Altes aussieht.

Solange Ihre Kriterien klar sind, stellt es kein Problem dar, Ihrem Welpen beizubringen sowohl Sie als auch Gegenstände anzusehen. Das verspreche ich Ihnen! Ich bringe meinen Welpen auf jeden Fall beides bei. Manche Teilnehmer eines Seminars befürchten ihren Hund zu verwirren, wenn sie von ihm fordern, etwas auf Signal anzuschauen. Ich frage sie dann normalerweise, ob ihr Hund ein Sitz kennt. Die Antwort ist Ja. Dann frage ich sie, ob ihr Hund das Signal für ein Platz kennt. Die Antwort ist Ja. Ich frage sie, ob ihr Hund ein Problem damit hat, Sitz und Platz auseinanderzuhalten. Die Antwort ist Nein. Ich erkläre ihnen, dass es genauso funktioniert, entweder Sie oder etwas anderes anzusehen – es sind zwei getrennte Verhaltensweisen. Und raten Sie mal, was noch? Hunde können bereits ganz von allein Gegenstände ansehen. Wir nehmen dieses Verhalten nur und integrieren es in eine Struktur, die es uns erlaubt, Aufmerksamkeit ohne Konflikt zu trainieren.

Nachdem ich den Moment markiert habe, in dem der Welpe sich dem Gegenstand zuwendet, füttere ich ihn und lasse den Gegenstand hinter meinem Rücken verschwin-

Der Welpe wird belohnt, weil er sich in Richtung eines Gegenstandes orientiert hat. Ich füttere ihn, während ich den Gegenstand hinter meinen Rücken nehme.

den. Der Welpe hat keine Möglichkeit, weiterhin den Gegenstand zu beobachten (und wenn er es wirklich versuchen würde, wäre es ein Anzeichen dafür, dass der Gegenstand nicht neutral genug ist). Er lernt, dass die Orientierung zu einem sichtbaren Target belohnt wird. Er bekommt das Leckerchen aus meiner Hand, sodass auch das Konzept »Orientierung zum Hundeführer ist Teil des Spiels« von Anfang an vermittelt wird.

Es braucht nicht viele Wiederholungen, bis der Welpe fröhlich erst zum Gegenstand und anschließend in Erwartung seiner Belohnung zu Ihnen sieht. An diesem Punkt höre ich auf, den Gegenstand hinter den Rücken zu nehmen, während ich den Welpen belohne. So kann er lernen, dass selbst dann, wenn der Gegenstand weiterhin sichtbar ist, dieselben Regeln gelten: »Guck das an, guck zu Leslie.« Jetzt können Sie beobachten, wie er anfängt zu verstehen: Er kann Sie dazu bringen, ihm Leckerchen zu geben, indem er den Gegenstand für Sie »anzeigt« und schnelle kleine Kopfbewegungen in Richtung des Gegenstandes macht. Später verliert der Gegenstand natürlich nach und nach seine Neutralität.

Wann immer Ihr Welpe diese schnellen kleinen Kopfbewegungen in Richtung des Gegenstandes zeigt, können Sie einen Schritt weiter gehen. Es ist sein Weg, Ihnen mitzuteilen: »Jaja, wir wissen beide, dass es da ist. Beeil Dich und gib mir meine Belohnung!« Wenn Ihr Welpe dieses Verhalten das erste Mal bei einem Gegenstand zeigt, der ihn wirklich ablenkt oder beunruhigt – ihn ansieht und schnell wieder in Ihre Richtung sieht – werden Sie das volle Potenzial dieser Übung erkennen.

Denken Sie immer daran: Mit dem »Guck mal da« wollen wir dem Welpen vermitteln, dass er Umgebungsreize, die sonst ablenkend, beunruhigend und/oder überstimulierend wirken, für ein tolles Spiel nutzen kann, statt auf sie zu reagieren. Das macht das »Guck mal da«-Spiel zu einem sehr mächtigen Werkzeug.

Wenn der Welpe etwas schnell ansehen und sich mir wieder zuwenden kann, platziere ich den Gegenstand auf einem Stuhl oder dem Boden und sorge dafür, dass er ihn nicht einfach erreichen kann. Während des ganzen Ablaufs bekommt der Welpe niemals die Möglichkeit, den Gegenstand zu berühren. Das ist der Beginn der notwendigen Erkenntnis, dass wir beim »Guck mal da«- Spiel nicht mit dem Gegenstand interagieren und er nicht mit uns! Dieses Spiel gibt Gegenständen den Status »gucken ja, anfassen nein« und ist der ein Berührungspunkt zwischen »Guck mal da«- und »Lass es«-Training.

Mit dem Gegenstand sicher auf einem Stuhl oder dem Boden und dem Welpen an der Leine (außer er ist an Ihrer Seite wie festgeklebt und Sie müssen sich keine Sorgen machen, dass er den Gegenstand erreicht). markieren Sie, wenn sich der Welpe in Richtung des Gegenstands orientiert und warten mit der Übergabe des Leckerchens

‚bis er Sie ansieht. Er wird schnell herausfinden, dass die Regeln aus den vorherigen Übungsschritten auch hier gelten. Sie können aus den Positionen des Welpen, des Gegenstandes und Ihrer eigenen Position ein Dreieck bilden. Das erleichtert es Ihrem Welpen, deutlich zwischen dem Gegenstand und Ihnen hin und her zu sehen.

Wann setzen Sie dieses Verhalten auf Signal? Wie immer im Clickertraining führen wir das Signal ein, sobald wir zufrieden mit dem Verhalten sind. Es ist in Ordnung, das Signal an der Stelle einzuführen, an der Sie den Gegenstand dem Welpen dauerhaft präsentieren können, damit Ihr Welpe Übung darin bekommen kann, zwischen Gegenstand und Ihnen hin und her zu sehen. Das gleiche gilt für den Gegenstand auf dem Stuhl. Stellen Sie nur sicher, dass der Welpe das Prinzip verstanden hat, bevor Sie das Signal einführen, und nicht mehr versucht, physisch mit dem Gegenstand zu interagieren. Und denken Sie daran: Das Signal gilt hier für zwei Verhaltensweisen. Mein persönliches Signal ist die Frage: »Wo ist ________?« Wenn ich meinen Hunden diese Frage stelle, sollen sie es mir anzeigen und sich wieder zu mir orientieren. Es gibt keinen Grund dafür, Ihren Welpen zusätzlich dazu aufzufordern, zu Ihnen zurück zu kommen; und wenn es den gibt, bedeutet dies: Sie müssen von vorne beginnen, da Ihr Welpe das Spiel noch nicht verstanden hat. Oder Sie haben den Welpen in eine Situation gebracht, in der es noch zu schwer ist, sich vom gegebenen Reiz abzuwenden.

Sobald Sie bereit sind, weiterzugehen, können Sie eine neutrale oder freundliche Person um Hilfe bitten – denken Sie wieder daran, dass diese Person nicht mit dem Welpen interagieren darf, sondern als visuelles Target dient. Wenn der Welpe die Person anzeigt und sich anschließend schnell wieder zu Ihnen orientiert, können Sie einen neutralen oder freundlichen Hund ins Training integrieren. Hat Ihr Welpe das Verhalten wirklich verstanden und generalisiert, führen Sie fremde Personen, Hunde und ablenkende Gegenstände ein. Sie können diese Übung auch verwenden, um Ihrem Welpen beizubringen, im Agilitytraining ruhigzubleiben, wenn er andere Hunde beobachtet oder Sie bei der Arbeit mit einem anderen Hund sieht. Das sind typische Situationen, in denen die meisten Sporthundwelpen durchdrehen. »Guck mal da« hilft, solche Situationen zu neutralisieren und sie einfach in ein weiteres Spiel zu verwandeln. Falls Sie Ihren Hund in einiger Entfernung belohnen möchten – zum Beispiel in seiner Transportbox auf dem Trainingsgelände – empfehle ich Ihnen, sich einen Belohnungsautomaten wie *Manners Minder* zuzulegen. Der *Manners Minder* ist ein komfortables Gerät mit einer Fernbedienung, das auf Knopfdruck Leckerchen auswirft; dies versetzt Sie in die Lage auch in größerer Entfernung zu belohnen.

Denken Sie daran, die Kriterien zu verringern, falls Ihr Welpe während des »Guck mal da«-Trainings reaktiv reagiert – zum Beispiel beim Anblick eines anderen Hundes. Fordern Sie von Ihrem Welpen nichts, was er in einer gegebenen Situation auch bei Wiederholung nicht erfolgreich zeigen kann. Ändern Sie stattdessen die Situation. Sie könnten den Welpen zum Beispiel an einen Ort bringen, an dem er den Auslöser nicht sehen kann und ein wenig Impulskontrolltraining mit ihm machen oder ihm eine Pause gönnen. Oder Sie könnten die Distanz zum Auslöser vergrößern, sodass er ihn zwar noch sehen kann, aber nicht mehr darauf reagiert, und mit dem »Guck mal da«-Training fortfahren. Oder Sie probieren aus, ob sich Ihr Hund in Gegenwart des Reizes mit einem gefüllten Kong oder einem Markknochen beschäftigen kann. Manchmal kann ein Welpe in Gegenwart eines bestimmten Reizes keinen klaren Gedanken mehr fassen, aber immer noch ruhig auf seiner Decke oder in der Transportbox liegen und an einem Knochen oder Kong kauen. Dies ist eine gute Möglichkeit für ihn, Informationen über den Reiz zu verarbeiten, während er sich mit etwas beschäftigt, das ihn zurück auf die Erde holt.

Wenn es Ihrem Welpen angesichts eines bestimmten Reizes schwerfällt, klar zu denken, probieren Sie aus, ob er auf seiner Matte liegen und sich mit einem Kauknochen beschäftigen kann.

Im Folgenden finden Sie eine Zusammenfassung der einzelnen Trainingsschritte:

- Blitzwendung (Kapitel 25)
- Neutraler Gegenstand
- Neutraler Gegenstand wird länger gezeigt
- Neutraler Gegenstand auf einem Stuhl oder dem Boden
- Bekannte Person / Hund
- Fremde Person / Hund

Behalten Sie immer im Hinterkopf, dass es bei diesem Spiel um Balance geht. Wir möchten, dass der Hund den Reiz sieht und dass er mit uns interagiert. Ich konnte einmal eine Hundeführerin dabei beobachten, dieses Konzept in der Nähe eines Trainingshindernisses falsch anzuwenden. Sie clickte, während der Hund einen anderen Hund beim Sprung beobachtete, und fütterte ihn, während seine Aufmerksamkeit weiterhin bei dem anderen Hund war. Ihr Hund wendete sich nicht zu ihr um und war offensichtlich weit über seiner Reizschwelle.

Wenn Ihr Welpe sich nicht umgehend zu Ihnen umwendet, fahren Sie – wie bereits erwähnt – nicht weiter fort. Ich empfahl der Hundeführerin, sich zwischen den eigenen und fremden Hund zu stellen. Sie sollte ihren Hund zum Luftholen auffordern und sowohl Luftholen als auch Augenkontakt belohnen, bevor Sie wieder zur Seite trat und ihn den anderen Hund sehen ließ. Ich empfahl ihr, diese beiden Ansätze so lange abzuwechseln, bis sie das Gefühl hatte, dass ihr Hund bereit war das Spiel »ernsthaft« zu spielen. Wenn Sie Ihren Hund nicht aus der Situation nehmen können, müssen Sie die Situation für Ihren Hund verändern. Auf diese Weise brachen wir das Spiel auf: Wir vermittelten dem Welpen durch klare Körpersprache, was er sich angucken durfte und was nicht, und fügten das Luftholen und längere Aufmerksamkeitsphasen auf die Hundeführerin hinzu. So war diese anschließend in der Lage, ihren Hund dazu zu bringen, beim Anblick des anderen Hundes direkt zu ihr zu laufen. Wenn ihr Hund versucht hätte, an ihr vorbeizulaufen, um den anderen Hund weiterhin zu sehen, hätte ich ihr empfohlen, eine Pause zu machen und darüber nachzudenken, wie sie das nächste Training für ihn erfolgreicher gestalten kann.

»Guck mal da« – angeboten vs. auf Signal

Beim »Guck mal da«-Spiel geht es auch um eine weitere Form der Balance. Ein erfahrener Trainer kann seinen Welpen gut genug einschätzen, um zu entscheiden, ob er den Welpen *auffordert*, das Spiel zu spielen oder ihn aus eigenem Antrieb zwischen Reiz und Hundeführer hin und her sehen lässt. »Angeboten« meint im Kontext des Clickertrainings, dass der Hund Ihnen das Verhalten von sich aus anbietet, um herauszufinden, ob er sich eine Belohnung verdienen kann. Im »Guck mal da« erfahrene Hunde werden Ihnen das Spiel anbieten, indem sie Ihnen einen Gegenstand durch Hin- und Hersehen anzeigen, als wollten sie fragen: »Hast Du gesehen, was ich gerade getan habe? Belohnst Du mich dafür?«

Einige meiner Schüler waren so froh, wenn ihr Hund das Verhalten von allein anbot, dass sie keine Zeit für das Einführen eines Signals aufwenden wollten. Sie waren einfach froh darüber, dass der Hund sich beim Anblick eines Reizes, der bisher Reaktivität ausgelöst hatte, zu ihnen umorientierte. Ich bat sie aber trotzdem, ein Signal zu trainieren. Dies gibt Ihnen mehr Struktur und eventuell finden Sie sich in einer Situation wieder, in der Sie diese benötigen. Es kann außerdem als komfortables Frühwarnsystem dienen. Ich beschreibe Ihnen, was ich damit meine. Wenn ich mit meinen Hunden wandern gehe und sie dabei frei vor mir herrennen, kann ich beim Erspähen eines weit entfernten, fremden Hundes fragen: »Wo ist der Hund?« Sie kennen sowohl das »Wo ist …?« als ein »Guck mal da«-Signal als auch die Bedeutung des Wortes »Hund«. Wenn sie das Signal hören, passiert also Folgendes:

- Es nähert sich ein Hund.
- Der Hund kann verwendet werden, um eine Runde »Guck mal da« zu spielen.
- Der Hund steht nicht zur Interaktion zur Verfügung, weil er ein »Guck mal da«-Gegenstand ist (nur gucken, nicht anfassen). Dies gilt solange, bis ich das Signal zur Begrüßung gebe; was ich mit Sicherheit tun werde, außer der Hund schäumt bereits aus dem Maul.

Meine Hunde bekommen all diese Informationen aus der Frage: »Wo ist der Hund?«, und Ihre Hunde können das ebenfalls lernen.

Für Welpen, die sonst schon beim bloßen Anblick eines Gegenstandes aus Neugier oder Angst reagieren, ist die Fähigkeit, Informationen über die Umgebung aus Ihrem Stimmsignal zu bekommen, äußerst wertvoll. Sie sind bereits durch den »Spielmodus« in einer ruhigen Stimmung, wenn sie den Gegenstand entdecken. *So können Sie verhindern, dass der Hund vom Auftauchen des Gegenstandes überrascht wird.*

Auch wenn Ihr Welpe das Verhalten in seiner Aufregung übertreibt und den Kopf unablässig hin und her bewegt, ist es gut, ein Stimmsignal zu haben. Dieses Spiel soll dazu dienen, Ihren Welpen zu beruhigen! Verwendet er das Wegsehen aber dazu, sich selbst aufzuputschen, geben Sie ihm das Signal für die Blitzwendung, wenn er gerade von Ihnen wegsieht. Clicken und belohnen Sie seine Umorientierung zu Ihnen. Fordern Sie Ihn auf, ein paar Sekunden Luft zu holen und belohnen Sie dies – und eventuell den Augenkontakt. (Nehmen Sie ungefähr eine Sekunde für einen Atemzug an; lassen Sie ihn also drei bis fünf Mal das Maul schließen oder die Nasenlöcher verengen). Dann können Sie ihm das »Guck mal da«-Signal geben. Indem Sie der Situation durch das Stimmsignal und die Erinnerung daran, dass er sich bis zum nächsten Signal auf sie konzentrieren soll, mehr Struktur geben, kann sich alles wieder beruhigen. Falls er nicht in der Lage ist, sich einige Sekunden lang auf Sie zu konzentrieren und immer wieder versucht, an Ihnen vorbeizukommen, müssen Sie die Distanz zum Auslösereiz weiter vergrößern. Mit einem Welpen, der über seine operanten Verhaltensweisen völlig begeistert ist (»Jippie! Ich sitze! Oh mein Gott, sitzen! Ich werde gleich vor Aufregung explodieren, ich sitze!«), können Sie zunächst die Decke verwenden, um ihm beim Beruhigen zu helfen. So können Sie am »Guck mal da« arbeiten, während die Decken-Regeln gelten.

Das Luftholen funktioniert bestens in der Kombination mit dem »Guck mal da«-Spiel. Falls Sie dieses Spiel in einer Situation spielen, in der Ihr Welpe wirklich aufgeregt oder nervös ist, wird das Luftholen einen großen Unterschied bewirken. Das Spiel geht dann wie folgt: »Sieh zum Gegenstand. Dreh dich zu mir um. Atme.« Dieser Ansatz kann sehr gut in der Hundeschule angewendet werden, falls der Welpe durch die rennenden Hunde zu erregt wird.

Ein Welpe, der mit diesem Konzept aufgewachsen ist, wird es lernen, gelassen mit seltsamen, aufregenden oder ablenkenden Gegenständen umzugehen. Statt von Ihrem Welpen zu fordern, sich nicht auf einen ablenkenden Gegenstand zu konzentrieren (»Nein, Flash, Du musst *mich* ansehen nicht den Affen, der dort hinter Dir auf einem Pony reitet!«), können Sie zulassen, dass der Gegenstand selbst zum Umorientierungssignal wird. (Flash sagt: »Hmm, da reitet ein Affe hinter mir auf einem Pony. Ich sollte das meinem Frauchen anzeigen und herausfinden, ob es dafür ein Leckerchen gibt.«)

Wenn der Welpe schließlich in die Pubertät kommt und alle Ablenkungen durch die Hormone noch ablenkender werden, hat er bereits eine lange Belohnungsgeschichte mit erfolgreichen Ausführungen des »Guck mal da«-Verhaltens. Das kommt Ihnen zu Gute.

Falls Sie dieses Spiel bereits einmal gespielt haben, wissen Sie, dass auch hier dank des Premack-Prinzips die umgekehrte Psychologie ins Spiel kommt. Je öfter Sie Ihrem Welpen das Signal dafür geben, etwas anzusehen, desto stärker wird sein Wunsch, Sie anzusehen.

Nutzen Sie die Umgebung

An einem Wochenende im Juli 2009 hielt ich während eines Trainingscamps auf der Glen Highland Farm, einer Border Collie Rettungsstation, ein Seminar. Einige der Teilnehmer waren erfahrene Hundesportler, andere wollten einfach gemeinsam mit ihrem vierbeinigen Partner die Zeit auf dieser wunderschönen Farm genießen und neue Sportarten kennenlernen, wie Flyball, Agility oder das Hüten. Ein Pärchen hatte neben seinen erwachsenen Hunden auch einige Welpen mitgebracht. Das »Guck mal da«-Spiel bot sich als für alle Teilnehmer passende Stressfrei-Einstiegsübung an, da jeder Hund davon profitieren kann.

Meine Freundin Rose, die Easy bereits seit seiner Geburt kannte, nahm gemeinsam mit seinem kleinen Bruder Snitch ebenfalls am Trainingscamp teil. Wann immer Easy Rose entdeckt, beginnt er zu fiepsen und zu jaulen, genauso wie Snitch, sobald er mich sieht. Da unsere beiden Jungs aus einer sehr lautstarken Familie kommen, kann dieses Begrüßungsritual schnell dafür sorgen, dass sich im Umkreis von zehn Kilometern niemand mehr auf etwas anderes konzentrieren kann als darauf ,den Lärm abzublocken.

Ich beschloss dieses Ritual zu nutzen, um den Leuten die Macht des »Guck mal da«-Spiels näherzubringen. Rose versteckte sich daher bis zu meinem Vortrag vor Easy, damit er komplett davon überrascht sein würde, sie zu treffen. Als wir schließlich an der Reihe waren, stellte ich Easy vor und erklärte den Teilnehmern, dass ich ihnen mit der Hilfe von Rose demonstrieren würde, welche Rolle das »Guck mal da«- Spiel für die »Lass es«-Verhaltensweisen spielt.

Ich holte Easy aus der Transportbox und versetzte ihn durch die Ankündigung, »Rose ist hier. Bist du bereit? Bereiiiiiiiit? Bereit nach Rose zu suchen?« in aufgeregte Stimmung. Dann entdeckte Easy Rose und rannte quietschend auf sie zu. Er begrüßte sie mit Küssen und Fiepsen, während sie bei ihm auf dem Boden saß. Als alle kurz vorm Durchdrehen waren, rief ich ihn beim Namen: »Easy!«, woraufhin er das lautstarke Begrüßungsschauspiel unterbrach und zurück an meine Seite rannte. Ich fragte ihn »Wo ist Rose?« (Die Frage »Wo ist …?« ist Easys Signal für das »Guck mal da«-Spiel.) Er zeigte mir ihre Position mit einer schnellen Kopfbewegung an und sah zurück zu mir. Auf das Freizeichen: »Du kannst Rose begrüßen gehen« legte er sich ins Platz und sah mich erwartungsvoll an. Das »Guck mal da«-Signal hatte ihn in den Trainingsmodus versetzt, damit war für ihn die Begrüßung beendet.

Die anwesenden Teilnehmer lachten ungläubig darüber, dass er sich »weigerte«, erneut zu Rose zu gehen. Ich wollte ihnen vermitteln, dass das »Guck mal da«-Spiel ein »Lass es«-Verhalten ist. In dem Moment, in dem ich das Signal dazu gebe, etwas anzusehen, vermittle ich dem Hund, dass es jetzt an der Zeit ist, mit mir zu interagieren und nicht mit dem Gegenstand. Das »Guck mal da«-Signal versetzt den Gegenstand in einen »Angucken ja, Anfassen nein«-Status; das ist die Verbindung zum Konzept der Verfügbarkeit, welches hinter jedem »Lass es«-Trainingsansatz steckt.

Verlässliche und klare Regeln, wie das »Guck mal da«, ermöglichen es dem Hund, der Situation zu vertrauen. Ängstliche Hunde können darauf vertrauen, dass niemand sie bedrohen wird, und aufgeregte Hunde können darauf vertrauen, dass sie durch die Teilnahme an diesem Spiel Zugang zu einer Belohnung bekommen, die gleich- oder höherwertiger ist als die Ablenkung. Außerdem, und das ist vielleicht noch viel wichtiger, beschäftigt dieses Muster den Hund. Schlussendlich wird die Aufgabe (den Auslöser sehen und sich auf den Hundeführer konzentrieren) durch ihre Wiederholung am wichtigsten, wichtiger als die Emotionen, die der Hund beim Anblick des Auslösers oder bei anderen Beschäftigungen, wie am Gras zu schnüffeln, fühlt (auch hier gibt es wieder eine eindeutige Verbindung zum »Mach mal Pause«-Spiel und zu allen anderen Spielen, die auf dem Premack-Prinzip beruhen). Hunde mögen klare Muster. Menschen auch! Wir können uns auf sie verlassen. Sie sind voraussehbar und sie funktionieren.

In diesem Zusammenhang wird mir häufig die Frage gestellt: »Mein Hund sieht ausschließlich mich an und niemals den Gegenstand. Was soll ich machen?« Das ist eine lustige Frage, denn die meisten Leute trainieren das »Guck mal da«-Spiel, damit der Hund sich mehr auf den Hundeführer fokussiert! Es liegt ganz bei Ihnen, ob Sie Ihren Hund dafür belohnen, die »Abkürzung« zu nehmen und Sie direkt anzusehen, sobald er in eine herausfordernde Situation kommt – und viele Hunde werden genau auf diese Weise reagieren, sobald sie das Spiel verstanden haben – oder ob Sie darauf warten, dass er Ihnen nach dem Signal *irgendein* Verhalten anbietet, das Sie auf den Gegenstand hinweisen soll. Ihr Welpe wird vielleicht nur eine Pupille oder ein Ohr in dessen

Richtung bewegen (Sie glauben nicht, wie oft das vorkommt!) und gar nicht erst den kompletten Kopf in Richtung des Gegenstandes drehen. Das würde ich mit Freude belohnen, denn es ist Zeichen dafür, dass Ihr Hund verstanden hat, worum es in dem Spiel geht und welchen Vorteil es für ihn hat.

Das »Guck mal da« ist keine klassische Verhaltenskette, wie sie im Clickertraining definiert ist, *da der Hund sich jederzeit dafür entscheiden kann, seine Verhaltensantwort auf das Signal zu verändern.* Am Anfang dreht sich der Hund auf die Frage: »Wo ist das Was-auch-immer?« vielleicht um, um seinen Blick auf den Gegenstand zu richten. Eventuell wird er eines Tages sagen: »Ich brauche gar nicht so viel Energie dafür aufzuwenden und meinen gesamten Kopf drehen. Ich werde probieren, ob es ausreicht, meine Augen zu bewegen.« Und irgendwann wird er sich vielleicht denken, »Ich bin so damit beschäftigt, mein Frauchen nicht aus den Augen zu lassen; mal sehen, ob es nicht auch ausreicht, ein Ohr in diese Richtung zu bewegen.« Verschiedene Reaktionen auf dasselbe Signal – und alle sind in Ordnung. Mir geht es an dieser Stelle nicht darum, ein bestimmtes Verhalten zu trainieren, sondern um flexibles soziales Feedback.

27 Arbeit auf der Decke

Die Arbeit auf der Decke ist ein wichtiger Baustein des Stressfrei-Grundlagentrainings. Wenn Sie mich schon länger kennen, wissen Sie, dass ich mich selbst gerne als Decken-Fanatikerin bezeichne. Decken sind aus den folgenden Gründen einfach großartig:

- Eine Decke ist der perfekte Gegenstand, um dem Welpen das Target-Konzept beizubringen, welches für ihn – vorausgesetzt Sie wählen den Ansatz des Clickertrainings – ein essenzieller Bestandteil seiner weiteren Ausbildung ist.

- Die Decke bietet Ihrem Welpen einen klar definierten Aufenthaltsort, was für alle möglichen Gelegenheiten praktisch ist: von Tür- und Tischmanieren über Hindernis- und Distanzarbeit bis hin zu den verschiedenen Stressfrei-Parallel-Spielen, beispielsweise ruhigbleiben, wenn andere Hunde an ihm vorbeirennen.

- Sie können den Aufenthalt auf der Decke mit entspannten und glücklichen Emotionen verknüpfen, sodass Ihr Welpe allein durch das Liegen auf der Decke in den optimalen Lernzustand versetzt wird.
- Sie können die Decke als Bestandteil des Trainings der Ausschalt-Spiele verwenden.
- Sie können die Decke als »Reset«-Knopf nutzen.
- Sie können die Decke zur Gegenkonditionierung in Situationen anwenden, die Ihren Welpen beunruhigen (der Rücksitz im Auto, die schwankende Wippe, der Tisch beim Hundefriseur, der Schoß eines großen Fremden mit Hut und so weiter).
- Sie können einem Hund, der durch einen sich über ihn beugenden Richter traumatisiert wurde, helfen, die nötigen Verhaltensweisen auf dem Tisch neu zu lernen. Die Arbeit auf der Decke hilft einem »Richter-sensiblen« Hund, diese Situationen mit Zuversicht zu meistern. Dies ist bei der Arbeit mit meinen Schülern ein weit verbreiteter Einsatzzweck für die Decke.

Es gibt noch viele weitere sinnvolle Einsatzmöglichkeiten für die Decke; noch während ich an diesem Buch schreibe, fallen mir neue Anwendungszwecke ein.

Decken-Geschichten

Joey: Der blinde Basenji

Einer meiner Lieblingskandidaten für die Decke war der blinde Basenji Joey. Manchmal verbiss er sich in die Hosenbeine von Personen, die sich ihm näherten oder an ihm vorbeiliefen. Wie eine verrücktgewordene Zeichentrickfigur hing er dann an seinem Opfer, das von ihm befreit werden musste. Ich brachte ihm bei, seinen Hundeführer zu suchen, falls sich ihm Beine innerhalb seiner Komfortzone näherten. Obwohl dieser Ansatz sehr gut klappte, suchten wir nach einer Lösung, die auch funktionieren würde, wenn sein Hundeführer sich nicht im Raum befand. Also lehrte ich ihn, beim Näherkommen von Beinen seine Decke zu suchen. Dazu sprühten wir die Decke mit Lavendelduft ein, damit er sie leicht finden konnte. Außerdem begannen wir jeden seiner Aufenthalte in einer unbekannten Umgebung auf der Decke, die auf diese Weise sein Referenzpunkt wurde. Dieser Ansatz funktionierte so gut, dass ihn, solange er auf seiner Decke lag, selbst der Tierarzt in Ruhe untersuchen konnte, ohne gebissen zu werden!

Rumor: Der pöbelnde Teenager

Als Teenager verhielt sich Ru in Gegenwart anderer Hunde wie ein Pöbler. Er wurde sehr erregt und scharf, was mich unendlich frustrierte. Ich verbrachte viel Zeit damit ,ihm beizubringen, sich zu entspannen, sich auf seine Aufgabe zu konzentrieren und in Gegenwart anderer Hunde nicht reaktiv zu reagieren. In der Tat wurde er eben wegen dieses Problems zu meinem ersten Testkandidaten für das, was Ihnen jetzt besser als »Guck mal da«-Spiel bekannt ist.

Eine der ersten Übungen, die uns auf unserem nervenaufreibenden Weg halfen, war die Arbeit auf der Decke. Sofort nachdem Ru mit seinen reaktiven Pöbeleien angefangen hatte, begann ich mit einem soliden Training des Entspannungsprotokolls und des Biofeedbacks auf seiner Decke. Er lernte mit der Zeit, die Decke aus jeder Entfernung zu finden, zu ihr zu rennen, sich auf sie zu legen, Luft zu holen, zu blinzeln und alles um sich herum zu ignorieren, während er auf ihr lag. Ich nahm die Decke mit auf das Trainingsgelände und übte mit ihm am Rand von diversen Unterrichtsgruppen. Dann entschied ich mich dafür, die Decke auch mit auf unsere Spaziergänge zu nehmen, denn Ru hatte es sich angewöhnt, knurrend auf andere Hunde loszustürzen, die uns unterwegs begegneten. Während er im Auto wartete, platzierte ich seine Decke unter einem Baum in der Nähe. Ich wollte Rus Generalisierungsfähigkeit und die emotionale Reaktion auf eine Decke testen, die er plötzlich und unerwartet unterwegs finden würde.

Wir begannen unseren Spaziergang und ich wies Ru in der Nähe des Baumes auf die Decke hin. Strahlend vor Begeisterung entdeckte er die Decke nach einer kurzen Überprüfung der Umgebung und rannte zu ihr. Er warf sich auf sie, schloss sein Maul und sah mich mit weichen Augen an. Begeistert beobachtete ich seine Reaktion: »Wahnsinn! Wer hätte gedacht, dass es auch hier Decken gibt?« Es verging keine Minute, bis der erste Hund – ein großer schwerfälliger Neufundländer – an uns vorbeikam; genau der Typ Hund, auf den Ru sonst sofort reagierte. Ich kann mich nicht daran erinnern, etwas gesagt zu haben, denn in dem Moment, in dem Ru den Hund entdeckte, sah er mich fragend an: »Guck, da kommt ein Hund. Arbeiten wir jetzt am Entspannungsprotokoll?« Im Lauf des Tages reagierte er auf alle anderen vorbeilaufenden Hunde auf dieselbe Art.

Maggie: Der Kinderschreck

Es brauchte eine enorme Menge Arbeit, bis Maggie in der Nähe von Kindern so entspannt war, dass sie mich in Obediencekursen unterstützen konnte. Als Welpe knurrte und schnappte sie nach jedem Kind, das in ihre Nähe kam. Das löste ich zu Beginn über Mikromanagement und sorgte so dafür, dass es zu keinen Unfällen mit den Kindern der Besitzer oder Schüler kommen konnte. Im Lauf ihrer Karriere als meine Assistentin erreichte Maggie den Punkt, an dem sie, selbst wenn Kinder direkt auf sie zukamen und sie streichelten, vollkommen entspannt und ruhig bleiben konnte. Das war für sie eine große Leistung.

Bevor sie an dem Punkt war, an dem ich Kindern erlauben konnte, sie anzufassen, fragte mich eine Schülerin, ob ihr Sohn mit Maggie spielen könne. Ich erklärte ihr, dass Maggie Angst vor kleinen Kindern hat und er sie deswegen nicht streicheln dürfe, er aber gerne einen Ball für sie werfen könne. Ich gab dem Jungen einen Ball. Dann wurde ich durch die Frage einer anderen Schülerin abgelenkt und vergaß darüber, das Spiel zu beaufsichtigen. Nach einigen Minuten der Unterhaltung bekam ich ein komisches Gefühl und drehte mich um, um nach Maggie zu sehen. Die lag auf ihrer Decke und starrte mich an. Der kleine Junge saß neben ihr auf der Decke und hatte seine Arme um sie geschlungen, sein Gesicht direkt neben ihrem. Ich war kurz vor einem Herzinfarkt, doch dann nahm ich den Ausdruck in Maggies Gesicht wahr: »Ich fühle mich schrecklich in dieser Situation, aber ich liege auf meiner Decke und vertraue darauf, dass ich hier sicher bin und Du dafür sorgen wirst, dass das Kind wieder weggeht; ich habe darauf gewartet, dass du es bemerkst, und Dich darum kümmerst!« Ich lächelte sie an und bat den Jungen ruhig, sich wieder zu seiner Mutter zu setzen.

Weil ich abgelenkt war, als ihr schlimmster Albtraum sie heimsuchte, hatte sie keinen direkten Zugang zu mir und nutzte ihre Decke als sicheren Ort. Ich hätte es unter keinen Umständen zu dieser Situation kommen lassen dürfen, aber es zeigte mir wie sicher Maggie inzwischen »deckentrainiert« war.

Die vier Schritte der Deckenarbeit

Nach der Veröffentlichung meines Buches *Stressfrei über alle Hürden* entschied ich mich, die Deckenarbeit in vier aufeinander aufbauende Schritte zu unterteilen.

Schritt Eins: Die Technik

In diesem Schritt lernen Sie die Technik, d. h. wie Sie Ihrem Welpen ein Signal beibringen können, das bedeutet: »Orientiere Dich zur Decke, geh zu ihr und leg Dich auf sie, bis Du dein Freizeichen hörst.«

- Besorgen Sie sich eine neue Decke, ein Hundebett oder ein Handtuch (Ich persönlich bevorzuge eine Reisedecke wie die »Mutt Mats«; erhältlich unter www.cleanrun.com.) und untersuchen Sie sie in Anwesenheit Ihres Welpen, als ob Sie noch nie etwas Faszinierenderes gesehen hätten. Zeigen Sie sie einer anderen Person im Raum, falls eine in der Nähe ist, und erforschen Sie die Decke gemeinsam. Auf diese Weise wird Ihr Welpe neugierig und die Decke mit großer Wahrscheinlichkeit direkt selbst untersuchen, sobald Sie sie auf den Boden legen. Clicken Sie in dem Moment, in dem er Interesse an ihr zeigt, und legen Sie ein Leckerchen auf die Decke.

Reisedecken wie die »Mutt Matts« sind praktisch für die Arbeit unterwegs.

- Legen Sie solange weitere Leckerchen auf die Decke, wie Ihr Welpe auf ihr bleibt. An diesem Punkt ist es egal, ob er sitzt, liegt oder steht; solange er sich auf der Decke befindet, regnet es Leckerchen. Falls er sich nur zur Hälfte auf ihr befindet, ist es Ihre Entscheidung. Ich würde ihn zunächst dafür belohnen, damit er sich sicher fühlt, aber die Kriterien so bald wie möglich steigern, bis er versteht, dass sich sein ganzer Körper auf der Decke befinden soll. Denken Sie daran: Solange Ihr Welpe sich auf der Decke aufhält, macht er nichts »falsch«!

Geben Sie Leckerchen, solange Ihr Welpe sich auf der Decke befindet. Zu Beginn interessiert uns nur, dass er auf der Decke ist.

Dieser Welpe kehrt nach seiner Belohnung direkt auf die Decke zurück

- Als Nächstes führen Sie Ihr Freizeichen ein. Entlassen Sie Ihren Welpen ruhig von der Decke. Falls er förmlich »auf der Decke festgeklebt« ist, können Sie ihn durch Rückwärtslaufen oder Klatschen animieren. Er sollte sich zu Beginn aber nicht zu weit von der Decke entfernen, sondern direkt neben ihr stehen. Belohnen Sie ihn dafür, zu Ihnen zu kommen, sobald er die Decke verlassen hat, und warten Sie dann ab, ob er wieder Interesse an der Decke zeigt. Sobald er sich ihr zuwendet, clicken Sie und werfen wieder ein Leckerchen auf die Decke. Der Spaß beginnt von vorn! Treten Sie jedes Mal, wenn Sie Ihr Freizeichen geben, einen kleinen Schritt weiter von der Decke zurück, so dass er sich bei jeder Wiederholung ein kleines bisschen weiter von der Decke entfernen muss. Auf diese Weise bringe ich den Hunden das Konzept der Distanz bei.

- An irgendeinem Punkt wird Ihr Welpe beginnen, auf der Decke ein bestimmtes Verhalten, wie Sitz oder Platz anzubieten. Ich bevorzuge das Platz als automatische Reaktion auf der Decke. Machen Sie das Platz zu einem tollen Spiel, bevor Sie die Decke einführen, dadurch steigt die Wahrscheinlichkeit, dass Ihr Welpe genau dieses Verhalten auf der Decke anbietet. Ja, Sie können auch »schummeln« und ihm auf der Decke das Signal für das Platz geben, aber die Decke sollte auch unabhängig davon zum eigenständigen Signal für das Platz werden. Auch hier würde ich für eine hohe Belohnungsrate für das Platz außerhalb der Decke sorgen und in dem Moment clicken und verstärken, in dem der Welpe das Platz von sich aus auf der Decke anbietet.

Dieser Welpe bietet das Sitz auf der Decke an. Auch wenn ich es zu Beginn belohne, forme ich es mit der Zeit in ein Platz um.

- Sobald Ihr Welpe gelernt hat, sich auf eine von Ihnen entfernt liegende Decke zu legen, können Sie das Signal einführen. Dieses hat vier Bedeutungen: »Orientiere Dich zur Decke. Geh zu ihr. Leg dich auf sie. Bleib liegen, bis Du Dein Freizeichen hörst.« Mein Signal ist: »Geh auf deine Decke.« Falls Ihr Welpe die Decke verlässt, bevor Sie das Freizeichen gegeben haben, schicken Sie ihn einfach wieder zurück und entlassen Sie ihn dann von der Decke. Für das Zurückgehen bekommt er kein Leckerchen. Ihr Welpe sollte von Anfang an lernen, so lange auf der Decke zu bleiben, bis Sie das Freizeichen geben. Dafür bekommt er in unregelmäßigen Abständen Leckerchen auf der Decke, bis er das Freizeichen hört.

- Falls Ihr Welpe clickertrainiert ist, kann es passieren, dass er Ihnen auf der Decke auch andere Verhaltensweisen wie Winken, Bellen oder den Kopf zwischen den Pfoten zu verstecken anbietet. Verstärken Sie keines dieser Angebote. Im Stressfrei-Programm dient die Decke dazu, dem Hund beim Entspannen zu helfen. Hunde, die auf der Decke mit allen möglichen Verhaltensweisen um sich werfen, können sich nicht entspannen. Falls der Hund also, nachdem er bereits gelernt hat, dass das Platz das tollste Verhalten auf der Decke ist, andere Verhaltensweisen anbietet, rufe ich ihn mit seinem Freizeichen von der Decke. Ich gebe ihm dafür kein Leckerchen, aber eine neue Möglichkeit, sich etwas zu verdienen, indem ich ihm erneut das Signal für die Decke gebe. Wenn Sie öfter in diese Situation kommen, legen Sie die Decke einen Moment zur Seite und frischen das Platz ohne Decke auf, bis es zum Standardverhalten wird. Überprüfen Sie Ihren Trainingsplan, Ihr Timing und Ihre Belohnungsrate. Ihr Welpe sollte nicht das Gefühl haben, dass er Ihnen alles anbieten muss, was ihm einfällt, nur weil Sie ein Leckerchen in der Tasche haben. Das ist ein weiterer Grund dafür, dass ich Standardverhalten liebe.

Schritt Zwei: Bar geöffnet, Bar geschlossen

Den Ausdruck »Open Bar, Closed Bar« hat die Hundetrainerin Jean Donaldson geprägt. Für den Welpen ist es der erste Schritt beim Lernen, dass es eine gute Sache ist, wenn sich ihm Hunde oder Menschen nähern, solange er sich auf der Decke aufhält. Und es ist ein wichtiger Schritt beim Lernen, in der Nähe aufregender Ablenkungen entspannt und fokussiert zu bleiben.

Geben Sie Ihrem Welpen das Signal, auf seine Decke zu gehen. Bitten Sie einen Freund darum, sich der Decke zu nähern. *Vergessen Sie nicht, diesen Übungsschritt an das Temperament Ihres Welpen anzupassen!* Falls er auf näherkommende Personen beunruhigt reagiert, bitten Sie Ihren Helfer, sich eher von der Seite zu nähern anstatt frontal auf den Welpen zuzugehen. Falls Ihr Welpe zu sehr aufdreht, wenn sich ihm Personen auf einen halben Meter nähern, bitten Sie Ihren Helfer, einen Meter Abstand zu halten. Sie können auch eine physikalische Absperrung zwischen Hund und Helfer legen, um dem Welpen die Sicherheit zu geben, dass der Mensch ihm nicht zu nahekommt (solange er nicht dazu bereit ist!). In anderen Worten: Denken Sie immer daran, unterhalb seiner Reizschwelle zu bleiben.

Dieser Sheltie-Welpe lernt, die Anwesenheit eines Fremden mit Leckerchen von seinem Hundeführer zu verknüpfen.

Warten Sie nicht darauf, dass Ihr Welpe ein bestimmtes Verhalten anbietet, sondern »öffnen Sie die Bar« und füttern Sie Ihren Welpen auf seiner Decke, während Ihr Helfer sich ihm nähert. Hören Sie in dem Moment auf zu füttern, in dem Ihr Helfer sich wieder abwendet. Das Ziel ist es, dass Ihr Welpe eine sich nähernde Person mit zwei Dingen verbindet: Mit Leckerchen und mit *Ihnen*. Darum ist auch das Deckentraining Teil des

»Lass es«-Trainings (»Ist das nicht alles?). Menschen, die sich der Decke nähern, stehen nicht zur Interaktion zur Verfügung. Aber Sie und Ihre Leckerchen sind verfügbar, sobald sich jemand der Decke nähert. So werden sich nähernde Personen zum Umgebungssignal für den Welpen, sich in Erwartung von etwas Leckerem in Ihre Richtung zu orientieren.

Einem Welpen, der Menschen liebt, wird dieses Vorgehen dabei helfen, sich in der Nähe von Ablenkungen besser auf seinen Hundeführer zu fokussieren; einem Welpen, der durch die Anwesenheit von Menschen beunruhigt wird, hilft es, sich zuversichtlich und entspannt zu fühlen, solange die »Decken-Regeln« gelten. Die Decken-Regeln bedeuten für den Welpen, dass er nicht auf sich ihm nähernde Personen oder Hunden reagieren muss, solange er auf der Decke liegt und dass er dafür Leckerchen von seinem Hundeführer bekommt. Dies nimmt Welpen, die bei der Begegnung mit neuen Menschen oder Hunden besorgt sind, den Druck zu interagieren. Der Druck ist weg, das Spiel kann beginnen.

Wann können Sie nun zum nächsten Schritt übergehen? Sobald Ihr Welpe Ihrem sich entfernenden Helfer sehnsüchtig hinterher sieht und zu sagen scheint: »Hey… komm wieder zurück! Solange du hier bist, bekomme ich tolle Leckerchen!« An diesem Punkt haben Sie den Trainingsschritt grundlegend erfüllt. Dennoch könnten Sie die Kriterien noch weiter steigern, indem Sie Ihren Helfer bitten:

- sich Ihrem Welpen weiter zu nähern,
- den Welpen direkt anzusehen, falls das nicht bereits Teil der Übung war,
- den Welpen anzusprechen, während er sich ihm nähert (»Ohhh, was für ein niedlicher Welpe. Was bist Du denn für einer? Ein Rottie-Poo?«),
- sich seltsam zu bewegen,
- einen Hund mit sich zu führen.
- während des Laufens etwas fallen zu lassen.
- Ihnen die Hand zu geben.

Hier habe ich die Kriterien gesteigert und nähere mich dem Welpen mit einem meiner Hunde.

Ich persönlich halte mich selten damit auf, jetzt all diese Kriterien einzeln nacheinander durchzugehen; sobald der Welpe das Prinzip verstanden hat, wechsle ich zum nächsten Schritt. Dieselben Kriterien gelten aber auch für Schritt Drei und Vier, und *dort* wende ich sie ebenfalls an.

Schritt Drei: Informelles »Guck mal da«-Spiel auf der Decke

Im folgenden Abschnitt möchte ich Ihnen eine Möglichkeit beschreiben, das »Guck mal da«-Konzept mit Hilfe einer Decke zu trainieren.

Bitten Sie Ihren Helfer erneut, sich der Decke zu nähern, aber warten Sie diesmal, bevor Sie die Leckerchen-Bar öffnen. Warten Sie zunächst darauf, dass Ihr Welpe sich in Richtung auf Ihren Helfer orientiert. Warten Sie weiter; öffnen Sie umgehend die Leckerchen-Bar, sobald Ihr Welpe sie anschließend ansieht. Bitten Sie Ihren Helfer, sich wieder zu entfernen und schließen Sie die Bar.

In diesem Schritt lernt Ihr Welpe, dass er sich auf der Decke Leckerchen damit verdienen kann, sich Ihnen zuzuwenden, wenn er etwas in der Umgebung bemerkt. Geben Sie Ihrem Welpen während dieses Schritts keine Signale, lassen Sie es ihn selbst herausfinden.

Warten Sie darauf, dass sich Ihr Welpe in Richtung auf den sich nähernden Helfer orientiert. Öffnen Sie die Bar, sobald er zurück zu Ihnen sieht.

Bitten Sie Ihren Helfer anzuhalten, falls Ihr Welpe sich nicht nur kurz in die Richtung der sich nähernden Person orientiert, sondern diese aktiv beobachtet. Lassen Sie den Welpen erst weitergehen, wenn er sich zurück zu Ihnen orientiert hat. Eventuell geben Sie Ihrem Welpen eine kleine Hilfestellung, indem Sie seine Aufmerksamkeit mit Schnalzen oder seinem Namen wieder auf sich lenken, damit Sie ihn belohnen können. Falls Sie ihm jedoch öfter als ein oder zwei Mal auf diese Weise helfen müssen, arbeiten Sie offensichtlich *über der Reizschwelle* und müssen den aktuellen Schritt anpassen.

Wesentlich häufiger tritt an dieser Stelle jedoch das Problem auf, dass Ihr Welpe sich nach dem Training von Schritt Eins überhaupt nicht mehr in die Richtung Ihres Helfers orientiert und vollkommen auf Sie und die Leckerchen fixiert ist. In diesem Fall können Sie Ihren Helfer nach einem kurzen Lächeln in Richtung Ihres Welpen neugierig ansehen, in der Hoffnung, dass er Ihrem Blick folgen wird. Irgendwann wird Ihr Welpe sich auf nichts anderes mehr fokussieren wollen als auf Sie. Das bedeutet, dass er die Decken-Regeln verstanden hat. Es ist an der Zeit für Schritt Vier.

Schritt Vier: Das eigentliche »Guck mal da«-Spiel auf der Decke

Sie können Ihrem Welpen das »Guck mal da«-Spiel auf der Decke beibringen. Wenn Sie dies tun, achten Sie sehr sorgfältig darauf, dass er das Spiel auch im Stehen, Sitzen oder Liegen spielen kann. Legen Sie Wert darauf, zu vermitteln, dass es in diesem Spiel um die Position seines Kopfes geht, *egal, was der Rest seines Körpers gerade macht.* Im Normalfall beginne ich dieses Spiel, während der Welpe steht. Unabhängig davon können Sie als weiteren Weg zum »Guck mal da«-Spiel auch ein Signal auf die in Schritt Drei trainierte Orientierung zu einem Stimulus legen. Diese Vorgehensweise eignet sich besonders für Welpen, die alles berühren wollen, auf das sie schauen sollen, oder für nervöse Welpen, die sich auf der Decke sicherer fühlen. Außerdem ist sie gut für die Arbeit an fortgeschrittenen Zielen wie zum Beispiel das »Guck mal da«-Spiel in Anwesenheit von rennenden oder zerrenden Hunden, wenn es dem Welpen schwerfällt, nicht aufzustehen und hinterherzurennen. Während die Decken-Regeln gelten, fällt es den Welpen wesentlich leichter, sich zu beherrschen, und es ist viel einfacher »Guck mal da, ein Hund rast über die A-Wand« zu spielen, während sie auf der Decke liegen. Mit der Zeit kann die Decke dann ausgeschlichen werden.

Bisher klingt dieser Schritt genauso wie Schritt Drei; der Unterschied ist, dass Sie Ihrem Welpen jetzt das »Guck mal da«-Signal geben, bevor er sich in die Richtung Ihres Helfers orientiert. Sehen Sie selbst, sobald Sie das Signal gegeben haben, zur Ihrem Helfer und haben Sie Geduld, falls Ihr Welpe zunächst weiterhin Sie ansieht. Je weiter Ihr Welpe in diesem Spiel fortgeschritten ist, desto eher wird er sich »weigern«, Ihren Helfer anzusehen und lieber gleich zur zweiten Hälfte übergehen wollen, der Hälfte, die mit dem Leckerchen endet. Im normalen Alltag benötigen Sie an dieser Stelle das

»Guck mal da«-Spiel nicht mehr: Ihr Welpe ist jetzt bereit, mit Ihnen zu arbeiten und schenkt dem anderen Reiz keine Beachtung mehr. Jetzt wenden wir dieses Spiel nur dann an, wenn der Welpe einen Reiz visuell verarbeiten soll. Dieses Spiel kann mit wenigen Anpassungen auch in ein »Woher kommt das Geräusch?«-Spiel umgewandelt werden.

Sobald Ihr Welpe die Decken-Regeln sicher anwenden kann, hat er sich den offiziellen Stressfrei-Titel »Deckenprofi« verdient. Das Leben mit einem Deckenprofi-Welpen ist wesentlich einfacher, besonders im Unterricht oder bei Wettkämpfen. Sobald Sie das Leben mit einem Deckenprofi kennengelernt haben, wollen Sie es nie wieder eintauschen.

Dieser Welpe weist seinen Besitzer auf etwas Interessantes hin, das er in der Umgebung gesehen hat.

Die Geschichte eines Deckenprofis

Die Cattle Dog-Hündin meiner Schülerin Jen war die Erste, die es mit Hilfe ihrer Decke geschafft hat, die letzte Hürde (verzeihen Sie dieses Wortspiel) auf dem Weg zu einer erfolgreichen Turnierhundkarriere zu überwinden. Seither habe ich dieses Protokoll mit demselben Ergebnis bei vielen weiteren Hunden angewendet.

Cruzin war so weit im Stressfrei-Programm fortgeschritten, dass Sie bereit für ihren ersten Wettkampf war. Ursprünglich kam sie zu mir, weil die anderen Hunde im Parcours ihren Jagdtrieb weckten; sie fixierte sie und wollte sie jagen. Es dauerte fast ein

Jahr, um aus der Hündin, die sich bereits beim Anblick des langsam laufenden Easy in die Leine warf und in einer starrenden, geduckten, lauernden Haltung »feststeckte«, eine zuverlässige Hündin zu machen, die ohne Leine am Agilityunterricht teilnehmen konnte, ohne den Fokus von ihrer Hundeführerin zu nehmen. Cruzin wurde tatsächlich so gut darin, alle anderen Hunde zu ignorieren, dass es ihr nicht einmal mehr etwas ausmachte, als Easy eines Tages hinter ihr in den Slalom rannte. Dabei lernte ich zwei Dinge: Erstens gab es einen Punkt, an dem selbst Easy in seiner Rolle als »Hilfshund« über seine Reizschwelle kam, und zweitens, dass Cruzin selbst einen Hund, den sie früher nicht einmal im ruhigen Tempo an der Leine ertragen konnte, *jetzt sogar mit Höchstgeschwindigkeit hinter ihr im Slalom einfach ausblenden konnte.* Nach dem Slalom rannte sie zu ihrer Hundeführerin, um mit ihr zu spielen.

Cruzin hatte also bereits tolle Fortschritte gemacht, aber als es um richtige Wettkampfsituationen ging, zeigte sich eine Reihe weiterer Probleme. Während sie auf ihren Durchgang wartete, konnte sie sich sehr gut auf ihre Hundeführerin konzentrieren. Aber sobald Sie den Platz betrat und den aktuell laufenden Hund am Ende seines Durchgangs beobachten konnte, verfiel sie wieder in die alten lauernden und fixierenden Verhaltensweisen – bis zum Platzen angespannt. Auch wenn Cruzin dennoch in der Lage war, sich wieder zu konzentrieren und den Parcours zu laufen, wollte Jen als großartige Schülerin und Hundeführerin an dieser Situation arbeiten, bevor sie sich verschlimmerte.

Meine erste Idee war, eine Decke zu verwenden, um das Thema anzugehen. Ich hatte das Gefühl, dass Cruzin als erfahrener Deckenprofi diese Reize von ihrer Decke aus gut ertragen könnte. Natürlich durfte Jen die Decke nicht mit auf den Platz nehmen, aber wir konnten zu Beginn des Trainings die Decke dafür nutzen, das Betreten des Rings in eine Deckentrainings-Herausforderung »umzuformen«. Ich veränderte die Trainingsumgebung so, dass sie einer Wettkampfsituation ähnelte und baute eine Reihe von Toren auf, die Cruzin zum Betreten des Rings durchqueren musste; einen Aufbau, den ich bereits öfter auf Wettbewerben gesehen hatte.

Ich legte die Decke vor das erste Tor und bat eine andere Schülerin, mit ihrem Hund ein paar der Hindernisse auf dem Platz zu nehmen und ihn dann durch ein anderes Tor zu verlassen. Jen sollte mit Cruzin einige Schritte von der Decke weggehen, den anderen Hund im Parcours beobachten und sie wieder auf die Decke schicken. Cruzin legte sich zwar auf die Decke, ließ aber den anderen Hund nicht einen Moment aus den Augen. Also bat ich Jen, Cruzin abzusetzen und sich dann auf die andere Seite der Decke zu stellen, damit sie sie zu sich rufen konnte, statt neben ihr zur Decke zu gehen. Das half Cruzin dabei, sich auf Jen zu fokussieren. Sobald sie auf der Decke lag, konnte Jen die Seite wechseln und das »Guck mal da«-Spiel mit ihr spielen. An diesem Punkt war Cruzins volle Aufmerksamkeit bei Jen und es war abzusehen, dass das weitere Training einfach werden würde, wenn wir beim Betreten des Rings trotz eines anderen Hundes einen halbwegs ruhigen Fokus erreichen könnten.

Als nächstes Kriterium ließ ich Jen Cruzin erneut zur Decke zu schicken, ohne sie mit ihrem Körper vom Geschehen im Ring abzublocken. In dem Moment, in dem Cruzin das Signal hörte, rannte sie zur Decke, ohne einen einzigen Blick in den Ring zu werfen. Ich begann, ihre Decke in Richtung auf die Startlinie zu verschieben. Sobald sie das Signal hörte, fixierte sich Cruzin fröhlich auf die Decke, ohne einen Gedanken an den Hund im Ring zu verschwenden. Jen belohnte sie auf der Decke und verließ danach mit ihr den Ring, um von vorne zu beginnen. Ich wusste, dass es der größte Verstärker für Cruzin sein würde, den Parcours laufen zu dürfen, also legte ich ihre Decke irgendwann direkt an die Startlinie. Jen gab außerhalb des Rings das Decken-Signal, und Cruzin lief, ohne durch den Hund im Parcours abgelenkt zu werden, direkt zur Startlinie. An diesem Punkt bat ich Jen, sie abzuleinen und ihr das Bleib-Signal zu geben. Wir ließen den anderen Hund noch einige Runden im Parcours drehen, während Jen Leckerchen auf Cruzins Decke warf. Sie war komplett fokussiert und arbeitswillig, also gab Jen, nachdem der andere Hund seinen Durchgang beendet hatte, das Freizeichen, und beide liefen gemeinsam begeistert den Parcours.

Auf diese Weise trainierten wir einige Wochen bis zum nächsten Wettkampf. Jen arbeitete mit Cruzin außerhalb des Rings eine Weile mit der Decke und während der Wartezeit auf den Start an einem Wechsel aus Luftholen und »Guck mal da« mit einem anderen Hund im Parcours. Als der Hund vor ihnen den Ring verließ, gab Jen Cruzin das Decken-Signal und diese lief, obwohl sie nicht so hyperfokussiert war wie im Unterricht, auf direktem Weg zur Startlinie, ohne dabei kopflos zu werden. Beim nächsten Durchgang ging es sogar noch besser. So etwas nennen meine Schüler den »Stressfrei IQ«.

Eine meiner Agility-Ausbilderinnen, Lesley Whitney, erklärte mir einmal, wie man ein Spielzeug hinter einem Hindernis so platziert, dass der Hund während des Betretens der Kontaktzone den Kopf gerade hält. Sobald er das Kontaktzonenverhalten zeigt, gibt sie das Spielzeug frei. Sie beginnt damit, den Hund zu einem auf dem Boden liegenden Target zu schicken, hinter dem mit einigem Abstand das Spielzeug liegt. Easy liebt diese Übung, also begann ich, dieselben Regeln während der Deckenarbeit anzuwenden. Es ist nicht nur eine tolle Übung zur Arbeit an der Selbstbeherrschung, sondern außerdem eine spielerische Möglichkeit zum Training der aktiven Aufmerksamkeit, sobald Ihr Welpe die Spielregeln versteht.

Doch nun zurück zu Cruzin. Während des Deckentrainings hatte sie bereits gelernt, zu ihrer Decke zu rennen, selbst wenn ihr Frisbee auf der anderen Seite lag. Mit Hilfe dieses Aufbaus brachten wir ihr bei, nach dem Decken-Signal die Decke zu suchen und sich auf sie zu legen, unabhängig davon, ob spannende Gegenstände in der Nähe der Decke lagen. Die richtige Ausführung führte natürlich zu einer Premack-Belohnung. Cruzin bekam ihr Freizeichen und durfte mit dem Frisbee spielen. Man kann dies mit der Situation vergleichen, in der ein Hund den Ring betritt, während ein anderer noch im Parcours läuft. Auf dem Weg in eine aufregende Situation sorgt die Decke für einen »Stop«, eine Pause und einen »komm wieder zu dir«-Moment.

Sobald Ihr Hund die Decken-Regeln verstanden hat, können Sie ein Spielzeug hinzufügen oder einen anderen Hund oder die Decke vor ein Plantschbecken legen – was auch immer ihn animiert. Sie können gemeinsam mit ihm zur Decke rennen oder ihn auf die Decke rufen, während Sie mit Ihrem Körper den Blick auf den Auslösereiz versperren, wie es Jen im oben genannten Beispiel getan hat. Für Sie ist die Situation sogar noch etwas einfacher als in Cruzins Beispiel, da Sie zusätzlich das »Lass es«-Signal geben können, bevor Sie Ihren Hund auf die Decke schicken. Wenn Sie das ausprobieren, werden Sie eventuell feststellen, dass das Spielzeug eine bestimmte Entfernung zur Decke haben muss, damit der Hund erfolgreich sein kann. Wie bei jedem Training müssen Sie darauf achten, es auf Ihren individuellen Hund anzupassen. Sie können ebenfalls einen Freund bitten, einen Fuß auf das Spielzeug zu stellen, um es abzusichern. Aber denken Sie immer daran, die Übung in so einem Fall wieder ein wenig einfacher zu machen.

28 Ausschalt-Spiele

Die Fertigkeiten, die Ihr Welpe in diesem Kapitel lernt, sind für seine weitere Ausbildung von großer Bedeutung, unabhängig davon, ob und welchen Sport er später ausüben wird. In der Stressfrei-Version dieser Übung nutzen wir das Standardverhalten und Biofeedback, um Ihrem Welpen dabei zu helfen, sich nach dem Spielen wieder zu beruhigen. Ihn als Erste Hilfe-Maßnahme nach einer aufregenden Aktivität einfach nur ins Sitz oder Platz zu schicken, ist an dieser Stelle nicht ausreichend. Wir werden dem Welpen beibringen, *sich selbst zu beruhigen*, bevor das Spiel fortgesetzt wird.

Sie kennen sicher die Sitzhaltung, in der Ihr Hund gespannt wie eine Sprungfeder mit dem Hinterteil den Boden berührt, etwa an der Startlinie beim Turnier. Sie können dieses Sitz zwar auch in den Ausschalt-Spielen anwenden, wenn Sie eine schnelle Kontrollmöglichkeit benötigen, machen Sie sich dabei aber bewusst, dass es nur eine Erste Hilfe Maßnahme ist. Es hilft Ihrem Welpen nicht dabei, seinen Erregungspegel zu senken. In anderen Worten: Es gibt keine Garantie dafür, dass Ihr Welpe sich ohne zusätzliche Hilfe beruhigt, nur weil Sie ihm nach einem Zerrspiel das Signal für ein Sitz geben. Das »Aufbauen«, d.h. die stehende Ausstellungspose, ist eine weitere Alternative.

Um das Ausschalt-Spiel spielen zu können, sollte Ihr Welpe außerdem mindestens eine anregende Aktivität kennen. Ich vermute mal, das wird kein Problem sein! Den Fall, dass Ihr Welpe nicht gerne mit Spielzeugen spielt, bespreche ich im nächsten Kapitel, wenn es um das »Mach mal Pause«-Spiel geht. Das Spiel mit einem Spielzeug ist, obwohl es natürlich eine schöne Aktivität ist, keine Bedingung für das Training der Ausschalt-Spiele. Sie können stattdessen auch einfach mit Ihrem Welpen herumrennen oder ihn überschwänglich streicheln, wenn er durch Berührung sehr aufgeregt wird. Jede aufputschende Aktivität funktioniert, um das Ausschalt-Spiel zu beginnen. Mit Hilfe des Spiels können Sie Ihrem Welpen beibringen, sich nach *jeder* überstimulierenden Aktivität wieder zu beruhigen.

Im folgenden Abschnitt verwende ich das Zerrspiel als Beispiel für eine überstimulierende Aktivität. Finden Sie heraus, nach wie vielen Sekunden des Spielens Ihr Welpe von einem »aufgeregt, aber noch in der Lage zu denken«-Status in den »BANZAI«-Ausnahmezustand gerät. Beginnen Sie anschließend ein Zerrspiel mit ihm und zählen Sie gedanklich die Sekunden, während Sie Ihren Welpen genau beobachten. Versuchen Sie ihn so nah wie möglich an den »BANZAI«-Zustand zu bringen. Stoppen Sie dann Ihre Bewegung und geben Sie Ihr Bestes, um ruhig wie ein Baum zu stehen: Das sollte das Signal für das Standardverhalten Ihres Welpen sein. Die meisten Welpen werden das Spielzeug fallen lassen, wenn sie ihr Standardverhalten zeigen.

Easys Standardverhalten ist das Sitz und falls er am Ende des Zerrspiels das Spielzeug im Maul behält, ist es ein sicheres Zeichen dafür, dass er bereits über der »BANZAI«-Reizschwelle ist. Er sieht dann mit glasigen Augen in einer Art Trancezustand in die Ferne (während Snaps Terrier-Augen einen harten Ausdruck annehmen, der zu sagen scheint: »Dieses Spielzeug muss *STERBEN*«). Falls das passiert, stehe ich einfach still, halte das Spielzeug mit geschlossenen Händen auf Hüfthöhe und warte darauf, dass der Hund wieder zurück auf die Erde kommt und das Spielzeug fallen lässt. Wenn Ihr Welpe also nicht aufhört, am Spielzeug zu zerren, obwohl Sie bereits still wie ein Baum stehen, halten Sie das Spielzeug ruhig auf Hüfthöhe fest und warten Sie. Beobachten Sie seine Augen und stellen Sie sich vor, wie sein Blick weicher wird. Um den Ablauf zu beschleunigen, geben Sie in dem Moment, in dem er das Spielzeug loslässt, das Markersignal und anschließend das Spielzeug zurück. Sie können ihn während dieses Prozess auch am Halsband halten, langfristig möchte ich aber erreichen, dass der Welpe ohne diese »Hilfe« in der Lage ist, das Spielzeug loszulassen.

Wie immer ist auch an dieser Stelle Premack unser bester Freund. Die Nachricht ist: »Immer wenn Du das Spielzeug loslässt, bekommst Du es zurück.«

Im weiteren Verlauf des Trainings können Sie das Biofeedback mit dem Ausschalt-Spiel kombinieren. Das könnte wie folgt aussehen:

- Sie laden Ihren Welpen zu einem Zerrspiel ein.
- Sie bringen ihn bis an die Grenze des »BANZAI«-Zustands, stoppen dann das Spiel und werden ein Baum.
- Ihr Welpe zeigt sein Standardverhalten und lässt das Spielzeug fallen.
- Geben Sie dem Welpen das Signal zum Luftholen oder belohnen Sie ihn für ein ruhiges Blinzeln, entspannte Ohren oder eine langsamere Schwanzbewegung.
- Sobald Ihr Welpe einen ruhigen Ausdruck annimmt, starten Sie das Spiel mit einem »Feeeeeertig? Los!« erneut.

Sie können ebenfalls die Decke in das Training integrieren. Anstelle des Standardverhaltens geben Sie Ihrem Welpen dann das Signal, auf seine Decke zu gehen. Sie können das Biofeedback anwenden, während er sich auf der Decke befindet, und ihn anschließend wieder für ein Zerrspiel zu sich rufen. In einigen Fällen hilft die Decke dem Welpen dabei, sich schneller wieder zu beruhigen. Es ist außerdem hilfreich in Unterrichtssituationen, in denen der Welpe für eine Aufgabe zum Beispiel mit einem Zerrspiel belohnt wird und anschließend zurück auf die Decke (oder in seine Transportbox) neben Ihrem Stuhl zurückkehrt. Sie können auch in diesem Zusammenhang nach den beschriebenen Biofeedback-Verhaltensweisen fragen und die gesamte Unterrichtssituation als komplexes Ausschalt-Spiel betrachten.

Ich möchte, dass die Welpen dieses Spiel auf einer physiologischen Ebene lernen. Damit meine ich, der Welpe soll lernen, wie es sich *anfühlt*, sich zu beruhigen, nachdem ihn etwas aufgeregt hat. Das ist eine großartige Fertigkeit für das komplette Leben Ihres Hundes, und es macht Spaß es auf die beschriebene Weise zu trainieren. Wird er eine Sekunde nach dem Zerrspiel tiefenentspannt sein? Nein. Aber ich versuche, es zu erreichen. Das Ziel ist es, jedem Welpen beizubringen, sich schnell zu beruhigen. Es geht nicht darum, auf Null herunterzufahren. Wie viel Entspannung Sie wünschen, hängt von Ihren persönlichen Vorlieben und Kriterien ab.

Was ist, wenn der Welpe sein Spielzeug einfach nicht fallen lässt? Dann müssen Sie zunächst einzeln am Ausgeben / Tauschen arbeiten. In der Zwischenzeit können Sie weiterhin die Ausschalt-Spiele trainieren – nur ohne Spielzeug. Rennen Sie stattdessen wild mit Ihrem Welpen durch die Gegend. Was ist, wenn der Welpe nicht sein Standardverhalten anbietet, sobald Sie stillstehen? In diesem Fall hat er wohl noch kein wirklich sicheres Standardverhalten gelernt. Kehren Sie zurück zu diesem Schritt, bevor Sie mit dem Training der Ausschalt-Spiele fortfahren.

Wie helfen die Ausschalt-Spiele dabei, den Fokus zu trainieren? Wenn Ihr Welpe nicht leicht aus dem »BANZAI«-Zustand zurück zum Denk-Zustand überwechseln kann und er Probleme damit hat, in seinem Erregungszustand klar zu denken und Agilityhindernisse oder andere Aufgaben erfolgreich zu bewältigen… Muss ich diesen Satz wirklich beenden?

Sky: Maul ohne Gehirn

Sky war eine bezaubernde junge Hündin mit einer sehr niedrigen Reizschwelle. Sie stammte aus einer Arbeitsretriever-Linie und bereits der Anblick von Spielzeug war zuviel für sie. Wegen ihrer Erregbarkeit wurde ihrer Hundeführerin empfohlen, die Welpengruppe zu verlassen und zu mir zum Einzeltraining zu kommen. Schon ein verbales Lob durch ihre Hundeführerin – wie »Gutes Mädchen« in einer fröhlichen Stimmlage – brachte Sie dazu, an ihrer Hundeführerin hochzuspringen und sie mit feuchten Küssen zu übersäen. Als ich sie in diesem Zustand erlebte, kam mir sofort die Umschreibung »Maul ohne Gehirn« in den Sinn.

Während ich Sky im Umgang mit ihrer Hundeführerin Erica beobachtete, formulierte ich schnell einen Trainingsplan. Ich wollte alle ihre weiteren Lernerfahrungen in Ausschalt-Spiele umwandeln.

Zunächst benötigte sie die Grundlagen: Sie brauchte ein sicheres Standardverhalten und musste lernen, Luft zu holen und sich zu beruhigen. Ich erklärte Erica, es reiche nicht aus, ihr einfach nur das Sitz-Signal zu geben; ich wollte, dass es ein Standardverhalten wird, damit Sky lernt, auch in einem Erregungszustand darüber nachzudenken. Standardverhalten motivieren Welpen, aufmerksam zu bleiben: Sie müssen selbst herausfinden, welche Verhaltensweisen sich lohnen und nicht immer nur gesagt bekommen, was sie als nächstes tun sollen. Es gibt ihnen die Verantwortung für ihr eigenes Handeln.

Ich holte Easy, um es Erica zu demonstrieren und machte sie auf den Ausdruck aufmerksam: Wenn er mich mit geschlossenem Maul und geweiteten Nasenlöchern anschaute, sah er viel ruhiger aus, als wenn er sich einfach nur hinsetzte. Dann stellte ich mich mit einem Frisbee in der Hand neben den Slalom. Easy raste zu mir und warf sich neben mir in ein Sitz. Das war ein schönes Beispiel für das Standardverhalten: Er wollte ganz offensichtlich durch den Slalom rennen und mit dem Frisbee spielen und bat mich darum mit seinem Verhalten.

Anschließend zeigte ich ihr einige »Lass es«-Schritte, indem ich das Frisbee in der ausgestreckten Hand hielt – das Signal für Easy, Blickkontakt mit mir aufzunehmen. Er konnte den Blickkontakt auch halten, wenn ich das Frisbee zur Seite oder hinter mich warf. Ich schickte Easy los, sein Spielzeug zu apportieren, und stoppte ihn ganz kurz, bevor er es fangen konnte. Er drehte auf dem Absatz um, kam zu mir zurück und setzte sich. In dieser Situation erwarte ich das Standardverhalten nicht. Ich möchte nur, dass er die Jagd unterbricht und sich zu mir orientiert. Aber es war ein perfektes Beispiel, weil seine Kombination von »Lass es«- und Standardverhalten genau das war, was ich Erica als Trainingsmöglichkeit vermitteln wollte. Ich erzähle den Leuten oft, dass all meine Spiele durch ein paar mächtige Konzepte miteinander verbunden sind, und dafür war es ein wundervolles Beispiel.

Die Frisbeescheibe in meiner ausgestreckten Hand ist das Signal für Easy, Blickkontakt mit mir aufzunehmen. Ich kann das Frisbee sogar werfen, ohne dass er den Blickkontakt unterbricht.

Nun war es an der Zeit für Sky, das Luftholen zu lernen. An diesem Punkt kannte sie bereits das Standardverhalten Sitz. Wenn ich die Leckerchen aus der Tasche holte, setzte sie sich höflich vor mich; falls ich jedoch ein Spielzeug in der Hand hatte, sprang sie an mir hoch. Das Anspringen war also ihr Standardverhalten in einem bestimmten Erregungszustand. Ich beobachtete, dass Sky überall an Erica herumsprang, etwa wenn diese etwas aus der Tasche holen wollte, in der Skys Spielzeuge aufbewahrt wurden. Also beschloss ich, an diesem Punkt anzusetzen.

Ich legte die Tasche auf einen Stuhl und nahm sie, falls Sky sich ihr nähern wollte, in die Hand und drehte mich weg. Sobald sie wieder alle Pfoten am Boden hatte, legte ich die Tasche zurück auf den Stuhl. Mein Ziel war es, ihr beizubringen: »Die Tasche liegt nur auf dem Stuhl, wenn Deine Pfoten auf dem Boden sind.« Solange Sky stehenblieb, kramte ich in der Tasche herum und wunderte mich lautstark, was für tolle Dinge darin sein könnten. Sobald Sie zu springen begann, entfernte ich die Tasche. Als Sky schließlich ruhig neben mir stehen konnte, holte ich ihren pinkfarbenen Plüschhasen aus der Tasche und hielt ihn in die Luft. Sehr zum Erstaunen von Erica setzte Sky sich auf der Stelle hin, als ob sie meine Gedanken gelesen hätte.

Da sie sich sofort hingesetzt hatte, spielte ich eine Runde mit ihr und dem Hasen. Sie zerrte daran wie eine Verrückte, genau wie ich es liebe. Das Loslassen kannte sie bereits gut. Ich hielt das Spielzeug in der ausgestreckten Hand und wartete darauf, dass sie ihren Blick zum Start des »Lass es«-Trainings davon abwenden würde - aber sie sprang an mir hoch. Also nahm ich das Spielzeug hinter meinen Rücken und wendete mich von ihr ab. Sky riss sich zusammen und setzte sich hin, woraufhin ich einige Leckerchen nahm und sie mehrfach fürs Luftholen belohnte. Sie war nicht in der Lage, stillzusitzen, solange das Spielzeug in Sichtweite war. Wenn ich es aber hinter den Rücken hielt, konnte sie es, obwohl sie immer noch erregt war, weil sie ja genau wusste, wo sich das Stofftier befand. Nachdem Sky ein paar Mal Luft geholt hatte, durfte sie das Spielzeug jagen. Beim nächsten Durchgang konnte ich die Kriterien bereits steigern und sie dafür belohnen, beim Anblick des Hasen das Maul zu schließen. Auf diese Weise konnten wir wieder zum Doggie Zen zurückkehren, und dieses Mal sah Sky mich direkt an; also warf ich das Spielzeug erneut.

Beim nächsten Mal entschied ich mich dafür, mit dem Plüschhasen in der Hand herumzulaufen. Sky folgte mir aufgeregt und hüpfend, aber ohne mich anzuspringen. Und als ich anhielt, zeigte sie sofort ihr Standard-Sitz! Ihr Frauchen war sehr stolz auf sie. Ich erklärte Erica, dass ich diese Vorgehensweise als Einstiegs-Ausschalt-Spiel anwenden würde: mit dem Spielzeug in der Hand herumlaufen, stoppen und auf ihr Standardverhalten warten. Wenn sie mein Welpe wäre, würde ich mit ihr solange üben, bis sie ohne Leine, in Fußposition und mit Blickkontakt neben mir laufen könnte, während ich das Spielzeug in der Hand halte. Easy liebte dieses Spiel, als er jung war, und es machte die

Fußarbeit viel spannender, wenn ich daraus ein weiteres lustiges »Lass es«-Spiel mit Frisbee machte.

Anschließend kehrte ich zur etwas förmlicheren »Lass es«-Arbeit zurück und legte den Plüschhasen unter meinen Schuh. Ich erklärte Erica, dass ich clicken würde, sobald Sky den Kopf heben und mich ansehen würde, was auch nicht lange dauerte.

Dann zeigte ich Erica, wie sie die verschiedenen Bausteine anwenden könnte, um Sky beizubringen, sie während des Rennens nicht mehr anzuspringen. Wir brachten das »Rennen mit Frauchen« in eine Ausschalt-Spiel-Struktur, bei der beide gemeinsam ein paar Schritte liefen und Erica anschließend so lange stehenblieb, bis Sky ihr Standardverhalten zeigte. Sky wurde für ihr Standardverhalten und für das Luftholen belohnt und anschließend startete das Spiel von vorn. In Kombination mit dem »Lass es«-Training versetzte es Erica in die Lage, gemeinsam mit Sky zu rennen – selbst mit einem Spielzeug in der Hand – ohne dem »Maul ohne Gehirn« zum Opfer zu fallen. Jedes Mal, wenn die beiden dieses Spiel spielten, konnte Erica länger rennen und musste seltener anhalten – bis sie schließlich gemeinsam über den ganzen Platz rennen konnten. Sky blieb dabei erregt, war aber trotzdem anwesend genug, um nicht die Kontrolle zu verlieren.

Als ich Erica die Übungsfolge arbeiten ließ, dauerte es einige Minuten, bis Sky in der Lage war, ihr beim Durchsuchen der Tasche zuzusehen, ohne den Stuhl anzuspringen. Aber sie schaffte es und konnte Erica anschließend ruhig dabei beobachten, während diese verschiedene Spielzeuge aus der Tasche holte. Dann hielt Erica einen Ball hoch und wartete auf das Standardverhalten. Sky verlor die Beherrschung und sprang an ihr hoch. Ich bat Erica, den Ball zurück in die Tasche zu legen, die Tasche hochzunehmen und zu warten, bis Sky sich wieder beruhigt hatte. Sky kam schnell wieder zu sich und konnte anschließend gemeinsam mit Erica herumlaufen, sie beobachten, ihr Standard-Sitz einnehmen ohne zu versuchen, an das Spielzeug zu gelangen, und für Leckerchen Luft holen. Erica belohnte sie natürlich damit, dass sie ihr das Spielzeug überließ. Dieses Einzeltraining dauerte eine Stunde und zwanzig Minuten.

Das war der perfekte Start ins Training für Sky als Welpe an der Grenze zum Erwachsenwerden. Wer möchte schon mit einem ausgewachsenen und voll triebgesteuerten Labrador beginnen, an der Impulskontrolle zu arbeiten?

29 Das »Mach mal Pause«-Spiel

Das »Mach mal Pause«- Spiel ist der Stressfrei-Weg, auf dem der Welpe lernt, sich auch ohne Leine über längere Zeit auf Sie zu konzentrieren. Der Welpe wird ermutigt, selbstständig nach *mehr* Arbeit zu fragen, bevor der Hundeführer dies von einem müden oder abgelenkten Welpen einfordert! Hunde, die normalerweise schon durch wenige Wiederholungen eines Verhaltens lernen, sprechen besonders gut auf diese Vorgehensweise an. Und für viele Hunde, die schnell die Kraft verlieren, ist das »Mach mal Pause«-Spiel hervorragend geeignet, um Ausdauer und Konzentrationsfähigkeit zu verbessern.

Das »Mach mal Pause«-Spiel zur Orientierung zum Hundeführer nutzen: Die Aufmerksamkeitsvariante

Die erste Variante des »Mach mal Pause«-Spiels – die Aufmerksamkeit – trainieren Sie, während Sie gemeinsam mit Ihrem Welpen laufen. Sie benötigen:

- Ein Freizeichen.
- Ein Signal, mit dem Sie Ihren Welpen einen Gegenstand in der Umgebung untersuchen lassen können, um diesen als Premack-Verstärker zu verwenden.

Eventuell werden Sie feststellen, dass bereits das Freizeichen allein ausreichend ist. Je besser Ihr Welpe jedoch in dem Spiel wird, desto genauer werden Sie ihn später auf die Ablenkungen hinweisen müssen.

Das »Frei« lehren

Manche Menschen teilen ihrem Hund scheinbar mühelos nur mit Hilfe ihrer Körpersprache mit, dass er seine Umgebung jetzt für einen Moment selbstständig untersuchen darf. Anderen Menschen fällt das jedoch schwer. In diesem Spiel müssen Sie Ihrem Welpen signalisieren können, irgendwohin zu gehen oder sich mit irgendwas zu beschäftigen. Wenn einer meiner Schüler an dieser Stelle Hilfe benötigt, lasse ich ihn den Hund am Halsband halten, während ein Leckerchen oder ein Spielzeug in gerader Linie von ihm wegrollt. Manchmal halte ich den Hund dabei sogar mit leichtem Zug nach hinten oder wie beim Flyball und rede aufmunternd mit ihm, um seine Motivation zu steigern, sich vorwärts zu bewegen. Dann gebe ich das Freizeichen, lasse los und der Welpe bewegt sich direkt von mir weg auf das Spielzeug oder Leckerchen zu. Denselben Ansatz wähle ich auch, um einem Hund im Agility das gerade Voraussenden beizubringen. Daher ist es eine »Zwei zum Preis für Eins«-Übung.

Auf diese Weise kann der Hundeführer seinen Welpen mit einem »Okay los!« (oder »Geh schnüffeln« oder »Geh den Hund begrüßen« oder einem beliebigen anderen Signal) in die Pause entlassen. Die gezielte Beschäftigung mit dem Übungsschritt, sich vom Hundeführer zu entfernen, erinnert die Leute daran, dass sie diesen Teil auch wirklich *brauchen*. Oft denken sie nur daran, den Hund beim Zurückkehren zu belohnen, vergessen aber, ihm vorher das Freizeichen zu geben.

Der wichtigste Punkt ist die Nutzung des Freizeichens, um dem Hund eine Pause zu geben, da dieses Spiel auf der Macht des Premack-Prinzips aufbaut.

Halten Sie Ihren Welpen am Halsband, während Sie ein Leckerchen in gerade Linie von ihm weg rollen. Geben Sie das Freizeichen und lassen Sie los.

Beginnen Sie damit, sich in einem abgegrenzten Bereich zu bewegen. Loben und belohnen Sie Ihren Welpen, sobald er sich Ihnen anschließt. Geben Sie anschließend Ihr Freizeichen, welches auch mit einem »Geh zu …«-Signal verbunden werden kann: »Okay, geh spielen!« Wenden Sie sich, während Sie das Signal geben, von Ihrem Welpen ab und gehen Sie weg. Behalten Sie Ihren Welpen dabei im Auge, damit Sie sofort das Markersignal geben können, wenn er sich wieder in Ihre Richtung orientiert. Geben Sie ihm ein Leckerchen, sobald er bei Ihnen angekommen ist, sagen Sie: »Okay, geh weg!«, drehen Sie ihm den Rücken zu und ändern Sie die Richtung.

Ab und an werfe ich einige Leckerchen auf den Boden, während ich mich abwende. Ich beobachte aus dem Augenwinkel, ob der Welpe sich mir wieder zuwendet, nach-

Hier bewege ich mich in einem mit Zaun und Ringgattern abgesperrten Bereich. Sobald der Welpe sich mir nähert, clicke ich und belohne ihn mit einem Leckerchen. Dann gebe ich ihm das Freizeichen und lasse ihn schnüffeln gehen.

dem er alle Leckerchen gefunden hat; so kann ich herausfinden, ob er die Aufgabe verstanden hat.

Viele neigen dazu, das Freizeichen in derselben Tonlage zu geben, in der sie ihren Welpen für das Zurückkommen loben und sie sind sich im Unklaren, wie sie mit Ihrer Körpersprachen dem Hund sagen können, dass jetzt Pausenzeit ist. Um das zu vermitteln, lasse ich meine Schülerin an Stelle des Hundes neben mir laufen, sage zu ihr »Gutes Mädchen, das ist großartig. Okay, geh spielen« und laufe weiter geradeaus, so wie es viele anfangs tun. Die Hundeführerin erkennt so, dass meine Körpersprache meinem Stimmsignal widerspricht und dass der Hund mit unklaren Informationen niemals lernt, worum es in diesem Spiel geht.

Anschließend laufe ich erneut mit meiner Schülerin, aber diesmal halte ich an und wende mich ihr mit einem »Okay« und einer »Alles fertig«-Bewegung meiner Hände zu, nachdem ich sie gelobt habe. Ich wende meiner Schülerin den Rücken zu und setze meine Bewegung in eine andere Richtung fort. Es muss für den Welpen ganz deutlich sein, dass Sie für diesen Augenblick die Interaktion beendet haben. Es den Schülern auf diesem Weg zu vermitteln, hilft ihnen, das nötige Timing und die Feinheiten der Übung zu verstehen.

Manchmal bitte ich meine Schüler auch, ihrem Hund jedes Mal, wenn er zu ihnen zurückkommt, drei Leckerchen zu füttern, um ihnen mehr Zeit dafür zu geben, sich auf das Freizeichen und das Umdrehen vorzubereiten.

Im Normalfall versteht der Welpe die Aufgabe schnell und beginnt, seinem Hundeführer im Trab zu folgen, nachdem er mit dem Freizeichen in die Pause entlassen wurde. Bei jedem Mal wird die Orientierung zum Hundeführer markiert, das Erreichen des Hundeführers belohnt und der Hund mit dem Freizeichen in die nächste Pause geschickt. Manche Schüler versteifen sich zu sehr auf die »Fuß-Position« und ich muss sie daran erinnern, dass die Orientierung zum Hundeführer belohnt werden soll und nicht das Pausieren. Lassen Sie uns die Dinge an dieser Stelle nicht unnötig verkomplizieren! Das Ziel ist es, dass Ihr Welpe die Pause »verweigert« und seinem Herrchen beim Herumlaufen folgt. Über die Position des Hundes in Relation zu Ihrem eigenen Körper machen Sie sich bitte zu einem anderen Zeitpunkt Gedanken.

Der Welpe folgt mir umgehend, nachdem ich ihn für eine Pause freigegeben habe.

Fokus und Trieb für komplexere Aufgaben aufbauen: Die Stuhlvariante

In dieser Variante des Spiels nutze ich häufig einen Stuhl, auf den sich der Hundehalter nach dem Freizeichen setzen kann. Ich mag den Stuhl aus drei Gründen:

- Er gibt dem Hundeführer eine konkrete Aufgabe und sorgt für eine klare Körpersprache.
- Er kann als eine Art Neustart-Knopf verwendet werden: Wenn Ihr Welpe während der Arbeit den Fokus verliert, setzen Sie sich einfach auf den Stuhl. Ihr Welpe wird zu Ihnen zurückkommen, ohne dass Sie herumlaufen müssen, um ihn wieder einzufangen, falls er nicht reagiert (eines meiner Hauptärgernisse mit meinen Schülern).

- Er hilft dabei, den Welpen in einem Übungsmuster zu halten: Der Kleine rennt bereits zum Stuhl, bevor Sie sich setzen und »Bleib hier, wir sind noch nicht fertig« sagen können.

Bei der Aufmerksamkeitsvariante des Spieles benötigen Sie keinen Stuhl, da Sie Ihren Welpen dafür belohnen wollen, sich Ihnen anzuschließen, egal wo Sie sich gerade bewegen; in der Stuhlvariante geht es Ihnen darum, ein Verhalten, das unabhängig von Ihrer Position ist, zu belohnen (außer Sie arbeiten gerade am Bei-Fuß-laufen).

Dieser Welpe orientiert sich zu mir, während ich auf dem Stuhl sitze.

Sobald Ihr Welpe in der ersten Variante sicher ist und Ihnen ohne Leine außerhalb des Trainingsbereiches folgen kann, Ihr »Geh weg« nicht ernst nimmt und darauf besteht, bei Ihnen zu bleiben, können Sie das Training der zweiten Variante beginnen.

Stellen Sie Ihren Stuhl im Trainingsbereich auf und beginnen Sie das Training eines Verhaltens wie Sitz oder Platz oder üben Sie ein Agilityhindernis. Geben Sie das Signal einige Male *am anderen Ende des Trainingsbereiches, damit Sie genug Platz haben, um sich umzudrehen und zum Stuhl zu laufen*. Belohnen Sie jede Wiederholung des Verhaltens. Dann geben Sie Ihrem Welpen entweder das Freizeichen oder werfen Sie ein Leckerchen (was ich gerne mache) und gehen zu Ihrem Stuhl. Warten Sie darauf, dass Ihr Welpe sich zu Ihnen auf dem Stuhl orientiert.

Loben Sie Ihren Welpen überschwänglich, wenn er Ihren Stuhl erreicht, und rennen Sie gemeinsam mit ihm wieder ans andere Ende des Trainingsbereiches. Geben Sie einige

Male das Signal für das zu trainierende Verhalten und belohnen Sie jede Wiederholung. Wie viele? Fordern Sie immer nur so viel von Ihrem Welpen, dass es keine Plackerei für ihn wird. Der eine Welpe kann vielleicht fünf Mal ins Platz gehen, während es für einen anderen bereits nach einem Mal genug ist. Geben Sie Ihrem Welpen das Freizeichen und gehen Sie zügig zurück zu Ihrem Stuhl.

Dieser Border Collie Welpe wird für das Bei-Fuß-Gehen belohnt und kehrt nach dem Freizeichen direkt zum Stuhl zurück, um das Spiel erneut zu starten.

Wann können Sie vom Stuhl aufstehen?

Manche Welpen werden Ihnen direkt zum Stuhl folgen, während andere schon belohnt werden sollten, wenn Sie Ihre Rückkehr zum Stuhl überhaupt mitbekommen. Wählen Sie Ihre Belohnungskriterien so, dass Ihr Welpe erfolgreich sein kann. Falls Ihr Hund sehr leicht abzulenken ist, stehen Sie sofort auf, sobald er sich auch nur in Richtung des Stuhles orientiert. Gehen Sie dann zu ihm, geben Sie ihm erneut das Signal für das Verhalten, belohnen Sie es, geben Sie das Freizeichen und kehren Sie zurück auf Ihren Stuhl. Mit der Zeit können Sie die Kriterien steigern und darauf warten, dass sich Ihr Welpe dem Stuhl immer weiter nähert, bevor Sie aufstehen und das Spiel von vorne beginnen. Falls Ihr Welpe sofort zum Stuhl gerannt kommt, warten Sie darauf, dass er ganz bei Ihnen ist, bevor Sie aufstehen und mit ihm zurück ans andere Ende des Trainingsbereiches gehen.

Die Aufmerksamkeitsvariante als Aufwärmübung für die Stuhlvariante

Sie werden eventuell feststellen, dass Sie Ihren Welpen erst mit Hilfe der Aufmerksamkeitsvariante auf die Stuhlvariante vorbereiten müssen. Eventuell werden Sie auch merken, dass Sie die Aufmerksamkeitsvariante beim Training in der Hundeschule, einer Ausstellung oder im Park benötigen, jedoch nicht beim Training zuhause oder im abgesperrten Trainingsbereich.

Die Stuhlvariante für Abläufe nutzen

Wenn Sie an Fokus und Trieb für kurze Agilitysequenzen arbeiten, geben Sie Ihrem Welpen nach einigen Wiederholungen der ersten Hürde das Freizeichen und setzen Sie sich auf Ihren Stuhl. Kehren Sie sofort und mit *fröhlicher* Ausstrahlung zum Hindernis zurück, sobald Ihr Welpe den Stuhl erreicht hat. Dann können Sie beginnen, erst nach der zweiten Hürde zu belohnen und das Freizeichen zu geben. Von diesem Startpunkt aus können Sie sich schließlich einen vollständigen Agilityparcours erarbeiten, den Ihr Hund völlig fokussiert und motiviert überwindet. Dies gilt auch für Hunde, die den Parcours verlassen würden, falls man sie auf die konventionelle Art zum Weitermachen aufgefordert hätte.

Und wenn mein Welpe den Fokus vor seinem Freizeichen verliert?

Wenn Ihr Welpe an irgendeinem Punkt die Aufmerksamkeit verliert, bevor Sie ihm das Freizeichen gegeben haben, *geben Sie es dennoch und gehen Sie weg.* Belohnen Sie ihn, sobald er zu Ihnen zurückkehrt und passen Sie die Kriterien im nächsten Durchgang so an, dass der Hund erfolgreich sein kann (weniger Wiederholungen, eine einfachere Aufgabenstellung, wieder zurück in den umzäunten Trainingsbereich). Dieses Spiel erinnert uns immer daran, regelmäßige Pausen in die Trainingseinheit einzubauen, anstatt solange mit dem Welpen zu arbeiten, bis er nicht mehr anders kann als sich selbst eine Auszeit zu nehmen. Je mehr Pausen Sie Ihrem Welpen anbieten, desto weniger wird er wollen und brauchen, bis Sie ihn sich zu einem Quälgeist erzogen haben!

Und wenn mein Welpe nicht aufhört, mich zu fokussieren und mich nicht alleine lässt?

Wenn das passiert, haben Sie das volle Potenzial des »Mach mal Pause«-Spiels ausgeschöpft. Mit diesem Spiel kann man wahre Monster heranziehen. Falls Ihr Welpe anfängt, eine Plage zu werden, benötigen Sie ein weiteres Freizeichen oder ein anderes soziales Signal (wie sich mit einem Buch hinzusetzen, an den Computer zu gehen, den Fernseher anzustellen oder Ihrem Welpen einen Knochen zu geben). Das bedeutet: »Nein, dieses Mal meine ich es *ernst*«. Viele meiner Schüler wählen im Lauf der Zeit ein weiteres Freizeichen, da das ursprüngliche Signal kein wirkliches Freizeichen mehr ist. Es hat eine Weile gedauert, bis ich herausfand, warum ich das im Gegensatz zu meinen Schülern nie brauche. Ich hatte nie ein Problem damit, meinen Hunden zu vermitteln, dass die Trainingseinheit zu Ende ist, und ich habe nie ein anderes Signal als »Okay« verwendet, um alles Mögliche zu kommunizieren.

Zwei der Gründe sind Körpersprache und Zusammenhang: 1) Meine Hunde beobachten meinen ganzen Körper und warten nicht nur auf ein bestimmtes Wort. Und ich bin auch ohne darüber nachzudenken sehr klar in meiner Körpersprache. Wenn ich also wirklich fertig bin, machen meine Energie und mein Verhalten ganz klar, dass ich jetzt nicht mehr für dieses Spiel zur Verfügung stehe. 2) Meine Hunde können den Zusammenhang interpretieren (und Ihre können das auch!). Wenn ich ihnen das Freizeichen gebe und mich anschließend auf mein Sofa lege, ein Buch in die Hand nehme oder mich an den Computer setze, meine ich es offensichtlich so wie gesagt. Für mich kam also das Problem des »wie kann ich einen Hund freigeben, der sich in einen Trainingsverrückten verwandelt hat« einfach niemals auf. Meine Hunde wissen normalerweise besser als ich, was gerade vor sich geht.

30 Parallel-Spiele

Sie können die Kriterien der Arbeit in der Box (Kapitel 31) steigern, indem Sie die Parallel-Spiele in Ihr Training einbinden. Die Struktur der Parallel-Spiele hilft Ihrem Welpen beim Lernen, sich zu fokussieren, während sich in seiner Nähe ein anderer Hund oder Mensch seiner eigenen Aufgabe widmet.

Laufen Sie mit Ihrem Welpen an den Seiten des Trainingsquadrates entlang, sobald er in der Lage ist, eine neutral außerhalb der Absperrung stehende Person zu ignorieren. Bitten Sie die Person, Ihren Welpen weder anzusprechen noch seinen Namen zu sagen, um ihn nicht abzulenken. Ihr Parallel-Spiele- Helfer – egal ob Mensch oder Hund – sollte neutral bleiben und nicht auf Ihren Welpen reagieren; es geht darum, Ihrem Hund die Nachricht zu vermitteln: »Ja, da geht ein Hund neben uns auf seine Decke, das hat mit Dir aber überhaupt nichts zu tun: das passiert einfach nebenher.«

Wenn ich beginne, diese Übung mit einem Hund als Ablenkung zu üben, lasse ich diesen zunächst ruhig auf seiner Decke liegen. Darauf können Sie aufbauen, indem Sie den Hund aufstehen lassen, einen Helfer bitten, ihn zu führen, und später irgendwann auch die beiden Hunde erst parallel zueinander und schließlich sogar aufeinander zu rennen zu lassen. Die Idee der Parallel-Spiele habe ich aus dem Flyball, meiner ersten Hundesportdisziplin. Viele der Hunde gingen aufeinander los oder reagierten zumindest darauf, wenn ein Hund an ihnen vorbei kam, bevor sie sich wieder auf den Ball konzentrierten. Die Hunde müssen aber nicht nur in der Lage sein, nebeneinander herzurennen, sie treffen sich auch in entgegengesetzten Richtungen über dem Sprung. Da ich die Dinge gerne in Einzelteile zerlege, um sie zu trainieren, erschien es mir vollkommen logisch, das Parallel- und das Aneinander-vorbei-Laufen separat zu trainieren. Hunde, die die Grundlagen der Parallel-Spiele kennen, können großartige Flyball-Hunde werden, ganz egal, ob sie diesen Sport jemals ausüben oder nicht.

Im Folgenden möchte ich Ihnen die klassische Flyball-Situation beschreiben. Ich beginne damit, aus Ringabsperrungen eine lange Reihe T-förmig abzutrennen. Das Ende des »T« soll verhindern, dass die Welpen am Ende der Reihe nicht einfach auf die andere Bahn abbiegen können; beginnen Sie also mit Ihrem Welpen am offenen Teil des »T«.

Ringabsperrungen in Form eines »T« aufgebaut.

- Der Welpe sitzt neben seinem Hundeführer, der auf der Innenseite der Bahn (direkt neben der Absperrung) steht. Auf der anderen Bahn ist ebenfalls ein Hund mit Hundeführer, und auch hier steht der Hundeführer auf der Innenseite. Die Welpen befinden sich jeweils auf der Außenseite. Manche Welpen kommen besser zurecht, wenn sich das andere Team bereits auf ihrer Bahn befindet, andere Welpen finden es einfacher, wenn sie den sich nähernden Hund und Hundeführer beobachten können. Das können Sie über die Anwendung des »Guck mal da«-Spiels herausfinden. Fahren Sie fort, wenn Ihr Welpe sich nicht für den sich nähernden Hund interessiert. Andernfalls passen Sie den Übungsaufbau an. Probieren Sie aus, ob es besser funktioniert, wenn der andere Hund weiter entfernt ist. Vielleicht hilft es ihm auch, auf seiner Decke zu sein, während der andere Hund sich nähert. Diese Spiele sind wie Kochrezepte, die Sie je nach Ihrem Geschmack noch ein wenig mit Salz und Pfeffer abschmecken.

- Der Welpe beobachtet, wie der andere Hund mit seinem Hundeführer auf seiner Bahn hin und zurück läuft. Der andere Hundeführer läuft dabei zwischen Hund und Absperrung.
- Der Welpe läuft gemeinsam mit seinem Hundeführer parallel zum anderen Team auf seiner Bahn. Dabei befinden sich beide Hundeführer zwischen den Hunden und der Absperrung.

Zu Beginn der Übung gehen die Hundeführer zwischen ihren Hunden und der Absperrung.

- Die Hundeführer wechseln nun auf die Außenseite, sodass die Welpen nebeneinander sitzen.

Nachdem der vorherige Schritt erfolgreich war, können die Welpen auf der Innenseite laufen.

- Der Welpe beobachtet den anderen Hund dabei, auf der Innenseite der Bahn zu laufen.

- Beide Welpen laufen mit ihren Hundeführern parallel zueinander auf der Innenseite der Bahn.

- Beide Teams erhöhen das Tempo!

- Reduzieren Sie die Absperrung: Ich beginne normalerweise mit der mittleren Absperrung. Dadurch ist der Welpe beim Start noch durch eine Absperrung vom anderen Welpen getrennt. Beim Erreichen der Lücke haben beide Hunde bereits ihr Tempo gefunden und können kurze Zeit ohne Absperrung nebeneinander laufen. In diesem Schritt ist es wichtig, die Hundeführer zunächst wieder auf der Innenseite laufen zu lassen.

- Bauen Sie die nächste Absperrung ab.

- Und die nächste!

- Wenn die Hunde bereit dafür sind, auf der Innenseite zu laufen, beginnen Sie zunächst wieder mit der vollständigen Absperrung.

- Entfernen Sie eine Absperrung, und die nächste, und noch eine!

Beginnen Sie damit, die mittlere Absperrung abzubauen.

- Bauen Sie die Absperrung wieder auf und lassen Sie die beiden Teams von den unterschiedlichen Enden starten.

- Laufen Sie.

- Laufen Sie schneller.

- Rennen Sie.

- Hundeführer auf der Außenseite, Hunde auf der Innenseite.

- Laufen Sie.
- Laufen Sie schneller.
- Rennen Sie.
- Entfernen Sie die mittlere Absperrung.
- Entfernen Sie die weiteren Absperrungen.

Es kann passieren, dass ein Welpe auf den anderen Hund zurennt, wie es auch einem Flyball-Neuling passieren würde. Falls das passiert und Sie die Aufmerksamkeit Ihres Welpen nicht einfach zurückbekommen können, spielen Sie an der Stelle, an der Sie gerade stehen, eine Runde »Guck mal da« – solange bis der andere Hund »neutralisiert« ist; das bedeutet, dass der Welpe den anderen einfach ansieht, um ein Leckerchen zu bekommen. Sie können einen Schritt zurückgehen und die Absperrung an dieser Stelle wieder aufbauen, um es ihm beim nächsten Durchgang einfacher zu machen.

Die Hundeführer beginnen damit, parallel an einer Absperrung entlang zu laufen. Diese Hundeführer laufen auf der Innenseite, was für die Welpen weniger ablenkend ist, als wenn sie direkt nebeneinander laufen würden. Um den Schwierigkeitsgrad zu steigern, wird die mittlere Absperrung entfernt, sodass die Welpen ohne Barriere nebeneinander laufen. Dann wechseln die Hundeführer auf die Außenseite, damit ihre Welpen deutlich näher beieinander sitzen. Sobald alle bereit sind, laufen die Welpen im nächsten Schritt parallel zueinander an der Absperrung entlang. Das ultimative Ziel ist, dass die beiden Welpen ohne Absperrung nebeneinander laufen oder sogar rennen können. Beginnen Sie all diese Übungen an der Leine und nehmen Sie diese erst ab, wenn die Hunde sicher sind. Stellen Sie die Absperrung vor dem nächsten Durchgang wieder auf, falls ein Welpe zu dem anderen rennt.

Parallel-Spiele: Der nächste Schritt

Der nächste Schritt der Parallel-Spiele ist das »Hund vor deiner Nase«-Spiel.

Ein typischer Trainingsaufbau für dieses Spiel sieht wie folgt aus:

- Sie nehmen zusammen mit Ihrem Welpen eine Position in ungefähr zwei Meter Abstand zur mittleren Absperrung ein. Ihr Welpe sieht dabei frontal zur Absperrung, statt wie bisher parallel zu ihr zu sitzen. Der andere Hundeführer läuft mit seinem Hund mit genügend Abstand zu Ihnen los und nähert sich Ihnen dabei langsam. Auf diese Weise läuft der Hund hinter der Absperrung frontal auf Ihren Welpen zu. Falls Ihr Welpe darauf sensibel reagiert, bitten Sie den anderen Hundeführer, zunächst in einem Bogen

Bitten Sie den anderen Hundeführer, zu Beginn einen Bogen zu laufen, falls Ihr Welpe sensibel darauf reagiert, wenn sich ihm jemand nähert.

zu laufen, und diesen erst nach und nach steiler zu machen, bis er sich der Absperrung geradlinig nähert. Beginnen Sie, wie immer, langsam, und steigern Sie das Tempo in jedem Durchgang.

- Lassen Sie die Hunde langsam aufeinander zulaufen oder den zu trainierenden Welpen direkt an der Absperrung sitzen, während sich der andere Hund nähert.
- Sobald die Hundeführer einen markierten Punkt kurz vor der Absperrung erreichen, drehen sie sich um und stellen sich dabei zum Belohnen zwischen Hund und Absperrung, bevor sie gemeinsam mit dem Hund wieder zum Startpunkt zurückkehren.

Dieser Border Collie Welpe ist bereit dafür, dass sich der andere Welpe ihm frontal nähert. Der Border Collie Welpe wird gefüttert, während der andere Welpe sich nähert; falls er dabei abgelenkt wird, können sich beispielsweise beide Hundeführer vor ihre Welpen stellen und sie für das Fokussieren und Luftholen belohnen.

- An der Absperrung können Sie eine Runde »Guck mal da« mit Ihrem Welpen spielen und / oder ihm das Signal zum Luftholen geben; falls Ihr Welpe Sie einfach interessiert ansieht und dabei zu fragen scheint: »Was kommt als Nächstes?«, fahren Sie einfach mit der Übung fort.

- Die Hundeführer bleiben neben ihren Hunden stehen, während sie sie füttern.
- Entfernen Sie die mittlere Absperrung, und stellen Sie sich wieder vor den Welpen zum Belohnen.
- Die Hundeführer bleiben neben ihren Hunden stehen, während sie sie füttern.
- Das Passieren des anderen Hundes ist der nächste Schritt. Wenn Ihr Welpe Sie immer noch mit Interesse beobachtet und sich nicht weiter für den anderen Hund interessiert, gehen Sie beim nächsten Durchgang an der Stelle, an der vorher die Absperrung stand, einfach weiter. Wenn Sie das Gefühl haben, dass es ihm hilft, können Sie dabei ruhig mit Ihrem Welpen reden. Bewegen Sie sich zügig und sicher; halten Sie nicht an, um darüber nachzudenken, ob Ihr Welpe versuchen wird, mit dem anderen Welpen zu interagieren.

Denken Sie immer daran, dass Sie jederzeit eine Pause machen oder die Übung beenden können. Machen Sie sich von der Vorstellung frei, den kompletten Übungsaufbau in einer Trainingseinheit abarbeiten müssen. Nutzen Sie die Möglichkeiten, die Ihnen mit dem »Guck mal da«-Spiel und dem Luftholen zur Verfügung stehen, wann immer Sie das Gefühl haben, dass Ihr Welpe durch die Anwesenheit des anderen Hundes zu abgelenkt oder erregt wird. Steigern Sie die Kriterien nur, wenn Ihr Hund mit seiner Aufmerksamkeit voll bei Ihnen sein kann.

31 Arbeit in der Box

Im Stressfrei-Programm geht es bei der Arbeit in der Box darum, dem Hund beizubringen, auch ohne Leine in einer extrem ablenkenden Umgebung aufmerksam bleiben zu können. Wir geben dem Training eine Struktur, in der es dem Welpen oder dem Hund leicht fällt, aufmerksam zu sein und steigern schrittweise die Kriterien. Bei diesem sehr flexiblen und experimentellen Prozess passen wir die Kriterien kontinuierlich nach oben oder unten an, während der Welpe uns Rückmeldung darüber gibt, was er gerade leisten kann und was nicht, und wie weit wir gehen können, bevor es ihm zu viel wird.

Für die Arbeit in der Box benötigen Sie folgende Grundlagen:

- Sie können das »Mach mal Pause«-Spiel anwenden, um die Aufmerksamkeit Ihres Welpen zu bekommen und zu behalten (Kapitel 29).
- Ihr Welpe hat verstanden, dass Ablenkungen ihm die Möglichkeit bieten, das »Guck mal da«-Spiel mit seinem Hundeführer zu spielen (Kapitel 26).

Zur Vorbereitung trenne ich mit Hilfe von Ringabsperrungen einen quadratischen Trainingsbereich ab, die »Box«. Die Box kann kleiner oder größer sein, je kleiner die Box jedoch ist, desto schneller wird den Schülern schwindelig, wenn sie Runde um Runde in kleinen Kreisen mit ihren Welpen laufen. Je größer die Box ist, desto mehr Platz hat der Welpe, um sie zu erkunden. Wenn Sie das begrüßen, weil Sie den »Zugang zum Erkunden« im Verstärkungsprozess Ihres Welpen anwenden wollen, ist das kein Problem (und gut für Sie!). Falls Sie sich Sorgen darüber machten, dass Ihr Welpe Sie verlässt und für längere Zeitspannen nicht zurückkehrt, machen Sie die Box kleiner, damit Sie das Gefühl haben, die Umgebung gut kontrollieren zu können.

Der erste Trainingsschritt in der Box ist die Belohnung von Aufmerksamkeit. Können Sie Ihren Welpen bei folgendem Gedankengang beobachten: »Wow! Diese Box ist auf dem Gras, und ich liiiiiiiiiiiiiiiiiiiiiiiiiiebe Gras!«, kennen Sie Ihren Verstärker: »Super, mein Welpe hat mir gerade mitgeteilt, was sein Verstärker in dieser Einheit sein wird!« Dann können Sie das »Mach mal Pause«-Spiel spielen, indem Sie ihn in dem Moment clicken, in dem er den Kopf vom Gras abwendet, ihn belohnen und ihm anschließend das Freigabe-Signal für das Gras geben.

Sie können an dieser Stelle die Aufmerksamkeitsvariante anwenden, bei der Sie neben dem Welpen stehen oder gemeinsam mit ihm herumlaufen, oder Sie können sich auf einen Stuhl in der Ecke setzen, nachdem Sie Ihren Welpen zum Gras geschickt haben. Sobald er zu Ihnen kommt, stehen Sie auf und rennen gemeinsam mit ihm zurück zu der Grasstelle, an der er vorhin geschnüffelt hatte, und geben ihm wieder das Freizeichen.

Sie wissen, dass Sie das »Mach mal Pause«-Spiel genug gespielt haben, wenn der Welpe das Gras entweder vollständig ignoriert oder es nutzt, um Sie dazu zu überreden, ihn zu clicken (»Guck mal Frauchen, ich berühre gerade dieses Gras für dich!«). Junior, der Jack Russell Terrier, war der erste Hund, der *mir* das Gras als Targetverhalten angeboten hat, und das hat mir wirklich die Augen geöffnet. Anschließend gehe ich zum Leinen-Spiel in der Box über.

Dieser Welpe wird während der Arbeit ohne Leine in der Box für Sitz und Aufmerksamkeit belohnt.

Ohne etwas zum Welpen zu sagen, lasse ich die Leine fallen und belohne ihn dabei. An dieser Stelle möchte ich eine klassisch konditionierte Verknüpfung erstellen: Es gibt tolle Dinge für den Welpen, wenn die Leine auf den Boden fällt. Zu Beginn stehe ich still. Ich hebe die Leine wieder auf, lasse sie erneut fallen und belohne den Welpen. Sobald der Welpe sagt: »Das macht Spaß, komm, lass die Leine wieder fallen!«, beginne ich mich zu bewegen. Während ich mit dem Welpen laufe, lasse ich die Leine in unregelmäßigen Abständen fallen und belohne den Welpen an meiner Seite in Bewegung.

Wenn dieser Schritt gut läuft, stehe ich wieder still und belohne den Welpen, während ich ihn ableine. Stellen Sie sich das Geräusch des sich öffnenden Leinen-Karabiners wie einen Click vor. Es soll dem Welpen vermitteln, dass Sie etwas Tolles für ihn haben, anstatt ihm zu signalisieren, er könne jetzt davonrasen kann, weil er *frei* ist.

In meinen Stressfrei-Unterrichtsstunden betone ich immer wieder, dass der Welpe in der Lage sein sollte, anhand Ihrer Signale zwischen »arbeiten« und »nicht arbeiten« zu unterscheiden. Er sollte sich nicht danach richten, ob er angeleint ist oder nicht. Ihr Ziel ist ein aufmerksamer, fröhlicher, unangeleinter Welpe, der Ihnen folgt, während Sie sich in der Box bewegen. Das können Sie zum Beispiel auch mit der Agility-Bodenarbeit kombinieren.

Ich belohne den Welpen während des Ableinens. Das Geräusch des Karabiners wird zu einem Click.

Wenn Ihr Welpe die Aufmerksamkeit verliert, können Sie sich für ein »Mach mal Pause«-Spiel auf Ihren Stuhl setzen und es aussitzen. Rennen Sie, sobald der Hund zu Ihnen zurückkommt, wieder in die Mitte der Box und fahren Sie mit der Bewegung fort (und seien Sie dabei großzügig mit den Leckerchen). Zählen Sie drei Sekunden der Bewegung (und fügen Sie in jedem Durchgang einige Sekunden dazu), geben Sie ihm das Freizeichen und kehren Sie zurück auf Ihren Stuhl.

Wechseln Sie immer, wenn es Ihnen nötig erscheint, vom eigentlichen Training zu einer Runde »Mach mal Pause«, um die Aufmerksamkeit und Motivation aufzufrischen. Geben Sie Ihrem Welpen anschließend eine richtige Pause. Wenn Sie wiederholt auf das »Mach mal Pause«-Spiel zurückgreifen müssen, teilt Ihr Welpe Ihnen damit vielleicht mit, dass er kürzere Trainingseinheiten und mehr Pausen benötigt, in denen er seinen natürlichen Verhaltensweisen nachgehen kann (Kapitel 7).

Wenn Sie sich an den Rhythmus des Leinenspiels gewöhnt haben, nehmen Sie im nächsten Schritt die Berührung des Halsbandes hinzu.

Sie sind bereit für den nächsten Schritt, wenn der Welpe aufmerksam und fokussiert mit Ihnen läuft und verstanden hat, dass das Ableinen großartig ist, da es das Training ankündigt. An diesem Punkt haben Sie die Wahl:

- **Entfernen Sie etwas:** Sie können einen Teil der Absperrung abbauen und weiter daran arbeiten, dass Ihr Welpe fokussiert an Ihrer Seite bleibt.

- **Fügen Sie etwas hinzu:** Sie können eine leichte Ablenkung, wie einen Hund der außerhalb der Absperrung ruhig auf seiner Decke liegt, hinzufügen (und dabei die Absperrung vollständig stehen lassen).

Falls Sie sich dafür entscheiden, die Absperrung abzubauen, nehmen Sie Ihren Welpen wieder an die Leine und achten Sie darauf, dass er aufmerksam bleiben kann, während Sie sich mit ihm in der Box und am offenen Teil der Absperrung entlang bewegen. Lassen Sie die Leine schleifen und belohnen Sie ihn. Entfernen Sie anschließend die Leine. Meistens gehe ich mit den Welpen, egal ob angeleint oder nicht, direkt auf die Lücke in der Absperrung zu, als wollte ich fragen: »Guck, wir wissen beide, dass die Lücke da ist, macht es Dir was aus?« In der Sekunde, in der sich der Welpe zu mir umdreht, clicke und belohne ich ihn.

Ich habe noch nicht erlebt, dass ein Welpe sich dafür entscheidet durch die Lücke zu rennen, aber weil es möglich ist, sollten Sie sicherstellen, dass er auch dann erfolgreich sein kann. In anderen Worten sollte der Bereich außerhalb der Absperrung sicher und einigermaßen uninteressant sein, z. B. ein eingezäunter Hof oder ein geschlossener Trainingsraum. So können Sie sich, wenn Ihr Welpe wegrennt, einfach in Ruhe auf Ihren Stuhl setzen, ohne sich Sorgen um Ihren Welpen zu machen (oder Sie können ihn rufen, die Kopfdrehung clicken, ihn belohnen und anschließend wieder Schnüffeln schicken).

Fahren Sie fort damit, die Absperrungen zu entfernen, wenn alles gut läuft. Das Ziel der Arbeit in der Box ist ein Welpe, der Ihnen auch ohne Absperrung und Leine fokussiert, vorbei an jeder Art von Ablenkung folgt. Dann können wir Agilityhürden in das Spiel integrieren. Was ist der Wettkampfring schließlich anderes als eine gigantische Box?

Wenn Sie sich dafür entscheiden, zuerst die Ablenkungen hinzuzufügen, bitten Sie einen Helfer, sich in natürlicher Körperhaltung an die Absperrung zu stellen. Falls der Welpe die Information, dass dort jetzt jemand steht, erst einmal verarbeiten muss, können Sie eine Runde »Guck Dir die Person an« spielen, bis der Welpe sagt: »Das ist langweilig, lass uns mit etwas anderem weitermachen!«. An diesem Punkt können Sie damit fortfahren ,herumzulaufen, die Leine fallen zu lassen oder zu entfernen usw.

Welpe und Hundeführer arbeiten auch mit einer Ablenkung außerhalb der Absperrung konzentriert.

Sobald Sie das Hinzufügen und das Entfernen unabhängig voneinander trainiert haben – in anderen Worten: sobald Ihr Welpe Ihnen ohne Absperrung fokussiert folgen und mit Absperrung auch bei Anwesenheit von Ablenkungen fokussiert bleiben kann – sind Sie bereit dafür, beide Strategien zu kombinieren. Wenn Ihr Welpe Ihren Helfer entweder ignorieren kann oder ihn als »Guck mal da«-Target verwendet, um ein Spiel mit Ihnen zu initiieren, beginnen Sie damit, die Absperrung in einer Ecke zu entfernen. Wenn das gut läuft, können Sie die nächste Absperrung entfernen. Wenn es nicht gut läuft, stellen Sie die Absperrung wieder zurück. Folgen Sie dieser Strategie so lange, bis Ihr Welpe Ihnen ohne Barriere oder Leine fokussiert und fröhlich folgen kann.

Und wenn der Welpe sich der Person oder dem Gegenstand nähert? Wenn der Welpe unangeleint ist und Ihren Helfer begrüßen gehen will, sobald die Absperrung abgebaut ist, haben Sie verschiedene Möglichkeiten:

- Atmen Sie tief durch und setzen Sie sich auf Ihren Stuhl. Warten Sie darauf, dass der Welpe sich wieder in Ihre Richtung orientiert, clicken Sie und stehen Sie auf, ohne darauf zu warten, dass er den ganzen Weg zu Ihnen zurückkommt. Gehen Sie zu Ihrem Welpen und geben Sie ihm ein Leckerchen oder legen Sie es neben den Schuh Ihres Helfers, geben Sie das Freizeichen und kehren Sie auf Ihren Stuhl zurück.

- Geben Sie Ihrem Helfer eine Leine, damit er den Welpen zu Ihnen zurück bringen kann, wenn Sie nicht darauf warten wollen, dass sich Ihr Welpe von alleine wieder zurück zu Ihnen orientiert.

- Wenden Sie das Premack-Prinzip an; geben Sie, falls Ihr Welpe Ihren Helfer wirklich gerne begrüßen möchte, das Signal für die Blitzwendung, solange Sie sich sicher sein können, dass Ihr Welpe noch erfolgreich darauf reagieren kann. Clicken Sie die Kopfdrehung, belohnen Sie den Welpen, und schicken Sie Ihn mit Ihrem »Geh hallo sagen«-Signal, das die Interaktion mit der Person verfügbar macht, zurück zu Ihrem Helfer. Nutzen Sie, wann immer es möglich ist, das Premack-Prinzip, um die Blitzwendung zu verstärken – so stärken Sie dieses superschnelle Umorientieren zu Ihnen. Holen Sie Ihren Welpen, bauen Sie die Absperrung wieder auf und beginnen Sie von vorn.

- Denken Sie daran, Ihren Welpen genau zu beobachten, wenn er die Aufmerksamkeit verliert. Benötigt er eine Pause, um seinen natürlichen Verhaltensweisen nachzugehen? Braucht er eine Pipi-Pause? Ist er fertig für heute?

Anmerkung: *Diese Optionen sind dafür gedacht, die Situation zu korrigieren, nicht den Welpen! Überlegen Sie sich, wie Sie die Dinge bei einem Neustart so anpassen können, dass Ihr Welpe erfolgreich sein kann. Bei der Arbeit in der Box gibt es keinen Grund, Strafe anzuwenden!*

Tim: Der Ausreißer

Tim ist ein Golden Retriever, mit dem ich während des ersten internationalen Stressfrei-Seminars in Norwegen in einer Einzelstunde trainierte. Tims Frauchen hatte mich um eine Einzelstunde gebeten, weil er die Gewohnheit hatte, während der Obedience-Trainings (und –Turniere) wegzurennen. Tim lief dabei weder aus Angst vor der Arbeit davon noch ging er aus Stress schnüffeln. Tim ist ein unbekümmerter intakter Rüde, der eine wilde Toberei zu schätzen weiß und es liebt, überall und alles zu markieren.

Ich wusste, dass »Mach mal Pause« das richtige Spiel für Tim war. Im Folgenden möchte ich Ihnen beschreiben, wie ich die Arbeit in der Box in einer sehr suboptimalen Umgebung aufgebaut habe.

Die Trainingseinheiten fanden auf einem riesigen, wunderschönen Feld statt. Wir hatten keine Ringabsperrungen oder andere Gegenstände zur Verfügung, um einen kleineren Bereich abzutrennen. Wir begannen damit, Tims Leine durch das feuchte Gras schleifen zu lassen, auch wenn ich es verabscheute. Während einer Aufwärmrunde in der Aufmerksamkeitsvariante warf Wenche, Tims Frauchen, Leckerchen ins Gras, wenn er sich in ihre Richtung orientierte und anschließend weiterlief. Damit er wieder zu ihr aufschließen konnte, entschieden wir uns dazu, dass turniermäßige Bei-Fuß-Gehen als Belohnungskriterium zu wählen. Ich bat sie, ihn einige Schritte bei Fuß gehen zu lassen, dann ein Leckerchen ins Gras fallen zu lassen und sich von ihm zu entfernen… Richtig, es gab keinen Stuhl! Aber es gab einen Baumstumpf in der Nähe, auf den sich Wenche setzen konnte. Tim fraß sein Leckerchen und schlenderte zum Baumstumpf, also stand Wenche zügig auf und ließ ihn einige weitere Schritte bei Fuß gehen, warf ein Leckerchen ins Gras und setzte sich wieder auf den Baumstumpf. (Sie hätte es ihm auch aus der Hand geben können, aber in manchen Situationen ist es besser das Leckerchen zu werfen oder fallenzulassen, damit genug Zeit ist, um sich vom Hund zu entfernen und hinzusetzen, solange er noch abgelenkt ist)

Tim nahm den Trainingsaufbau schnell an und folgte ihr fröhlich durch die Gegend, fraß seine Leckerchen und kehrte zu ihr und dem Baumstamm für eine weitere Runde zurück. Also steigerte ich die Kriterien, indem ich Wenche bat, ihn um mehrere Baumstämme herum bei Fuß gehen zu lassen. Als Wenche anschließend das Leckerchen ins Gras warf, fraß Tim es, sah sich um, nahm einen Geruch auf und rannte freudestrahlend über das Feld. Der Trainingsbereich war sicher eingezäunter, aber riesig, also hätte es Ewigkeiten dauern können, bis Tim zurückkam. Ich bat Wenche, sich einfach auf den Baumstumpf zu setzen, und wir beobachteten Tim dabei, wie er das Herumrennen und Markieren genoss. Als er schließlich in Wenches Richtung sah, bat ich sie zu clicken und mit dem Leckerchen zu ihm zu gehen, anstatt auf das Zurückkommen zu warten. So etwas mache ich öfter, damit der Hund es so leicht wie möglich hat. Sie gab ihm das Leckerchen und nahm seine Leine in die Hand. Sie gab ihm das Freizeichen zum Schnüffelngehen und ließ die Leine vollständig durchhängen. Er orientierte sich schnell in ihre Richtung, sie warf ein Leckerchen ins Gras, ließ die Leine fallen und kehrte zurück auf ihren Baumstumpf. Er folgt ihr im Trab.

Wenche fuhr mit dem Bei-Fuß-Gehen auf diese Weise fort und Tim rannte nun fröhlich zum Baumstumpf und fragte nach mehr. Also entschloss ich mich, Personen zur Ablenkung hinzuzufügen. Da wir keine Absperrungen hatten, bat ich meinen Ehemann Bill und meine tolle Gastgeberin Nina, sich so hinzustellen, als würden wir das Laufen einer Acht trainieren. In Norwegen laufen die Hunde bei dieser Übung nicht um Menschen, also war das neu für Tim. Wenche lief mit ihm um meinen Mann, clickte für das Bei-Fuß-Gehen, warf ein Leckerchen auf den Boden und kehrte – das Beste hoffend – auf ihren Baumstumpf zurück. Tim sah auf, nachdem er das Leckerchen gefressen hatte, entdeckte Wenche auf dem Baumstumpf und rannte zu ihr zurück. Sie stand auf und fuhr damit fort, um Bill und Nina herumzulaufen. Tim versuchte nicht ein einziges Mal ,sich den beiden zu nähern, nachdem Wenche ihn freigegeben hatte; er fuhr damit fort, zum Baumstumpf zu rennen. Falls er sich ihnen genähert hätte, hätte ich sie einfach darum gebeten, neutral stehenzubleiben.

Da Tim sich so gut machte, bat ich Nina, einige Leckerchen in die Hand zu nehmen. Tim lief nun um zwei Personen, von denen eine Leckerchen in der Hand hielt! Tim schnüffelte an Nina, und ich schickte Wenche direkt zurück auf den Baumstumpf. Sobald er in ihre Richtung sah, stand sie wieder auf, kehrte an seine Seite zurück, fragte erneut ein bisschen Bei-Fuß-Gehen ab und belohnte ihn dafür (Zur Erinnerung: Die Orientierung zu Ihnen, wenn Sie auf den Stuhl zurückgekehrt sind, wird damit belohnt, dass sie wieder aufstehen und Ihrem Welpen eine neue Möglichkeit geben, das Verhalten zu zeigen!). Dieses Mal ließ ich Wenche die Leckerchen direkt neben Ninas Füße legen, wie um zu sagen: »Hier ist Deine ablenkende Fremde. Wenn Du willst, mache ich es Dir einfach und lege die Leckerchen direkt neben sie.« Tim fraß sein Leckerchen und rannte, ohne Nina eines Blickes zu würdigen, zurück zum Baumstumpf. Nach einigen weiteren Wiederholungen konnte Tim an Nina und ihren Leckerchen vorbeilaufen und seine eigenen Leckerchen, die rund um sie herum verstreut waren, fressen, ohne sie auch nur einmal anzusehen.

Mit ein bisschen Kreativität können Sie die Arbeit in der Box und das »Mach mal Pause«-Spiel so gut wie überall anwenden.

32 Welpen-Pingpong

Mit dem Welpen-Pingpong schaffen Sie eine weitere Struktur, die Sie an unbekannten Orten oder in ungewohnten Situationen anwenden können. Für hypersensible Welpen kann das Spiel auch als Aufwärmübung für das »Mach mal Pause«-Spiel genutzt werden.

Das Welpen-Pingpong ist hilfreich für:

- Welpen, die in einer ablenkungsreichen Umgebung wieder den Fokus verlieren.
- Welpen, die gegenüber einer bestimmte Person, einem Gegenstand oder einem Hund beunruhigt reagieren (vorausgesetzt, der andere Hund reagiert absolut angemessen und ist unter Kontrolle).
- Welpen, die in der Nähe eines rennenden Hundes eine kriechende und fixierende Körperhaltung einnehmen.

Dieses Spiel hilft den Welpen dabei, wieder einen klaren Kopf zu bekommen.

Obwohl es das einfachste aller Stressfrei-Spiele ist, ist es dennoch ein mächtiges Werkzeug. Werfen Sie einfach ein Leckerchen so auf den Boden, dass Ihr Welpe es sehen kann. Beobachten Sie Ihren Welpen aufmerksam, denn das Timing ist wie immer sehr wichtig. Werfen Sie sofort, wenn der Welpe aufgefressen hat und den Kopf hebt, ein Leckerchen in die entgegengesetzte Richtung. Wiederholen Sie dieses Muster, bis Ihr Welpe das nächste Leckerchen bereits vorausahnt und damit beschäftigt ist, zwischen den Futterorten hin und her zu rennen, ohne sich ablenken zu lassen. Falls Ihr Welpe sich durch das Training und die Umgebung in irgendeiner Weise unter Druck gesetzt fühlt, ist das ein guter Weg mit ihm in Verbindung zu bleiben, während Sie ihm eine benutzerfreundliche Aufgabe geben.

Wenn Ihr Welpe es verstanden hat, können Sie die Kriterien steigern und darauf warten, dass Ihr Welpe sie ansieht, bevor Sie das nächste Leckerchen werfen. Also so:

- Sie werfen ein Leckerchen, der Welpe rennt, um es sich zu holen.
- Warten Sie ab, anstatt das nächste Leckerchen in die Richtung zu werfen, in der Ihr Welpe es erwartet.
- Der Welpe sieht Sie an, um Ihnen mitzuteilen: »Du hast vergessen, das nächste Leckerchen zu werfen.«
- Sobald der Welpe Sie ansieht, werfen Sie das nächste Leckerchen.

Auf diese Weise bringen Sie sich selbst noch direkter in das Pingpong-Muster ein. Sobald Ihr Welpe Sie nach jedem Leckerchen erwartungsvoll ansieht, können Sie die Kriterien wieder steigern, beispielsweise

- auf Blickkontakt warten statt auf bloße Umorientierung,
- längeren Blickkontakt fordern,
- dem Welpen das Signal zum Luftholen geben,
- das Signal für Sitz, Platz oder ein einfaches Verhalten wie das Hand-Target, geben.

Der Teil der Übung mit dem Leckerchen-Wurf nimmt den Druck der aktiven Aufmerksamkeit von Ihrem Welpen; sensible Welpen bekommen so eine doppelte Belohnung: Nicht nur das Leckerchen sondern auch die Möglichkeit zur Unterbrechung des direkten Kontaktes ist verstärkend. Aus diesem Grund hilft das Spiel auch Welpen, die Angst vor einer bestimmten Sache haben.

Nehmen wir das Beispiel der Toy-Foxterrier-Hündin, die Angst vor der Klimaanlage in ihrem Trainingsraum hatte. Ich brachte ihr das Pingpong-Muster bei, bis zu dem Punkt, an dem sie zu mir rennen und Blickkontakt aufnehmen würde, um ihr nächstes Leckerchen zu bekommen. Nach und nach warf ich die Leckerchen immer näher an die Klimaanlage. Sie bemerkte die Klimaanlage, war aber noch in der Lage, ihr Leckerchen zu fressen und zu mir zurückzurennen, um das Spiel erneut zu starten (ist Ihnen aufgefallen, dass auch das Abwenden von der Klimaanlage Teil ihrer Belohnung war?). Ich achtete darauf, dass sie unter der Reizschwelle blieb, d. h. ich beobachtete ihre Körpersprache und warf das Leckerchen nicht so nah an die Klimaanlage, dass sie darauf mit mehr als einer kurzen Notiz reagieren musste. Dieser Punkt kann für jeden Welpen unterschiedlich sein.

Manche Leute würden dem Welpen in dieser Situation das Signal geben, den Gegenstand als Target zu berühren. Das kann für manche Welpen richtig sein und sie stellen fest: »Oh, ich kann das Spiel auch mit diesem Gegenstand ausführen, dann muss der ja ganz in Ordnung sein.« Andere Welpen setzt das meiner Meinung nach ohne weitere Vorbereitung zu sehr unter Druck. Das »Guck mal da«-Spiel ist hier die bessere Option: »Wo ist die gruselige Klimaanlage? Oh super, Du hast sie für mich gefunden!« In diesem Spiel muss der Welpe sich nicht mehr mit dem Gegenstand beschäftigen, als ihn kurz anzusehen - und das kann als Vorbereitung dafür dienen, den Gegenstand als Target zu berühren. Ich denke aber, dass das Pingpong-Spiel den Welpen am wenigsten unter Druck setzt. Es ist durch den Ansatz »Nähere Dich dem Ding und entferne Dich dann wieder von ihm« in diesem Zusammenhang ein guter Einstieg in die anderen beiden Spiele.

Im nächsten Schritt wartete ich darauf, dass die Toy-Foxterrier-Hündin in Richtung der Klimaanlage sah. Als sie mich in Erwartung eines Leckerchens anschaute, lächelte ich sie an, drehte mich leicht in Richtung der Klimaanlage und sah diese an. Ich wartete und sobald die Hündin ebenfalls in die Richtung blickte, warf ich ihr nächstes Leckerchen sofort in die entgegengesetzte Richtung, *weg von der Klimaanlage*. Als sie anschließend wieder zu mir kam, wartete ich wieder darauf, dass sie die Klimaanlage ansah; sobald sie dies tat, warf ich ihr Leckerchen in die entgegengesetzte Richtung. Dies wurde zu ihrem neuen Pingpong-Muster, in dem es nicht mehr um zwei Leckerchen ging, sondern darum, sich in Richtung der Klimaanlage zu orientieren, dann davon wegrennen zu können und ein Leckerchen in der anderen Richtung zu bekommen.

Da die Klimaanlage auf die Weise zum Bestandteil eines Spiels geworden war, mit dem die Hündin sich wohlfühlte, konnte sie ihre Sorge ablegen und sich der Klimaanlage zuwenden, um ein Leckerchen zu bekommen. Sie war so weit, um mit ihrer Besitzerin das eigentlich geplante Training zu beginnen. Ich wollte die Hündin nicht trainieren, solange sie wegen etwas in der Umgebung beunruhigt war; das musste zuerst angegangen werden.

Denselben Aufbau wendete ich bei einem Portugiesischen Wasserhund an, der Angst vor einem der Hundeführer in meinem Seminar hatte. Der große Mann mit Bart und Brille beunruhigte ihn so, dass sich nicht entspannen konnte. Netterweise war dieser Hundeführer bereit, das Pingpong-Spiel für den Wasserhund mitzuspielen.

Zunächst brachte ich auch diesem Hund das Muster bei: Ich warf zunächst ein Leckerchen in die eine, das nächste in die andere Richtung und wartete dann darauf, dass er mich ansah, bevor ich wieder ein Leckerchen warf. Anschließend bat ich den Hundeführer, näher zu uns zu kommen, baute aber eine sichtbare Barriere zwischen uns und dem Hundeführer auf. Als der Wasserhund bereit war, wartete ich darauf, dass er in Richtung des Hundeführers sah, bevor ich das Leckerchen in die andere Richtung werfen würde. Das hatte er schnell verstanden und ich konnte die Absperrungen entfernen. Da es dadurch für ihn schwieriger wurde, warf ich die Leckerchen hinter den Hundeführer. Der Wasserhund konnte also an ihm vorbeilaufen, bevor er mich für ein weiteres Leckerchen ansah. Der Hundeführer war so nicht mehr als ein Teil des Hintergrundes. Nach mehreren geworfenen Leckerchen wartete ich erneut darauf, dass der Welpe sich in Richtung des Hundeführers orientierte, bevor ich das Leckerchen warf. Wenn er den Hundeführer ansah, warf ich ein Leckerchen in die entgegengesetzte Richtung, so wie ich es mit der Klimaanlage getan hatte; das Pingpong-Muster war jetzt die Orientierung zu dem Hundeführer und das Abwenden und Hinrennen zum Leckerchen, hin und zurück.

Der Portugiesische Wasserhund kannte eine Menge Tricks und hatte ein »Geh hallo sagen«-Signal, ähnlich wie das von Easy. Als er in der Lage war, fröhlich zum Hundeführer zu sehen und sein Leckerchen in der entgegengesetzten Richtung zu erwarten, gab ich ihm sein Signal und zeigte auf den Hundeführer. An diesem Punkt konnte er ohne Furcht auf das Signal reagieren; er berührte den Hundeführer mit der Nase und kam zu mir zurück, um sich sein Leckerchen abzuholen. Durch die Pingpong-Struktur hatte sich die Situation für ihn so verändert, dass er sich sicher genug fühlte, um ohne seine gewohnte soziale Angst mit dem Hundeführer zu interagieren. Ängstlichkeit ist der Weg des Hundes, uns zu fragen: »Was passiert als Nächstes? Ist das was Schlechtes?«. Der Wasserhund wusste bereits, was als Nächstes passieren würde: Sobald er sich mit dem Hundeführer beschäftigte, war seine nächste Aufgabe, sich von ihm zu entfernen und ein Leckerchen zu bekommen.

Als letztes Beispiel möchte ich Ihnen von der Mix-Hündin Roxie erzählen. Roxie war einer von mehreren beschlagnahmten Mischlingswelpen aus einer »Welpenfabrik«, die eine Seminarteilnehmerin übernommen hatte. Sie war bereits gut trainiert und bereit zu arbeiten, aber deutlich durch die Zuschauer am Rand der Absperrung beunruhigt. Das war zuviel Druck für sie, und sie sank einfach in sich zusammen.

Ich begann, Leckerchen in die entgegengesetzte Ecke des Platzes zu werfen. Roxie rannte zum Leckerchen und machte anschließend einige zögerliche Schritte in meine Richtung (und gleichzeitig in Richtung der Zuschauer, die hinter mir saßen). Ich clickte ihre Bewegung in meine Richtung und warf ein Leckerchen hinter sie. Anschließend formte ich ihre Annäherung, bis Roxie die komplette Strecke zu mir laufen konnte, und wartete bei jedem Durchgang auf einen winzigen Schritt mehr in meine Richtung. Als sie den Weg zu mir sicher zurücklegen konnte, begann ich zur Seite zu treten, sodass ich die Zuschauer nicht mehr mit meinem Körper verdeckte (soweit ich überhaupt in der Lage war, sie zu verdecken - ich bin nicht *so* groß). Das Spiel verwandelte sich in ein »Guck mal da«-Spiel, bei dem Roxie erst zu den Zuschauern und dann zu mir sah, woraufhin ich ihr das Leckerchen in die entgegengesetzte Richtung warf. Sie rannte zu mir zurück und bot den Blick auf die Zuschauer und dann wieder auf mich an, bereit für das nächste Leckerchen.

Während dieses Prozesses hatte ich mich der Absperrung immer weiter genähert, bis Roxie und ich irgendwann direkt neben den Zuschauern standen. Als sie die Zuschauer nutzte, um mich zur Fortsetzung des Pingpong-Spiels zu bringen, begann ich mit ihr an der Absperrung entlangzulaufen. Dadurch wurde aus dem Pingpong ein Parallel-Spiel. Als sie fröhlich mit mir neben der Absperrung laufen konnte, gab ich sie zurück an ihre Hundeführerin, und die beiden konnten sich der eigentlichen Aufgabe widmen.

Meine Schülerin Jean wendete das Pingpong-Spiel vor kurzem an, um ihrem jungen Border Collie Crave dabei zu helfen, die Nerven zu behalten, während er einem anderen Hund beim Sprungtraining zusah. Für manche Hunde ist es einfacher, sich selbst zu bewegen, während sie lernen, Bewegungen anderer Hunde ruhig zu beobachten; für sie ist es zu viel Druck, dabei auch noch still zu sitzen. Sie sollten sich aber im Rahmen einer Struktur bewegen, die ihnen berechenbare kleine Aufgaben gibt, damit sie ihre Reizschwelle nicht überschreiten.

Pingpong war eine weise Entscheidung für Crave und er war schließlich in der Lage, einen springenden Hund mit ruhigem Blick zu beobachten. Nun konnte Jean zum »Guck mal da«-Spiel übergehen. Ein anderes Anwendungsgebiet für das Pingpong-Spiel ist der Übergang oder die Vorbereitung auf ein anderes herausforderndes Spiel.

33 Beobachte Deinen abgelenkten Hundeführer

Dieses Spiel hat mein Hund Easy erfunden, und es hat uns seitdem gute Dienste geleistet.

Üblicherweise fokussiert sich Easy sehr auf mich, während wir am Ring auf unseren Durchgang warten, selbst wenn ich mich nicht aktiv mit ihm beschäftige. Für ihn sind seltsame Begebenheiten in der Umgebung (Pfadfinder und Leute, die herumschreien und mit Hindernisstangen herumfuchteln) und andere Hunde das Signal für das »Guck mal da«-Spiel. Ich behalte ihn in der Nähe von Hunden mit bestimmtem Aussehen im Auge, weil ich weiß, dass er auf manche reagiert; er hat zum Beispiel ernsthafte Vorbehalte gegenüber Barsois.

Solange ich mich auf ihn konzentriere, macht er seinem Namen alle Ehre. Ich schaffe es aber nicht immer, aufmerksam zu sein. Bei Wettbewerben werde ich selbst sehr aufgeregt und abgelenkt: Wenn ich den Start meiner Freunde beobachte, mich mit Leuten unterhalte, die Hunde meiner Schüler anfeuere oder darüber nachdenke, ob der Eismann wohl wiederkommen wird. Irgendwann habe ich bemerkt, wie Easy mich angestrengt beobachtete, als ich den Starts der anderen Teilnehmer zusah – die Situation, in der ich am wenigsten Verbindung mit ihm habe.

Dabei fiel mir auch auf, dass er mich dazu trainiert hatte, ihn in regelmäßigen Abständen zu füttern, während ich etwas anderes beobachtete. Ich hatte seine Aufmerksamkeit gedankenverloren belohnt. Während ein Teil meines Gehirns dachte: »Easy ist gerade sehr aufmerksam, während wir auf unseren Durchgang warten, gib ihm ein Leckerchen«, beschäftigte sich ein anderer Teil meines Gehirns gerade intensiv mit dem Geschehen im Ring: »Heiliger Bimbam, hast Du diesen Slalom gesehen?!«

Wir hatten also das »Beobachte Dein abgelenktes Frauchen«-Spiel in unser Repertoire aufgenommen. Die Tatsache, dass ich ihm KEINE Beachtung schenkte, war zu einem weiteren Umgebungssignal für *Easy* geworden, *mir* seine volle Aufmerksamkeit zu widmen.

Dieses zufällige Spiel zahlte sich eines Tages bei einem Wettbewerb aus, bei dem noch einige Hunde vor uns darauf warteten, den Ring zu betreten. Ich unterhielt mich mit einer Freundin, während Easy mich anstarrte und anstarrte und anstarrte. Zu diesem Zeitpunkt bemerkte ich nicht, dass er mich anstarrte, weil sein böser Cousin Merlin direkt hinter uns stand. Easys Widersacher, der böse Cousin Merlin, ist in Wirklichkeit nicht auch nur ansatzweise böse, aber er ist Easys Cousin und auch wenn ich glaube, dass wir diesen Punkt inzwischen überwunden haben, war er einmal sein Erzfeind. Easy hegte einen Groll gegen ihn wegen einer Kabbelei, die sich während eines Spieltreffens in meinem Garten ereignete, als ich es noch nicht besser wusste. Merlin vergaß den Vorfall ungefähr 30 Sekunden, nachdem er passiert war, aber Easy war über Jahre hinweg vollkommen außer sich, wenn er Merlin sah. Merlin und Easy waren ungefähr gleich alt und nahmen an vielen Agilitykursen gemeinsam teil. Ich konnte Merlins Ankunft nie übersehen: Easy machte sich plötzlich groß und stellte das Fell auf. Und wenn ich nicht aufpasste, sprang er in die Leine und pöbelte ihn lautstark an.

Ich musste also das »Wo ist Dein Widersacher, der böse Cousin Merlin?«-Spiel sehr häufig auf unserem Trainingsgelände spielen. Wir bekamen oft die Möglichkeit, es zu spielen, wenn Merlin vollkommen nichtsahnend das Gebäude betrat, und jedes Mal wenn er gemeinsam mit seinem, ebenfalls nichtsahnenden, Frauchen Elaine an uns vorbeiging, um einen Parcours zu laufen. Vergaß ich zu erwähnen, dass Merlin in Easys Augen überhaupt kein Recht dazu hatte, einen Parcours zu laufen? Easy wurde absolut erbost, wenn er Merlin beim Agility sah. Ich spielte also entweder das »Guck mal da«-

Spiel mit Easy oder baute einen Sichtschutz vor seiner Box auf, damit er es nicht sehen würde. Ich gab Easy keine Möglichkeit, ihn anzuknurren oder zu bellen.

Easy wurde mit der Zeit richtig gut in diesem Spiel und ließ mich immer wissen, wenn Merlin in der Nähe war oder auf dem besten Wege, etwas anzustellen. Die Tage, an denen er beim Anblick von Merlin wie ein aufgeblasener Kugelfisch in die Luft ging, waren lange vorbei. Er wies mich ruhig darauf hin, wo ich den Bösewicht finden würde, und kehrte anschließend glücklich zu mir zurück. Doch dann begannen Easy und Merlin an Wettkämpfen teilzunehmen, und da sie in derselben Größenklasse waren, befanden sie sich auf der Startliste oft nahe beieinander. Easy musste also seinen Widersacher in einer neuen herausfordernderen Umgebung finden. Bei den ersten Wettkämpfen war ich besonders aufmerksam und achtete immer darauf, an welchem Platz Merlin an der Reihe war. Ich spielte eine Runde das »Guck mal da«-Spiel mit Easy, um sicherzugehen, dass auch er genau wusste, wo Merlin war, und später nicht überrascht tun konnte.

Easy ließ mich an dem Tag wissen, dass ich mir keine Sorgen mehr um Merlin machen musste, als er seine Augen während der gesamten Wartezeit nicht einmal von mir abwandte. Ich war völlig in die Unterhaltung mit meiner Freundin vertieft, hatte überhaupt nicht mitbekommen, dass Merlin direkt hinter uns war, und natürlich Easy auch kein Signal für das »Guck mal da«-Spiel gegeben. Aber Merlin war für Easy zu einem Umgebungssignal dafür geworden, seinen Fokus auf mich zu richten. *Und* die Tatsache, dass wir in der Schlange warteten und ich meine Aufmerksamkeit nicht auf Easy richtete, war ebenfalls ein Signal!

Irgendwann drehte ich mich um und entdeckte Merlin. Ich sagte zu meiner Freundin: »Wahnsinn, Merlin war die ganze Zeit hinter uns, und ich glaube nicht, dass Easy ihn bisher bemerkt hat!« Easy nickte an dieser Stelle kurz in Merlins Richtung – sein klassisches Anzeigeverhalten – und fixierte mich anschließend wieder mit den Augen. Er sagte mir damit: »Tatsächlich *wusste* ich die ganze Zeit, dass er dort ist. Was glaubst Du, warum ich Dich die ganze Zeit angestarrt habe? Gottseidank weiß zumindest *einer* von uns, was hier los ist, Du abgelenktes Frauchen!«

Teil 5: Schlussfolgerungen

34 Welpenführung in der Übungsstunde und auf Turnieren

Ich suche immer nach Möglichkeiten, Welpen und erwachsenen Hunden im Training eine Struktur beizubringen, die anschließend auf verschiedenste andere Situationen und Umgebungen übertragen werden kann. Unabhängig davon, wo wir sind oder was passiert, ist die Botschaft immer dieselbe: »Das ist zwar neu, aber Du brauchst es nicht weiter zu beachten oder darauf zu reagieren. Es nur eine andere Umgebung für etwas, das Du bereits kennst.«

Aus diesem Grund gab es, als ich noch Welpengruppen unterrichtete, folgende Regel: Jeder begibt sich gemeinsam mit seinem Welpen und seiner Decke auf eine »Station« (den Vorgänger der Stressfrei-Stationen), setzt sich dort zusammen mit dem Welpen auf die Decke und massiert ihn sacht, während er sich mit einem Kong oder Knochen beschäftigt. Diese Regel hatte ich eingeführt, weil ich den chaotischen Beginn der

Stunden leid war: wild herumtobende Welpen, die dadurch vollkommen überdreht und nicht bereit waren, zu arbeiten. Es gab in meinem Unterricht viel Zeit zum Spielen, aber hauptsächlich in der Struktur der Ausschalt-Spiele.

Wir begannen mit passiver Aufmerksamkeit, gingen über zur aktiven Aufmerksamkeit, arbeiteten ein wenig an den Obedienceübungen der Welpen, ließen sie eine Weile spielen. Dann kehrten wir wieder zur aktiven oder passiven Aufmerksamkeit zurück, je nachdem, was der jeweilige Welpe benötigte, und ließen sie anschließend wieder spielen.

Im Stressfrei-Unterricht besteht eine Station aus einer Box, einem Stuhl, einer Decke und einem Vorrat an Spielzeug und Leckerchen.

Als ich Jahre später das Stressfrei-Programm einführte, ließ ich meine Schüler ihre Stationen vorbereiten, bevor sie ihre Hunde in den Trainingsraum brachten. Diese Stationen bestanden aus einem Stuhl, einer Transportbox, einer Decke und den mitgebrachten Spielzeugen und Leckerchen. Die Stressfrei-Hunde wussten, dass sie sich sofort beim Betreten des Raumes zu ihrer Station orientieren und sich auf ihre Decke oder in ihre Box legen sollten. Auf diese Weise waren sie bereits ab dem Betreten des Raumes auf ihre Aufgabe fokussiert.

Dieses Stationen-Konzept kann auch während Turnieren angewendet werden. Ich lebe in einer Gegend, in der viele Turniere unter freiem Himmel stattfinden und die Leute ihre Zelte mitbringen. Ich *liebe* das. Ich liebe es, wenn meine Schüler mit ihren Welpen »Frauchen und ich«-Zeit im Zelt verbringen oder an passiver Aufmerksamkeit arbeiten. Der Aufenthalt im Zelt wird so sehr emotional mit Entspannung und Bindung verknüpft. Ich bringe den Welpen bei, das Zelt ebenso als Target zu sehen wie ihre Box oder Decke. Sie können die Decke in einiger Entfernung zum Zelt auf den Boden legen und den Welpen hin und her schicken; dasselbe können Sie mit einer Box tun.

Das eigentliche Targetverhalten können Sie frei wählen. Wenn Sie Ihren Welpen dafür verstärken, in die Box oder das Zelt zu rennen, ist das ein relativ vages Kriterium. Was macht Ihr Welpe im Moment des Clicks? Ist er mit den Vorderpfoten im Zelt? Ist er mit allen Pfoten im Zelt? Als »Bonus-Aufgabe« könnten Sie Ihrem Welpen auch beibringen, das Zelt oder die Box mit der Schnauze zu berühren, unabhängig davon, ob er es auch wirklich betritt. Meine Freundin schickt ihre Border Collie-Hündin manchmal, um Hindernisse mit der Nase oder den Zähnen zu berühren (diese beißt gerne in den Tunnel). Sie gibt diese Signale abwechselnd zu dem Signal für das Überwinden des Hindernisses. Auf diese Weise will sie sicherstellen, dass ihr Hund das Konzept wirklich versteht und lernt, selbständig bestimmte Targets (Hindernisse) zu finden. Das Signal für das Schnappen nach dem Tunnel gibt sie als Verstärker für das korrekte Überwinden eines Hindernisses, da ihre Hündin das wirklich liebt.

Wenn Ihr Welpe nun zwischen verschiedenen Target-Orten hin- und herrennt, können Sie eine andere Person oder einen anderen Hund hinzufügen, die sich in der Umgebung bewegen. In anderen Worten: Sie gestalten die Übung als Parallel-Spiel. Das Ziel ist es, dem Welpen beizubringen, die Dinge um sich herum zu ignorieren, während er von einem Target zum nächsten läuft. Das lässt sich auch direkt auf die Wettkampfsituationen übertragen.

Ich stelle normalerweise einen mit Leckerchen bestückten Stuhl außerhalb des Rings auf, damit Easy weiß, wir kehren nach einem Durchgang direkt zu unserer Station zurück. Vom Stuhl aus mache ich vielleicht einen Spaziergang mit ihm oder wir gehen zurück zu unserem Zelt. Wenn wir mehr Struktur benötigten (was bei uns aktuell nicht mehr der Fall ist), würde ich ihn bei Turnieren immer direkt vom Stuhl zum Zelt bringen, damit er sich auf dieses Ritual einstellen und die genaue Reihenfolge der folgenden Schritte lernen kann. Von dort aus würde ich mit ihm spazierengehen. Als Easy noch kleiner war, schickte ich ihn oft neben dem Ring inmitten all des Trubels zwischen Decke und Zelt hin und her. Dabei übte er bei jedem Verlassen von Zelt oder Box das Umorientieren. Auf diese Weise war es ein lustiges Zickzack-Spiel für ihn, bei dem er Umwelteindrücke verarbeiten konnte, ohne sich davon überrollen zu lassen. Falls er eine direktere Verarbeitung benötigte, spielten wir das »Guck mal da«-Spiel.

Es gibt ein paar einfache Regeln, die Sie sogar dann im Unterricht beachten können, wenn niemand anderes dies tut. Einige Welpen benötigen eine sehr klare Struktur. Nur wenige brauchen überhaupt keine Struktur und sind von Anfang an in der Lage, zwischen Arbeit, Pause und Spiel hin- und herzuwechseln, egal, was um sie herum passiert.

Begrüßen oder nicht begrüßen, das ist hier die Frage: Stellen Sie Ihren Welpen in einer Übungsstunde oder auf dem Turnier vor

»Würden Sie bitte meinen Welpen füttern? Er ist schüchtern.«

Auf Turnieren kommen häufig Leute mit einem niedlichen kleinen Welpen auf mich zu und versuchen, mir Futter in die Hand zu drücken. Sie erzählen mir, dass ihr Welpe in der Nähe von Fremden schüchtern sei und sie ihn auf diese Weise sozialisieren. Lassen Sie mich Ihnen meine Bedenken dazu beschreiben:

1. Falls es funktioniert, funktioniert es meistens *zu gut*, und Sie haben später einen Hund, der beim Anblick von Fremden sehr erregt wird und sie um Futter anbettelt.

2. Falls es nicht funktioniert, riskieren Sie, die Situation zu verschlimmern.

Einmal bat ein Bekannter auf einem Turnier meinen Mann, seinen Border Collie zu füttern. Gut trainiert wie er ist, blieb mein Mann sehr ruhig und neutral und fütterte den Welpen. Der Kleine wurde mutiger und forderte spielerisch Aufmerksamkeit und mehr Leckerchen. Erfreut beugte mein Mann sich vor, um ihn zu streicheln. Das verstörte den Welpen; er duckte sich weg, wich vor meinem Mann aus und versuchte, sich unter einem Stein zu verstecken.

Selbst die erfahrensten Menschen mit den besten Absichten können einen Welpen verschrecken. Warum sollten Sie also bewusst das Risiko eingehen, auf einem Turnier eine potenziell erschreckende Situation zu schaffen, die Fremde involviert? Ich würde dem Welpen eher beibringen, dass Fremde auf einem Turnier nur Hintergrundrauschen sind und dass sie ihn in Ruhe lassen. Ich denke, es ist zuviel Druck, sie zu einem Fremden zu bringen und direkte Interaktion zu verlangen (für die meisten Welpen, nicht für alle; ich bin mir sicher, dass es immer Ausnahmen gibt). Selbst wenn Leckerchen eingesetzt werden, kann die Begegnung den Welpen dennoch zu sehr unter Druck setzen oder sogar verängstigen. Wenn Ihr Welpe Leckerchen aus der Hand von Fremden nimmt und herunterschlingt, lernt er dabei nicht, dass Fremde toll sind, nur weil sie ihm Leckerchen füttern. Er ist lediglich ein normaler Hund, der verfügbares Futter frisst, und kann dennoch durch den Fremden gestresst werden, also ist es keine Hilfe für ihn.

Ein Extremfall war einer meiner Schüler, der eine erwachsene Schäferhund-Mix-Hündin aufgenommen hatte. Diese sollte im Rahmen einer großen Abendgesellschaft das Konzept der »Hausgäste« kennenlernen. Weil sie sich nicht wohlfühlte, wenn Leute ins Haus kamen, bat ihr wohlmeinender Besitzer alle Gäste darum, sich in einer Reihe zu postieren, damit er der Hündin jeden Einzelnen nacheinander vorstellen konnte. Ich kann mich nicht mehr erinnern, ob auch Leckerchen verteilt wurden. Jedenfalls knurrte die Hündin am Ende des Abends jeden Menschen an – ein gutes Beispiel für zu viel Druck. Ich machte viel Entspannungstraining mit der Schäferhündin und brachte ihr bei, dass sie Leute auf Signal ansehen oder sogar berühren kann und dass sich so viele Pausen in ihrer Box gönnen darf, wie sie benötigt.

Ein anderes Problem, wenn Sie Fremde Ihren Welpen berühren oder füttern lassen, ist, dass der Welpe der sich nähernden Hand manchmal aus Reflex ausweicht. Der Welpe übt auf diese Weise nur soziale Interaktion zu vermeiden, statt zu lernen, dass fremde Menschen nett sind.

Was empfehle ich stattdessen? Es gibt in meinen Augen eine Vielzahl an Möglichkeiten:

- **»Guck mal da«-Spiel:** Ich würde natürlich das »Guck mal da«-Spiel spielen mit dem Ziel, den Fremden zu neutralisieren und zum Teil einer Übung zu machen, mit der der Welpe sich bereits wohl fühlt. Außerdem würde dieses Spiel dem Fremden einen »Angucken ja, Anfassen nein«-Status geben, damit der Welpe weiß, er kann den Fremden aktiv dafür *nutzen*, das Spiel zu spielen. Er muss sich keine Gedanken darüber machen, dass sich der Fremde ihm nähert und mit ihm interagieren möchte.

- **Targeting:** Sie können den Fremden für einen Welpen, der bereits zuverlässig Gegenstände oder die Hände von Leuten berührt, einfach zu einem weiteren Target machen. Das »Guck mal da«-Spiel ist ebenfalls eine Targetübung, nur dass es dabei um ein visuelles Target geht, während ich bei dieser Übung von einem taktilen Target rede – eine offensichtlich interaktivere Form des Kontaktes mit dem Fremden.

  Sie könnten dem Fremden ein Target geben, das der Welpe bereits gut kennt. Der Kleine kann seinen Targetgegenstand dann vertrauensvoll berühren, ohne sich Sorgen wegen des Fremden zu machen. Sie könnten ihm auch das Signal geben, die Hand des Fremden zu berühren. Dieser muss dann aber bereit sein, seine Hand anzubieten, ohne den Welpen anzusprechen oder zu berühren. Als Maggie noch jünger war, hatte sie große Angst vor Kindern und schnappte nach ihnen, wenn sie ihr zu nahe kamen. Sie dachte sich eine eigene Verhaltenskette aus: Sie näherte sich einem Kind (immer das Kind eines meiner Schüler, mit dem ich üben durfte), legte ihre Pfote auf einen seiner Schuhe (einer ihrer Wohlfühl-Lieblingstricks) kam anschließend zu mir zurück und setzte sich vor mich.

  Maggie verfügte über Werkzeuge, mit deren Hilfe sie ein eigenes Ritual erfinden konnte, um sich in der Nähe von Kindern wohlzufühlen. Sie betrachtete sie als »Target-Möglichkeit« in dem Wissen: Wenn sie ein Targetverhalten anbietet, indem sie etwas mit der Schnauze oder Pfote berührt, kann sie zu mir zurückkommen und eine Belohnung abholen. Sie beendete ein Verhalten gerne damit, sich vor mich zu setzen, da sie für Obedience-Turniere trainiert war. Im Verlauf der Zeit steigerte Maggie ihre Kriterien von selbst, indem sie den Kindern erlaubte, sich vorzubeugen und sie sogar zu berühren, bevor sie zu mir zurückkehrte. Sie wusste, dass sie die Situation jederzeit verlassen und zu mir kommen konnte. Dadurch war es ihr möglich, immer sozialer zu werden, bis sie ihre Verhaltenskette nicht mehr benötigte.

Diese Art von Erfahrung, bei der meine Hündin und ich gemeinsam eine Übung erschaffen haben, die ihr dabei hilft sich in der Welt sicher zu fühlen, ist genau der Grund dafür, warum ich Clickertrainerin bin.

Sobald der Welpe das Targeting freudig nutzt, um dafür zu sorgen, dass gute Dinge passieren, erlaube ich der fremden Person in einigen Fällen, ihn zu belohnen. Das hängt von den Fähigkeiten der Person ab und davon, ob der Welpe dafür bereit ist. Andernfalls belohne ich den Welpen weiterhin selbst für seinen Mut, mit der Person zu interagieren. An dieser Stelle gibt es viele »Vielleichts«: Es kommt auf die Situation, den individuellen Welpen und seine Reizschwelle an.

- **Nutzen Sie das Entfernen des Drucks durch die soziale Interaktion als Belohnung:** Sie haben es sicherlich bemerkt: Der Premack-Verstärker für Maggie war weniger das Leckerchen als Belohnung, sondern vielmehr das Wissen, sich wieder von dem Kind entfernen zu können, sobald sie seinen Schuh berührt hatte. Denken Sie daran, dass das Nachlassen des Drucks oft der wertvollste Verstärker ist. Mit diesem Wissen im Hinterkopf wollen Sie Ihren schüchternen Welpen vielleicht damit belohnen, sich mit ihm von dieser Person oder dem Gegenstand zu *entfernen*, wenn er so mutig war, den Target in der Hand des Fremden zu berühren oder das »Guck mal da«-Spiel mit einem furchteinflößenden Gegenstand zu spielen. Um die richtige Botschaft zu vermitteln, benötigen Sie gutes Timing. Ich entferne mich während meiner Seminare oft als Belohnung für ruhiges Verhalten mit den Hunden vom Auslösereiz und füttere sie erst, nachdem wir der Situation »entkommen« sind. Besonders gefreut hat es mich, als meine Kollegin Grisha Stewart einige Elemente des »Guck mal da«-Spiels auf ähnliche Weise in ihr BAT (Behavior Adjustment Training – Verhaltensmodifikations-Training) integriert hat. In diesem BAT lernen die Hunde, dass sie bei sozial angemessenem und entspanntem Verhalten von der Umgebung bekommen, was sie brauchen, ohne in einen »Kampf-oder-Flucht-Modus« zu geraten.

Aktuell arbeite ich auch mit meinem Pferd und belohne es durch die Entfernung von sozialem Druck. Als ich King bekam, reagierte er sehr stark auf Berührungen im Kopf- und Halsbereich. Mit Hilfe des Clickertrainings lehrte ich ihn, den Kopf zu senken, was ihn beruhigt. Dann brachte ich ihm bei, dass er mich dazu bringen konnte, ihn in Ruhe zu lassen, wenn er den Kopf senkte, während ich seinen Nacken streichelte. Danach steigerte ich die Zeit, in der ich ihn bei gesenktem Kopf berühren konnte, bevor ich mich von ihm entfernte. Inzwischen kann ich ihn ungefährdet putzen. Manchmal gebe ich ihm Leckerchen für das Senken des Kopfes und bleibe neben ihm stehen; manchmal gehe ich einfach ein paar Schritte zur Seite. Ich beobachte ihn genau, um herauszufinden, ob er das Leckerchen oder die Distanzierung bevorzugt. Das Kopfsenken hat sein aggressives Verhalten ersetzt, bei dem er mit angelegten Ohren in meine Richtung schnappte. Damit wollte er mir mitteilen »Geh weg, neues Frauchen!« Ich brachte ihm einen netteren Weg bei, danach zu fragen. Im Lauf des Prozesses wurde er gegen meine Anwesenheit desensibilisiert und senkt nun automatisch den Kopf, sobald ich beginne, ihn zu streicheln.

- **Welpen-Pingpong:** Denken Sie daran, dass auch dieses Spiel auf der Befreiung von sozialem Druck aufbaut. Es kann aber – genauso wie das »Guck mal da«-Spiel – auch mit einem Welpen angewendet werden, der sich dem Fremden eigentlich nähern möchte. Unabhängig davon, ob Ihr Welpe durch den Fremden besorgt oder viel zu aufgeregt ist, hilft es ihm, den Unbekannten in eine bekannte Struktur zu integrieren, durch die er neutralisiert wird. Sie können Leckerchen am Fremden vorbeiwerfen, ohne ihn direkt in das Welpen-Pingpong zu integrieren, und Ihrem Welpen beibringen, Ihnen den Fremden anzuzeigen (so wie im Beispiel mit der gruseligen Klimaanlage in Kapitel 32), indem er sich in seine Richtung orientiert, damit Sie das nächste Leckerchen werfen.

  Falls es irgendeinen anderen Gegenstand gibt, der die Aufmerksamkeit des Welpen auf sich zieht, wägen Sie ab, ob Sie den Gegenstand mit Hilfe des »Guck mal da«-Spiels, Welpen-Pingpongs oder des Targetings zum Spielstart mit Ihrem Welpen verwenden können. Achten Sie darauf, was für Ihren Welpen in solchen sozialen Situation der größte Verstärker ist und nutzen Sie ihn.

- **»Mach mal Pause«:** Nutzen Sie das »Mach mal Pause«-Spiel, um das soziale Vertrauen zu fördern. Es geht in diesem Spiel darum, Enthusiasmus und Antrieb für ein bestimmtes Verhalten aufzubauen. Dabei muss es sich nicht um ein normales Trainingsverhalten handeln, es kann auch ein soziales Verhalten sein, wie z. B. sich jemandem auf freundliche Weise zu nähern. Bei diesem Spiel lernt der Welpe, sich aktiv für die Fortführung des Spiels und den weiteren Druck zu entscheiden, nachdem Sie ihn in die Pause entlassen haben. Und so funktioniert es:

  Kürzlich brachte eine gute Freundin ihre junge Zwergspitz-Hündin zur Sozialisierung mit in den Agilityunterricht. Sie erzählte mir, dass die Hündin vor Händen zurückweichen würde und nicht am Kopf gestreichelt werden wollte. Die Leute zu bitten, ihr Leckerchen zu geben, hatte nicht geholfen – sie würde das Leckerchen nehmen und zurückspringen und dabei das Meidungsverhalten üben. Diese unwiderstehliche, liebenswerte Kleine guckte so missmutig, dass ich schnell einen Plan ausheckte, um sie ohne Stress streicheln zu können.

Ich begann damit, sie unter ihrem Kinn zu streicheln. Hierfür war sie deutlich empfänglicher als für Berührungen direkt auf dem Kopf. Ich bot ihr ein Leckerchen an und hielt es in der Hand, während sie daran knabberte. Ich hielt das Leckerchen so lange fest, bis ich sie unter dem Kinn gestreichelt hatte. Da sie das großartig machte, fügte ich die »Mach mal Pause«-Struktur hinzu. Ich streichelte die Kleine am Kinn, während sie am Leckerchen knabberte, ließ es mit einem »Tschüss« los, stand auf (ich kniete vor ihr auf dem Boden, um sie zu füttern und zu streicheln) und entfernte mich einige Schritte. Ich ignorierte sie, und nach ungefähr einer Sekunde setzte sie sich vor mich und sah mich mit strahlenden Augen an! Sie schien zu sagen: »Hey Du, warum bist Du weggegangen? Wir waren doch gerade beschäftigt!«. Also beugte ich mich zu ihr, ließ sie am Leckerchen knabbern, streichelte sie am Kinn, ließ das Leckerchen los, sagte »Tschüss« und entfernte mich wieder. Sie folgte mir sofort, setzte sich vor mich und starrte mich an.

Meine Freundin und ich waren sehr zufrieden. Ich fuhr damit fort, auf die Angebote der Hündin zu reagieren und erhöhte nach einer Weile den Einsatz, indem ich sie auf dem Kopf streichelte. Als ich wieder aufstand, blieb sie bei mir. Zuvor hatte ich das »Mach mal Pause«-Spiel noch nie angewendet, um die sozialen Fähigkeiten eines Welpen zu fördern, aber es funktionierte großartig.

- **Biofeedback:** Sie können Ihrem Welpen während all der beschriebenen Spiele das Signal zum Luftholen geben! Das wird ihm dabei helfen, einen kühlen Kopf zu bewahren und zu lernen. Sie können das Luftholen zum Beispiel in das »Guck mal da«-Spiel integrieren, welches so zu einem Drei-Verhalten-Spiel wird: »Guck zum Monster, orientiere Dich zu mir um und hole tief Luft.«

- **Management:** Alternativ können Sie Ihren Welpen auch einfach vor potenziell unangenehmen Situationen schützen, statt diese für das Training zu nutzen. Manchmal ist das Management die angemessenste Option, aber wir alle wissen auch, dass man die Umgebung nicht in jeder Situation verändern kann. Beispielsweise musste ich bei einem Turnier, bei dem Pfadfinder die Ringhelfer stellten, mit Easy »Wo ist der Pfadfinder?« spielen, bevor wir den Ring betreten konnten. Ein etwas dramatischeres Beispiel ist ein Wettbewerb, der in einem Ausstellungszentrum stattfand. Niemand hatte vorher meinem Verein erzählt, dass im Ring *neben unserem* Elefantenritte angeboten werden würden. Ja, Sie haben richtig gelesen, Elefantenritte!

Was ist das Gegenmittel für das »Zwanzig-Fernseher-Syndrom«?

Ich hatte einmal eine Schülerin, bei deren Sohn das Aufmerksamkeitsdefizitsyndrom (ADS) diagnostiziert wurde. Der Psychologe ihres Sohnes hatte es so beschrieben, als würde er gleichzeitig auf zwanzig Fernsehern unterschiedliche Sendungen anschauen, ohne ein einziges Gerät abschalten zu können.

Stellen Sie sich vor, all diese Informationen auf einmal verarbeiten zu müssen: Wie soll man dann in der Lage sein, sich auf das Wesentliche zu konzentrieren? Wie soll man überhaupt herausfinden, was wichtig ist? Ich denke, dass es vielen Welpen genau so geht, wenn sie das erste Mal eine Hundeschule oder ein Turnier kennenlernen.

Das »Guck mal da«-Spiel hilft Ihrem Welpen dabei, sich auf einen Sender zu fokussieren und immer zum Sender »Hundeführer« zurückzuschalten. Das ist ein toller Weg für Ihren Welpen, seine sonst vollkommen überfordernde Umgebung in kleinere Teile zu unterteilen. Eine andere Möglichkeit ist es, ein Target und eine Station aufzubauen. So kann ihr Welpe die Welt um sich herum aus dem Augenwinkel wahrnehmen, während er sich von einem Target zum nächsten bewegt (zum Beispiel aus der Box zur Decke oder von der Decke zur mit Leckerchen gefüllten Kühltasche oder aus dem Zelt zum Stuhl vor dem Zelt).

Ihren Welpen zum Luftholen aufzufordern, nachdem er Informationen über die Umgebung verarbeitet hat, ist eine weitere große Hilfe. Ihn ans Luftholen zu erinnern, ist niemals Zeitverschwendung! Eine weitere Möglichkeit, die Welt um sich herum in Ruhe wahrzunehmen, ist die Arbeit an der passiven Aufmerksamkeit, indem Sie Ihren Welpen zum Beispiel auf seiner Decke massieren. Sie könnten ihn auch, während er in seiner Box an einem Knochen kaut, für eine Runde »Guck mal da« auf der Decke herausrufen und ihn anschließend zum Ausruhen wieder zurück in die Box schicken. Werden Sie kreativ darin, herauszufinden, wieviel Stimulation und Information Ihr Welpe benötigt, um seine beste Leistung zeigen zu können.

Sie bekommen, was Sie ihm beibringen: Seien Sie vorsichtig damit, was Sie Ihrem Welpen über das Verhalten in Nähe des Rings beibringen

Während ich über das »Zwanzig-Fernseher-Syndrom« nachdenke, erinnere ich mich an eine wundervolle, knapp 5 Monate alte Blue Merle Border Collie-Hündin, die ich kürzlich auf einem Turnier gesehen habe. Sie war in keinster Weise beunruhigt oder ängstlich; sie war ein zuversichtlicher Welpe, der auf alles und jeden in quicklebendiger und fröhlicher »Hallo Welt, hier bin ich!«-Weise zustürmte. Sie war ziemlich erregt, bellte zwar nicht, aber sprang unablässig durch die Gegend. Sie bot nicht ansatzweise genug Fokus auf ihren Hundeführer an und konnte nur von absoluten Profis eingefangen werden – sie war überall zur selben Zeit.

Im Ring wollen wir ein gewisses Erregungsniveau haben, aber wir benötigen das nicht außerhalb des Rings. Ihr Welpe sollte lernen, sich außerhalb des Rings zu entspannen und sich ruhig über das Turniergelände zu bewegen.

Mit einem Welpen wie diesem würde ich solange an den Stressfrei-Grundlagenübungen arbeiten, bis diese sicher sitzen, bevor ich sie der Turnierumgebung aussetze. Und bei unserem ersten Wettbewerb würde ich sie zunächst an einen entfernten Platz zu ihrer Station bringen (dieser Welpe war direkt neben dem Ring inmitten von starkem Fußgängerverkehr). An der Station würde ich etwas an der passiven Aufmerksamkeit und ein wenig auf der Decke arbeiten und dann das »Guck mal da«-Spiel mit einem für die Hündin spannenden Gegenstand spielen. Ich würde nicht wollen, dass sie zum Opfer des »Zwanzig-Fernseher-Syndroms« wird. Sie erinnern sich, das »Guck mal da«-Spiel hilft Ihrem Welpen dabei, sich auf einen Sender zu konzentrieren und regelmäßig auf den Sender »Hundeführer« zurückzuschalten. Sie sind der Kontroll- oder Standardsender.

Wenn die Hündin schließlich in der Lage wäre, ruhig und einigermaßen entspannt auf ihrer Decke zu liegen – nicht notwendigerweise vollkommen entspannt, aber auch nicht so, als ob sie gerade in die Steckdose gefasst hätte – und sich solange auf mich zu fokussieren, wie es nötig ist, um ihr ein anderes Signal zu geben (ich würde schätzen, so zwischen 5 und 10 Sekunden), *dann* würde ich mich mit ihr weiter dem Ring nähern.

Mein Ziel wäre es, diesen Level an Fokus und Ruhe in die neue Umgebung mit ihren gesteigerten Anforderungen mitzunehmen. Wenn genug Platz zum Ausbreiten ihrer Decke vorhanden wäre, würde ich dies tun, um ihr dabei zu helfen sich zu »erden«. Sie könnte dann in Ruhe all die neuen Eindrücke, Geräusche und Gerüche aufnehmen, während sie auf ihrer Decke liegt, genauso wie wir es beim Steigern der Kriterien in einem Parallel-Spiel tun würden. Wenn ich unsicher wäre, wie weit ich an diesem Punkt gehen kann, würde ich das Testsystem aus Kapitel 38 anwenden.

Die Strategie der Hundeführerin dieses Welpens verstärkte leider alle ungewünschten Reaktionen. Die Hundeführerin stand still und ließ ihre Hündin planlos überall herumwuseln. Sie stachelte sie zusätzlich in unregelmäßigen Abständen zu wilden Spielen an, um sie anschließend in ihrem Erregungszustand wieder sich selbst zu überlassen. Die Hundeführerin versuchte so, Aufmerksamkeit in der Nähe des Rings durch das Spielen zu belohnen, aber das einzige, was sie verstärkte, war die Verknüpfung, dass *in dieser Umgebung zu sein = hohe Erregung* bedeutet. Und leider nicht unbedingt gute Erregung – der Welpe konnte offensichtlich nicht klar denken und bot niemals aus eigenem Antrieb Aufmerksamkeit gegenüber seiner Hundeführerin an. Die Hündin reagierte für einen Augenblick auf das Anstacheln, folgte kurz den wild fuchtelnden Händen ihrer Besitzerin bei einem aufregenden Fang-meine-Hand-Spiel und wendete sich umgehend wieder anderen Dingen zu.

Sie befand sich die gesamte Zeit in einem fieberhaften Erregungszustand und schien während der kurzen Interaktionen mit ihrer Hundeführerin keinerlei Verbindung zu ihr zu haben. Es wirkte, als ob sie einfach nur auf ihre unmittelbare Umwelt reagierte, die manchmal auch Hände vor ihrem Gesicht beinhaltete. Ich weiß, dass den Leute immer wieder geraten wird, ihre Welpen erregt zu halten, um Turniere spannend und interessant zu machen. Aber Sie müssen Ihren Welpen genau im Blick haben, um das Wann, Wo und Wie zu kennen. Diese Border Collie-Hündin hielt Turniere bereits für aufregend und interessant. Sie war nicht in der Lage, sich genug zu konzentrieren, zu denken oder ihrer Hundeführerin wirkliche Aufmerksamkeit zu schenken. Und das war genau der Punkt, der weitere Arbeit benötigte. Das Aufstacheln und Spielen hatte für sie keinen Wert als Verstärker im Training. Der Welpe reagierte nur auf Dinge in seine Umgebung, die kurzzeitig seine Aufmerksamkeit beanspruchten, und ab und an gehörte seine Hundeführerin dazu.

Damit möchte ich nicht sagen, dass Sie mit Ihrem Welpen nicht bei Turnieren spielen sollen. Aber um Qualität zu haben, sollte das Spielen eine Verbindung zu Ihnen schaffen und halten können. Ausschalt-Spiele mit Spielzeug sind großartig an dieser Stelle. »Nimm Dich zusammen und gehe eine Verbindung mit Deinem Menschen ein.« Außerdem sollte der Welpe vorher die Eindrücke der Turnierumgebung aus sicherer Entfernung aufnehmen und sie mit Hilfe seiner Grundlagenverhalten verarbeiten können, ohne der Reizüberflutung ausgesetzt zu sein, die diese Hündin erlebte.

Mit einem Welpen mit gefestigterer Persönlichkeit, der in der Turnierumgebung ausgeglichen bleiben kann - wie der junge Corgi mit den riesigen Ohren, den ich letztes Wochenende kennenlernte -, würde ich nicht so viele einzelne Schritte machen. Der Corgi hatte kein Problem damit, ohne viel Struktur herumzulaufen und ab und an von einem Passanten gestreichelt zu werden. Ich würde definitiv dafür sorgen, dass er genug Trink- und Pipi-Pausen hat, und Zeit, um sich in der Box mit etwas zum Kauen zu entspannen. Und ich würde etwas mehr Struktur in seinen Tagesablauf bringen, indem ich die Turnierumgebung als Trainingsgelegenheit nutzen würde – aber ich würde es auch nicht übertreiben wollen. *Das Wichtigste ist es, Ihren Welpen in jeder neuen Umgebung genau zu beobachten, um entscheiden zu können, wie viel oder wenig Struktur am hilfreichsten für ihn ist.* Ihr Ziel ist es, Ihrem Welpen dabei zu helfen, in Balance zwischen Aufmerksamkeits- und Ruheperioden zu bleiben (und wenn möglich, Sozialkontakt mit anderen Menschen und Hunden), und sich dort wohl zu fühlen, wo er ist.

Das »Mach mal Pause«-Spiel nutzen, um Aufmerksamkeit in der Turnierumgebung zu bekommen

Auf der anderen Seite des Spektrums befindet sich der Welpe, der vor lauter Stress abschaltet und ihn mit Übersprungshandlungen wie dem Schnüffeln kompensiert. Dabei muss ich an meinen Jack Russell Terrier-Mix Snap denken: In der Anfangszeit prasselten im Unterricht oder beim Turnier so viele Sinneseindrücke auf ihn ein, dass er sprichwörtlich am Boden festgeklebt war – zu überwältigt, um aufmerksam zu sein. Ich entwickelte das »Mach mal Pause«-Spiel ausschließlich für Snap, weil er so druckempfindlich war und so schnell abschaltete. Er brauchte genau dieses Spiel in herausfordernden Situationen, um seine Aufmerksamkeitsspanne vergrößern und klar denken zu können.

Sie benötigen, um dieses Spiel bei einem Turnier zu spielen, nicht meine offizielle »Mach mal Pause«-Ausrüstung wie den Zaun und den Stuhl. Falls Sie die Umgebung nicht genug kontrollieren können, um Ihren Welpen frei laufenzulassen, können Sie es auch an der Leine spielen. Geben Sie einfach Ihr Signal für die Blitzwendung, während Ihr Welpe am Boden schnüffelt. Falls er sich nicht direkt zu Ihnen orientiert, ist das in Ordnung. Gleiten Sie einfach mit Ihren Händen an der Leine entlang, ohne Druck aufzubauen, und warten Sie. Sobald Ihr Welpe beginnt, sich in Ihre Richtung zu orientieren, clicken Sie, belohnen ihn und geben ihm anschließend das Freizeichen und das Signal, wieder am Boden zu schnüffeln. Wenn die Welpen das Spiel einmal verstanden haben, beginnen Sie schnell damit, Ihnen ihre Aufmerksamkeit anzubieten und das Schnüffeln am Boden verliert an Bedeutung. Auch wenn wir gerade über Welpen sprechen, die abschalten, ist dieses Spiel in Verbindung mit dem guten alten Premack-Prinzip ebenfalls geeignet, um die Aufmerksamkeit von Welpen wiederzuerlangen, die als Übersprungshandlung – oder einfach, weil es gut riecht – am Boden schnüffeln.

35 Erregung ist nicht Trieb

Im Agilityumfeld richtet man den Fokus häufig zu sehr auf die Erregung und setzt sie mit dem »Trieb« gleich. Der unspezifische Begriff Trieb bezeichnet für unterschiedliche Leute unterschiedliche Dinge. Für eine meiner Freundinnen bedeutet er einfach »sehr schnell«, während ich ihn normalerweise anwende, um die Begeisterung des Hundes für seine Aufgabe zu beschreiben.

Wegen dieser Unklarheit glauben viele Leute, sie könnten ihren Hund für Agility begeistern, wenn sie wilde Zerrspiele mit ihrem Hund spielen oder ihn so lange anstacheln, bis er vollkommen ausrastet. Das könnte zwar funktionieren, aber wenn es nicht auf eine durchdachte und balancierte Art und Weise geschieht, macht es den Hund eher konfus und nimmt ihm die Möglichkeit, sich konzentriert und mit voller Energie seiner Aufgabe zu widmen. Aus diesem Grund liebe ich die Ausschalt-Spiele, besonders in der Übergangszeit für Welpen, die durch zu intensives Spiel aus der Balance gebracht wurden und ihr inneres Gleichgewicht wieder finden müssen.

Vielen Leuten wird beigebracht, ihre Hunde während des Agilitytrainings in einen Jagdmodus zu versetzen, um den Jagdtrieb zu fördern. Aber der Jadgtrieb sieht bei unterschiedlichen Hunden auch unterschiedlich aus.

Bei vielen Border Collies zeigt sich der Jagdmodus in einem langsamen, geduckten, schleichenden Gang. Bei zahlreichen Jagdhunderassen ist der Jagdtrieb an einer stehenden Position mit leicht angehobener Vorderpfote und Vorstehhaltung erkennbar. Wenn wir den Jagdtrieb im Training nutzen wollen, erhalten wir diese instinktiven Verhaltensweisen, die nicht immer »schnell« bedeuten. Ich kenne viele Border Collies, die auf der Kontaktzone oder dem Tisch eine unerträglich langsame und geduckte Haltung einnehmen oder sich der Flyball-Box in Zeitlupentempo nähern, da sie die korrekte Verknüpfung gemacht haben, dass diese Verhaltensweisen ein Zerrspiel oder Apportieren auslösen.

Der Jadgtrieb äußert sich bei verschiedenen Hunderassen unterschiedlich. Border Collies nehmen dabei zum Beispiel oft eine langsame, geduckte und schleichende Haltung ein.

Denken Sie daran, dass es beim Spiel mit Spielzeugen um das instinktivste Verhalten unserer domestizierten Raubtiere geht: Jagen und Töten. Das ist großartig, und ich nutze das Spielen überall in meinem Training. Ich habe aber auch herausgefunden, dass manche Welpen – vor allem aus den Arbeitslinien von Jagdhunderassen und Border Collies – in diesem Status feststecken und es erst lernen müssen, zwischen instinktivem Verhalten und denkendem Gehirn hin- und herzuschalten. Das ermöglicht ihnen, die im Agility geforderten Verhaltensweisen zu zeigen, auch wenn am Ende die Möglichkeit lockt, eine Frisbeescheibe zu töten.

Ich habe vor einigen Jahren mit mehreren Deutsch Kurzhaar-Hunden eines Jagdvereins gearbeitet. Ihre Hundeführer brachten sie zu mir, da sie in großer Distanz nicht hörten, selbst wenn sie Telereizgeräte trugen – etwas, womit ich nichts zu tun haben will. Die Hundeführer betrachteten es als ein Unterordnungsproblem, während ich bemerkte, dass die Hunde einfach zu erstarren schienen und in ihrer Vorstehhaltung nicht mehr in der Lage waren, die Informationen ihrer Hundeführer korrekt zu verarbeiten.

Ich begann damit, ihnen das Doggie Zen beizubringen und nutzte einen Tennisball, der dieselben Reaktionen in ihnen auslöste; es war sehr hart für sie, sich von ihm abzuwenden. Ich arbeitete daran, den Ball ihm Rahmen eines »Lass es«-Spiels werfen zu können. Hierdurch wollte ich ihnen dabei helfen, aus dem Jagdmodus zurück zum guten alten Click- und Belohnung-Modus bei eingeschaltetem Gehirn zu wechseln. Ich möchte damit nicht sagen, dass der Jagdmodus schlecht ist; er macht einen großen Anteil des Wesens unserer Hunde aus. Es geht einfach darum, dem Hund das Umschalten beizubringen, damit er auch in einer Umgebung, die seinen Jagdinstinkt weckt, auf uns hören kann. Wie viele Hunde, insbesondere Border Collies, haben Sie schon gesehen, die nicht an Startlinie stehenbleiben können, da sie bereits beginnen, mit gesenktem Kopf langsam auf das erste Hindernis zuzuschleichen, bevor ihr Hundeführer ihnen das Signal gegeben hat?

Ich arbeitete auch mit einer bezaubernden Border Collie-Hündin, die eine Phobie vor dem Tisch entwickelt hatte. Sie war körperlich korrigiert worden, weil sie sich nicht hinlegen wollte. Ihre Hundeführerin erzählte mir die Geschichte, sie hätte sich immer automatisch hingelegt, bis sie eines Tages plötzlich das Hinlegen verweigerte. Ich wusste, dass hier einige Teile des Gesamtbildes fehlten. Ich fragte gezielt nach dem Erstarren der Hündin, da ich das Gefühl hatte, ihr Problem könnte ein Feststecken in dieser geduckten Haltung sein. Dieses Verhalten hatte ich bereits oft gesehen und wusste, dass es von den Hundeführern häufig fehlinterpretiert wird.

Die Hundeführerin konnte sich unter dem Begriff Erstarren nichts vorstellen, also fragte ich sie, ob ihre Hündin sich beim Anblick eines Tennisballes schnell hinlegen könne oder ob sie sich ducken und anschleichen würde. Die Hundeführerin holte einen Ball und sobald die Hündin ihn sah, wurde sie zum perfekten Beispiel für das, was ich als Erstarren bezeichne. Ihr in diesem Zustand das Signal zum Hinlegen zu geben, bewirkte gar nichts. Ich erklärte, dass die Hündin genau dieses Verhalten auf dem Tisch zeigte. Mit Hilfe meiner Methoden für den Umgang mit dem Erstarren (Kapitel 37) brachte ich sie dazu, sich zuerst in der Nähe ihres Balls hinzulegen, sich anschließend auch zu legen, während ihr Ball auf dem Boden hin- und herbewegt wurde und das Verhalten schlussendlich auf dem Tisch zu generalisieren.

Das Gesamtbild gehört immer dazu

Wenn wir im Training das Gesamtbild aus den Augen verlieren, wird der Nachrichtenweg unterbrochen. Immer noch springen viele Leute – Trainer und Schüler – schnell auf folgenden Zug auf: »Er ist ungehorsam / respektlos / dominant, und Sie müssen die Führung übernehmen und ihn dazu zwingen«. Denken Sie darüber nach, wie kontraproduktiv dieses Denken im Zusammenhang mit Rumors Geschichte oder der Geschichte der Hündin auf dem Tisch ist. Falls Ihr Hund Ihre Anforderungen nicht erfüllt, treten Sie *bitte* ein Stück zurück, um das Gesamtbild zu betrachten. Sie werden vielleicht überrascht sein, was er Ihnen wirklich mitteilen möchte. Lassen Sie nicht zu, dass Ihre Emotionen, Erwartungen, Frustrationen und Verlegenheit (»Jeder in der Klasse konnte sehen, dass sie sich geweigert hat, auf den Tisch zu springen!«) den Blick auf Ihren Hund versperren. Wenn Sie all Ihre Urteile, Ängste und Unterstellungen (»Er sollte …«) loslassen können, sind Sie auch in der Lage, einen Schritt zurückzutreten und die beteiligten Variablen objektiver zu beurteilen, so wie ein Wissenschaftler Ihre Situation betrachten würde. Auf diese Weise erkennen Sie, wie Sie Ihr Training und die Umgebungsbedingungen so anpassen können, dass sie eine fairere Lernumgebung für sich und Ihren Hund schaffen.

Training ist eine Zwei-Wege-Kommunikation, und wenn Ihr Hund auf eines Ihrer Signale nicht in der gewünschten Weise reagiert, ist das eine wichtige Rückmeldung für Sie. Wenn Sie vergessen, dass das Training eine Zwei-Wege- Kommunikation ist und Ihrem Hund Vorschriften machen, ohne auf seine Antwort zu achten, werden Sie sich frustriert und unausbalanciert fühlen. Verlangen Sie nicht von Ihrem Hund, Ihnen zuzuhören, wenn Sie es nicht im Gegenzug ebenfalls tun!

36 Wie finden Sie den richtigen Agilitylehrer?

Haben Sie es schon erraten? Den perfekten Sporthundwelpen-Lehrer kennen Sie bereits. Die Chancen stehen gut, dass er in diesem Augenblick mit großen Augen vor Ihnen sitzt in der Hoffnung, Sie legen jetzt das Buch zur Seite und spielen mit ihm. Vielleicht schläft er auch auf ihren Füßen. Vergessen Sie niemals: Ihr Welpe weiß bereits den besten Weg, auf dem er das Training und unseren Sport kennenlernen sollte, und sein Verhalten gibt Ihnen kontinuierlich Rückmeldung über Ihr Training, wenn Sie Ihre Augen offen halten.

Die Suche nach einem menschlichen Lehrer erweist sich hingegen oft als schwierig. Ich habe, eventuell genau wie Sie, schon oft die Erfahrung gemacht, mich gegenüber meinem Lehrer nicht behaupten zu können, selbst wenn ich bei meinem Hund irgendetwas geändert habe. Es gibt eine mysteriöse Balance zwischen dem Respekt gegenüber der Erfahrung und Position des Lehrers und dem Wunsch, für die Rechte unseres

Welpen einzustehen, wenn es angebracht ist. Als ewiger Student finde ich es besonders wichtig, mich gut mit meinen Lehrern zu verstehen. Ich wähle inzwischen sehr sorgfältig aus, wem ich meine Hunde anvertraue. Ich *will* nie wieder in eine Situation kommen, in der ich »Probleme mache«, wenn ich meine Gefühle oder Meinung äußere, ganz besonders mit einem Welpen, der neu im Training ist.

Ich habe lieber einen weniger sportorientierten Lehrer, der sich die Zeit nimmt, zuzuhören, mich kennenzulernen und das Unterrichten als das betrachtet, was es sein sollte: einen ko-kreativen Prozess der Kommunikation und Verbindung zwischen Lehrer und Schüler, genauso, wie es zwischen Ihnen und Ihrem Welpen sein sollte. Beim Unterrichten geht es darum, eine Beziehung aufzubauen. Sie müssen in der Lage sein, Ihrem Lehrer zu vertrauen, genauso wie Ihr Welpe Ihnen vertrauen können muss. Um Sie zu unterrichten, braucht der Trainer bestimmte Fähigkeiten. Um Ihren Hund zu einem erfolgreichen Sportler auszubilden, benötigt er andere Fähigkeiten. Ein guter Agilitytrainer ist in beiden Bereichen kompetent.

Das bringt mich zurück zum integrativen Training. Die besten Lehrer sind diejenigen, die das Konzept des integrativen Trainings verinnerlicht haben, auch wenn sie es vielleicht nicht so bezeichnen. Kein Lehrer kann über alle Fähigkeiten verfügen, um Ihnen bei jedem einzelnen Puzzleteil zu helfen. Ich kann es mit Sicherheit nicht. Ich bin kein Experte darin, Bewegung zu beurteilen, Entzündungen zu erkennen – und in der Körperarbeit … Ich bin gut in den mentalen / emotionalen Bereichen. Natürlich weise ich meine Schüler immer auf die Wichtigkeit der physischen Komponente hin; ich bringe ihnen einfache TTouch-Berührungen bei und betrachte gemeinsam mit ihnen die Bewegungen und den Körper ihres Hundes, um sie zu motivieren, mehr darüber lernen zu wollen. Außerdem gebe ich ihnen die Mittel an die Hand, ihren eigenen Weg zu einem gut integrierten Trainingsprogramm zu finden.

Ich hasse es, mich an die folgende Geschichte zu erinnern, aber ich möchte sie dennoch trotzdem gerne mit Ihnen teilen. In dieser Geschichte geht es um meinen Tervuren Rumor. Ich hatte große Ambitionen für ihn. Er sollte ein hervorragender Turnierhund werden: mein erster OTCH- / MACH- / ADCH- / Wie-auch-immer-Sie-es-nennen-wollen-Hund. Ich war so begeistert darüber, ihn endlich zu haben, und brachte ihm von Beginn an viele Dinge bei. An dieser Stelle sollte ich erwähnen, dass ich mit jedem Welpen dazugelernt habe und jedes Mal *weniger* mache als mit dem vorherigen Welpen. Ich fühle nicht länger den Druck, meinen Welpen auszubilden, als ob es einen vorgeschriebenen Zeitplan oder einen Preis am Ende gäbe; als müsse er in der Nanosekunde, in der er startberechtigt ist, auch turnierfähig sein.

Ru und ich hatten viel Spaß daran, gemeinsam Dinge zu lernen. Er war der erste Welpe, den ich von Anfang an mittels Shaping ausgebildet habe, und er kannte eine Menge netter Clickertricks. Er hielt sich für außerordentlich clever, genauso wie ich. Er genoss es außerdem, die Einsteigerübungen im Agilityverein zu trainieren, durch Tunnel zu rennen usw. Die Probleme begannen erst, als er für das ernsthafte Sprungtraining alt genug war. An diesem Punkt konnte er bereits eine Sequenz von 40 cm-Sprüngen ohne Probleme und mit Spaß bewältigen.

Ich begann, Einzelstunden mit Ru zu nehmen. Die Lehrerin erhöhte den Sprung auf 55 cm und Ru verweigerte zum ersten Mal einen Sprung. Sie gab ihm das Signal zum Sitz, welches er befolgte. Dann schickte sie ihn erneut zum Sprung, den er wieder verweigerte. Das wiederholte sich noch einige Male, bis er in eine offene Box rannte. Er ließ mich mit offenem Mund zurück. Ich hatte bei ihm noch nie ein solches Meideverhalten gesehen.

Es kam mir nicht in den Sinn, ein physisches Problem könnte die Ursache sein. Die Trainerin schrieb es der Tatsache zu, dass er verdorben war, dass er ein Tervuren war, dass er glaubte, Ungehorsam würde keine Konsequenzen haben, weil ich ihm alles durchgehen ließ etc. Sie wollte ihm zeigen, dass es keine Option war, auf ihre Anweisung nicht zu reagieren. Und ich war durch meinen eigenen Stolz gehemmt. Ich wollte ihr beweisen, mit ihm gute Arbeit geleistet zu haben. Ich wollte sie beeindrucken, und ich war durch seine Reaktion gedemütigt. Ich hatte Angst, dass es plötzlich schwierig werden würde, ihn zu trainieren; dass die Leute im Verein über uns reden und mich verurteilen würden usw. Ich war so sehr in meinem eigenen Ego und meinen Befürchtungen gefangen und mir entging komplett, was Ru mir eigentlich mitteilte.

So ging es über mehrere Monate während unserer Unterrichtsstunden weiter. Ru begann vor mir davonzulaufen, wenn wir die Sprungfolgen trainierten, und setzte sich an die Eingangstür. Ich rief ihn zurück und wir machten weiter. Eigentlich wollte ich gerne Reißaus nehmen und mit ihm spazierengehen. Ich hatte ein schlechtes Gefühl dabei, zur Strafe weiter mit Ru Agility zu trainieren, wenn er zu mir zurückgekommen war, obwohl er sich doch eigentlich nichts sehnlicher wünschte, als das Gebäude zu verlassen.

Zu der Zeit hatte ich bereits eine andere Trainerin, die ein Problem damit hatte, wenn ich als Reaktion auf sein Davonlaufen irgendetwas anderes machte als weiterzuarbeiten. Das bereitete mir große Bauchschmerzen, aber ich tat es dennoch.

Ru wurde noch schwieriger auf der A-Wand und dem Laufsteg und verweigerte diese Geräte. Ich verbrachte unendlich viel Zeit damit, ihn für das Spielen auf Brettern zu belohnen. Ich stellte einen Laufsteg ins Wohnzimmer und fütterte ihn darauf. Ich verschwendete viel Zeit damit, so reaktiv zu sein und war so überfokussiert darauf, was er nicht tat, dass ich nicht bemerkte, was er mir mitteilte. Er sagte mir, dass er Schmerzen hatte.

Letztendlich brachte ich ihm bei, den Laufsteg und die A-Wand zu überqueren und wurde total aufgeblasen, so zufrieden war ich mit mir selbst und meiner brillanten Leistung. Und einmal fing Ru an, selbständig die Geräte zu springen, während ich herumstand und mich mit meiner Trainerin unterhielt. Er begann wieder wie der Hund auszusehen, den ich kannte, wenn wir alleine waren: der zufriedene, fröhliche, zuversichtliche Hund, den meine Lehrer niemals zu Gesicht bekommen hatten und daher bezweifelten, dass er existierte. Die Trainerin wurde ärgerlich, weil ich ihn dafür belohnte, aus eigenem Antrieb über die Hürden zu springen. Sie verbat mir sogar, ihn anzusehen, da dies zu belohnend für ihn sein würde. Ehrlich gesagt wollte ich ihn nicht an die Leine nehmen, um ihn daran zu hindern, denn seine Angebote zeigten mir, dass er sich wirklich sicher fühlte. Ich konnte ihr Verlangen nach Signalkontrolle nachvollziehen und natürlich sollte er eines Tages lernen, die Geräte nur auf Signal zu betreten. Aber ich war der Meinung, dass Ru sich freiwillig mit den Geräten beschäftigte, stelle alles andere in den Schatten. Ich bin immer noch überzeugt davon, dass ich damit in der Theorie vollkommen richtig lag. Aber meine Trainerin hatte im praktischen Sinne Recht: Rumor lief auf eine Wippe, hielt sie aber vermutlich für einen Laufsteg. Er rechnete nicht mit dem Kippen und fiel vollkommen traumatisiert von der Wippe.

Ich musste mit dem Laufsteg und der A-Wand komplett von vorne beginnen. In der Zwischenzeit rannte Ru während der Unterrichtsstunden wieder zur Tür. Er lief nicht dorthin, wenn ich ihn alleine trainierte, und zuhause war er beim Training vollkommen zufrieden. Aber während der Unterrichtsstunden stand ich sehr unter Druck: Ich wollte, dass Ru Leistung zeigte und mich gut aussehen ließ, und die Trainer forderten von ihm viel mehr als ich es getan hätte.

Eines Tages stolperte Rumor über seine eigenen Hinterbeine, während er mit dem Golden Retriever unserer Nachbarn spielte, und fiel hin. Über die nächsten Tage beobachtete ich ihn alarmiert genau. Er stürzte noch ein paar weitere Male. Ich fühlte mich, als ob ich eine heiße Bleikugel geschluckt hätte. Und ich war nicht paranoid: Mein schlimmster Albtraum zu dieser Zeit drohte wahr zu werden.

Es wurde eine seltene lumbosakrale Erkrankung bei Ru diagnostiziert, die mit der Zeit schlimmer werden würde. Zum Zeitpunkt der Diagnose war er 18 Monate alt. Ich weiß nicht, ob die Symptome sich durch das Agilitytraining schneller gezeigt hatten oder nicht. Die Orthopädin erklärte mir, dass jede Überstreckung der Lendenwirbelsäule Schmerzen verursachte. In meinen eigenen Worten sagte sie: »Überstreckung bedeutet, dass er Schmerzen hat, sobald er höher als 40 cm springt. Kein Wunder, dass er davongerannt ist, als die Sprünge erhöht wurden. Warum haben wir nicht auf ihn gehört?«.

Ru ist inzwischen acht Jahre alt und hat ein Leben voller Chiropraktik, Akupunktur, Massagen sowie chinesischer und westlicher Medizin hinter sich. Er ist ein grandioser Gefährte und ein sehr intuitiver Junge, der als Therapiehund für meinen an Alzheimer erkrankten Nachbarn dient. Ich werde niemals herausfinden, wieviel von seinem Unbehagen in den Agilitystunden emotional oder physisch bedingt war. Ich vermute, ihm waren der Laufsteg und die A-Wand unheimlich, weil er keine gute Balance und kein Gefühl für seine Hinterhand hatte und sich daher nicht sicher fühlte. Und der Sturz von der Wippe bestätigte ihm mit großer Wahrscheinlichkeit die Gefahr durch Laufstege. Ich erkannte erst viel später, dass Ru das Gefühl für seine Hinterhand fehlte. Meine Lehrer, die generell effektive und erfahrene Turniersportler waren, bemerkten es ebenso wenig.

Nach dem Ende seiner Möchtegern-Agility-Karriere behauptete eine Freundin, Ru würde auch die Wippe bewältigt haben, wenn ich darauf bestanden hätte. Die Wippe war das einzige Gerät, bei dem er keine zuverlässige Leistung gezeigt hatte, bevor er in den Ruhestand gegangen war. Sie blieb weiterhin so etwas wie mein »weißer Wal«, und ich fragte mich, ob ich sie ihm hätte beibringen können.

Eines Tages verbrachte Ru die Zeit mit mir im Trainingsgebäude und auf dem Boden lag eine auseinandergebaute Wippe, die nur minimalen Bewegungsspielraum hatte. Meine Freundin war sich sicher, sie könne Ru dazu bringen, auf die Wippe zu gehen. Sie wollte damit beweisen, dass ich ihn zu sehr verhätschelte. Anscheinend war ich an diesem Tag vollkommen von Sinnen, denn ich ließ es zu. Ru liebte diese spezielle Freundin und wollte gerne Zeit mit ihr verbringen und Leckerchen verdienen, also durfte sie es ausprobieren. Sie setzte Ru freundlich, aber bestimmt auf die Wippe und versuchte ihm zu zeigen, dass die Wippe ungefährlich sei und dass er auch nicht damit durchkommen würde, sich nicht zu fügen. Sie war sich ihrer selbst so sicher, dass sie nicht auf Ru achtete. Ich sah seine aufsteigende Panik, aber es war zu spät. Er drehte durch, riss sich von ihr los und rannte davon. In diesem Moment fand ich endlich die innere Stärke, die ich brauchte, um *Nein* zu sagen zu all den wohlmeinenden Leuten und Trainern, die glaubten, es besser zu wissen als ich.

Ich bin ziemlich gut darin geworden, meinen Hund zu lesen, ihn auf einer physischen, mentalen und emotionalen Ebene zu respektieren und sicherzustellen, dass seine Bedürfnisse erfüllt werden. Hunde sind nicht eindimensional und ihr Training sollte es auch nicht sein. Körper und Geist sind nicht voneinander getrennt und wenn Sie das eine »trainieren«, beeinflussen Sie auch das andere. Was der Körper Ihnen mitteilt, hilft Ihnen dabei zu verstehen, wie Sie den Geist trainieren können, wenn Sie wirklich hinsehen.

37 Ihr Welpe verdient ein maßgeschneidertes Training

Die erfolgreichsten Trainer sind kreativ und flexibel und in der Lage, sich in jedem Moment dem Hund anzupassen, mit dem sie gerade arbeiten. Feine Änderungen in Körpersprache und Druck können einen großen Unterschied machen.

Manche Trainer passen sich unbewusst an, weil ihnen die Kommunikation mit Tieren von Natur aus liegt. Andere müssen es durch Beobachtung und Erfahrung lernen. In der Agilityszene imitieren wir gerne unsere erfolgreichsten Hundeführer und trainieren unsere Hunde so, wie diese ihren letzten Champion ausgebildet haben. Das ist natürlich sinnvoll, wir sollten uns aber immer bewusst sein, dass unsere besten Hundeführer wissen, wie sie sich jedem Hund anpassen können, selbst wenn diese Anpassung für Außenstehende unsichtbar ist. Und bei der Arbeit mit Ihrem Hund würde einer dieser Hundeführer vielleicht etwas anders vorgehen als mit seinem eigenen Hund. Auf Grund der unvermeidbaren Unterschiede der physischen und mentalen Fähigkeiten jedes einzelnen Hundes wird er selbst vielleicht auch seinen nächsten Hund anders trainieren als den vorherigen.

Meinen Hund Easy habe ich auf andere Weise aufgezogen als die anderen Welpen, denn schon im Alter von vier Wochen zeigte er mir seine spätere Persönlichkeit. Zwei Vorfälle sind mir dabei noch genau im Gedächtnis: Beim Ersten erkundeten die Welpen die Umgebung einer Welpenbox, aber Easy kletterte in die offene Box hinein, um sie sich anzuschauen. Ich wollte ihn streicheln und streckte meine Hand in der Box nach ihm aus. Er sprang bellend zurück. Es war das erste Bellen, das ich von ihm hörte, und vermutlich auch sein erstes Bellen überhaupt. Ich sagte zu mir selbst: »So wird er später bei Furcht reagieren«. Er wird sich lautstark äußern, während er sich rückwärts von dem Reiz entfernt – das ist genau das, was er macht, wenn er verängstigt ist.

Der zweite Vorfall ereignete sich, als meine Züchterin den Welpen ihre ersten winzigen Stücke Markknochen gab. Alle Welpen – bis auf Easy – begannen Zerrspiele mit den Knochen und rannten damit herum. Easy zog sich mit einem harten Gesichtsausdruck und seinem Knochen in eine Ecke zurück und beobachtete die anderen. Als einer der anderen Welpen an seinem Knochen vorbeilief, knurrte er ihn an. Ich konnte ahnen, was uns bevorstand, aber ich hatte glücklicherweise bereits Erfahrung mit Ressourcenverteidigung. Es war interessant, diese Verhaltensweisen bereits bei einem Meerschweinchen-großen Welpen zu sehen.

Im Wurf war Easy sehr auf Menschen fokussiert und spielte nicht viel mit den anderen Welpen. Er beschäftigte sich mit seinen eigenen Dingen, während die anderen miteinander herumtollten. Das änderte sich nicht; er wurde überfokussiert auf mich und beobachtete jeden meiner Schritte. Er war in gewissem Sinne ein »Fügen Sie einfach Wasser hinzu«-Welpe. Er brauchte niemals Aufmerksamkeitstraining; wir spielten niemals das »Mach mal Pause«-Spiel oder arbeiteten in der Box. Er lernte die Dinge so schnell, dass er schon bei der nächsten Aufgabe war, wenn ich noch mit der vorherigen beschäftigt war. Er verbrachte den Tag damit, mich mit liebenden Augen anzustarren und darauf zu warten, welche tolle Aktivität wir als nächstes machen, und er verbrachte die Nächte mit dem Kopf auf meiner Schulter. Aber er stellte mich, als er jung war, auch vor viele Aufgaben.

Da seine Sozialisierung im Bezug auf andere Hunde eher schwach und seine Tendenz zur Ressourcenverteidigung groß war, hatte er von Anfang an Hund-zu-Hund Probleme. Meine damalige Assistentin Kienan brachte ihren Pittbull Welpen Scorch mit, der ungefähr in Easys Alter war. Scorch hatte eine sehr entspannte »Hey, Kumpel, möchtest du ein Bier?«-Persönlichkeit, die sich auch nicht änderte, als er älter wurde. Sein bodenständiger Charme wirkte auf Easy allerdings nicht. Dieser war hochgradig darüber empört, dass ein anderer Welpe es wagte, Spaß in seiner Gegenwart zu haben, und er hatte kein Problem damit, Scorch zu zeigen, dass nicht einmal im selben Universum Platz für ihn wäre.

Kurz danach brachte meine Freundin Diane ihren Welpen, Easys Wurfbruder Spirit, für ein Wiedersehen vorbei. Easy war genauso aufgeregt wie immer, Diane zu sehen und bemerkte Spirit kaum, bis dieser die Frechheit besaß, in eine kleine Schlammpfütze zu springen. Easy stürzte sich knurrend und schnappend auf ihn, um ihm klarzumachen, dass das seine Schlammpfütze sei und wie er es überhaupt wagen könne, darin zu spielen?

Zu dieser Zeit begann auch die Welpenstunde, die Spirit und Easys Bruder Snitch besuchen wollten. Ich entschied mich dafür, mit Easy nicht an der Welpenstunde teilzunehmen, um ihm keine weitere Möglichkeit zu geben, andere Welpen herumzukommandieren. Ich war mir sicher, er könne auch anders lernen, sich ohne Leine in der Nähe von anderen Hunden auf mich zu konzentrieren, was für mich einer der Hauptgründe für die Teilnahme an der Welpenstunde ist. Der andere Aspekt ist die Sozialisierungszeit. Ich glaubte keine Sekunde, dass Easy die anderen Welpen plötzlich lieben würde, nur weil sie in der Welpenstunde gemeinsame Zeit verbrachten. Obwohl einige meiner Freunde davon überzeugt waren, dass ich einen Fehler machte und ihn nicht genug mit anderen Welpen bekanntmache, habe ich die Entscheidung niemals bereut oder hinterfragt.

Ich erstellte einen Plan, der nach meinem Gefühl Easy dabei helfen würde, zu lernen, was nötig war: nämlich dass »Hunde manchmal passieren« und er weiter in Ruhe und ohne auf sie zu reagieren mit mir arbeiten kann. Ich fragte einige Freunde mit erwachsenen Border Collies um Hilfe, deren Hunde mehr am Frisbeespielen als an anderen Hunden interessiert waren. Diese Freunde kamen mit ihren Hunden zu Besuch, um in meinem Garten Frisbee zu spielen, während Easy an der Leine neben mir saß und ihnen einfach zusah. Easy lernte dabei, dass es keine große Sache ist, wenn fremde Hunde in unserem Garten sind. Als er sich damit wohlfühlte, begann ich ebenfalls mit ihm zu spielen, während meine Freunde zu Besuch waren. So lernte er, dass es keinen Grund gab, sein Spielzeug zu bewachen, da der andere Hund mit seinem eigenen Spielzeug beschäftigt war und sich nicht für ihn interessierte.

An einem dieser Tage ließ der Border Collie Quiz meiner Freundin Lynn sein Frisbee ein paar Meter neben einem Stuhl liegen, unter dem er eine Pause machte. Easy schlich sich an das Frisbee an und legte sich wie ein Spiegelbild von Quiz auf die andere Seite. Während ich dieses Border Collie-Standbild mit beiden Hunden in exakt derselben Entfernung zum Frisbee betrachtete, hörte ich auf mir Sorgen darüber zu machen, wie Easy als Erwachsener sein würde. Ich bin froh darüber, dass ich ihn von Anfang an so akzeptiert habe, wie er ist, ohne ihn zu einem Hund »machen« zu wollen, der so ist wie die anderen Welpen. Es wäre weder ihm noch den anderen Welpen gegenüber gerecht gewesen.

Zu dieser Zeit hatte ich zwei unterschiedliche Regelstrukturen für Hundebegegnungen auf der Straße und in unserem Garten. Die eingeladenen Hunde waren handverlesen, und Easy konnte mit der Zeit lernen, in ihrer Nähe mit mir und später auch mit den anderen Hunden zu spielen. Während dieses Prozesses entdeckte er, dass er es sogar mochte, mit fremden Hunden zu spielen, vor allem mit weiblichen Border Collies und Shelties, die in meinem Freundeskreis weit verbreitet waren.

Andere Hunde auf der Straße zu treffen, war hingegen ein vollkommen anderes Thema. Easy fühlte sich unwohl dabei, fremde Hunde zu sehen, wenn wir auf unserer Gassi-Runde oder im Park waren, also spielte ich mit ihm von Anfang an das »Guck mal da«-Spiel. So lernte er, dass Hunde auf Spaziergängen ein Umgebungssignal dafür sind, sich für ein Leckerchen zu mir zu orientieren. Er lernte, dass er diese Hunde dafür nutzen konnte, das Spiel mit mir zu spielen und hörte auf, sie als Bedrohung zu sehen.

Das »Guck mal da«-Spiel war extrem wichtig für uns, als Easy klein war. Nicht nur der Anblick von fremden Hunden beunruhigte ihn, sondern auch Leute, die sich »nicht an die Regeln hielten«. Nach Easys Regeln mussten die Leute an ihm vorbei gehen, ohne ihn anzusehen, und sie durften auf keinen Fall plötzlich etwas tun, das in seinem »Wie Menschen sich zu verhalten haben«-Regelbuch nicht festgeschrieben war.

Jeden Tag sahen die Menschen auf unseren Spaziergängen sein süßes weißes Gesicht mit den intensiven blauen Augen und starrten ihn an. Manche riefen ihn oder kamen direkt auf uns zu. Ihn anzustarren und / oder auf ihn zuzugehen war zu viel Druck für Easy, und er reagierte darauf mit Bellen, in die Leine springen und Zurückweichen, ein Ausdruck seiner Angst und seiner widersprüchlichen sozialen Gefühlen. Daher lernte er bereits sehr früh zwei alles entscheidende Dinge:

- Ich lasse es nicht zu, dass fremde Leute ihn anfassen oder belästigen. Daher muss er sich keine Sorgen wegen fremder Leute machen.

- Bei jeder »Regelverletzung« kann er mich auf diesen Verstoß hinweisen und bekommt dafür eine Belohnung.

Die Leute fanden scheinbar jede Woche neue und aufregende Möglichkeiten, um gegen die Regeln zu verstoßen. Easy gewöhnte sich an Jogger und blieb vollkommen ruhig und gefasst, wenn Leute plötzlich an uns vorbei rannten, bis eines Tages ein Jogger neben uns anhielt, um sich zu dehnen. Von Joggern wurde erwartet, dass sie an uns vorbeilaufen, und nicht, dass sie anhalten um sich zu dehnen! Also reagierte er darauf. Die nächsten Tage verbrachte ich damit, ihm zu erklären, dass er auch Leute bei ihren Dehnübungen dafür nutzen konnte, das »Guck mal da«-Spiel mit mir zu spielen, bis er absolut entspannt und gefasst in ihrer Gegenwart bleiben konnte. Und dann starrte ihn jemand mit einer Angelrute in der Hand an. Wir hatten bereits eingeführt, dass Leute mit einer Angelrute in der Hand nichts anderes als »Guck mal da«-Gegenstände sind, genauso wie starrende Leute, aber diese beiden Regelverstöße in Kombination waren wieder eine neue Sache.

Als er sich auch daran gewöhnt hatte, trafen wir eines Tages Menschen, die auf einer Bank an einer Weggabelung saßen. Menschen war es offenbar nicht erlaubt, auf Bänken zu sitzen. Es wurde von ihnen erwartet, dass sie joggen, sich dehnen oder ihn mit einer Angel in der Hand anstarren, aber auf keinen Fall, dass sie herumsitzen. Also musste ich ihm auch das erklären – eine neue Möglichkeit für das »Guck mal da«-Spiel.

Erwähnte ich bereits, dass Easy absolut alles bemerkt? Viele Hunde – besonders aus Hütehundlinien – sind so, und er ist keine Ausnahme. Das »Guck mal da«-Spiel ist für diese Hunde ein grandioses Spiel, weil es ihnen die Möglichkeit gibt, alles was sie bemerken, in einer bekannten und strukturierten Weise mitzuteilen. Ohne diese Struktur können diese Hunde schnell zu Kläffern (»Frauchen! Ich hab was gesehen! Frauchen!!!«) oder ausgesprochen reaktiven Hunden werden. Mit dieser Struktur haben Sie das nötige Werkzeug an der Hand, um ihrem Hund zu sagen: »Ja, Du hast da etwas Neues bemerkt, aber unser gutes altbekanntes Spiel funktioniert auch in diesem Zusammenhang.« Einem Welpen wie Easy diese Nachricht vermitteln zu können ist entscheidend dafür, später nicht mit einem reaktiven ausgewachsenen Hund zu enden. Häufig ignorieren die Leute das Verhalten ihres Welpen oder bemerken es überhaupt gar nicht; andere wiederum bemerken es zwar, reagieren aber unangemessen (»Nein! Es ist inakzeptabel, den Mann mit der Angelrute anzubellen!«). Auf diese Weise eskaliert die Angst des Welpen beim Anblick von neuen Reizen unterwegs.

Während Easy lernte, mit den Hunden im Garten zu interagieren und angemessen auf Hunde und andere Dinge auf unseren Spaziergängen zu reagieren, lernte er ebenfalls, dass es nicht notwendig ist, alle Ressourcen im Haus – inklusive meiner Person – vor anderen Hunden zu verteidigen. Ich brachte ihm mittels Clickertraining bei, einige Schritte zurückzutreten und sich zu setzen, während ich einen anderen Hund streichelte. Ohne diese Struktur neigte er dazu, sich zwischen uns zu drängen und dem anderen Hund klarzumachen, dass er selbst als einziger Hund von mir gestreichelt werden darf. (Ich hätte ihm auch beibringen können, sich auf seine Decke zu legen, wenn meine anderen Hunde zu mir kommen, aber ich nahm seine Ressourcenverteidigung als Shaping-Herausforderung an.) Er musste lernen, darauf zu warten, bis er an der Reihe ist, und dass alle Hunde im Haushalt ihr eigenes Spielzeug und ihre Knochen behalten dürfen. Ich musste diese Übungen gezielt aufbauen und kontrollieren, weil meine drei erwachsenen Hunde Easy niemals dafür korrigierten oder bestraften, wenn er ihnen etwas wegnahm oder die Grenzen überschritt. Wenn er auf sie zu stolzierte, nahmen sie Blickkontakt mit ihm auf und ignorierten ihn. Sie waren darauf trainiert mich anzusehen, um weitere Anweisungen zu erhalten, statt direkt auf die Umgebung zu reagieren, und sie hatten dieses Konzept offensichtlich übergeneralisiert! Also verbrachte ich viel Zeit damit, Ressourcen zu verwalten.

Auch ohne dass sie ihm mitteilten, wenn er zu weit gegangen war, lernte Easy großartige soziale Fähigkeiten von meinen anderen Hunden, die von der ersten Sekunde an mit ihm interagierten. Auch das war entscheidend dafür, wunderbares Spielverhalten zu lernen und seine sozialen Signale zu verfeinern. Auf diese Weise konnte er zu dem Hund heranwachsen, der er heute ist, der in der Lage ist, seine Körpersprache auf verschiedene Persönlichkeitstypen anzupassen, und der Unbehagen oder Missbilligung mit einem leichten Nasenkräuseln signalisieren kann, ohne diese Nachricht reaktiv oder aggressiv vermitteln zu müssen. Viele Leute erlauben ihren Welpen nicht, mit den erwachsenen Hunden zu spielen, aber das ist einfach nicht meine Art. Für mich war es ein Gottesgeschenk, dass die anderen Hunde mir dabei geholfen haben, aus Easy einen sozialverträglichen Hund zu machen.

Ich hoffte, Easy würde zu einem Hund heranwachsen, der in der Nähe von anderen Hunden in Ruhe spielen und arbeiten kann, ohne reaktiv zu werden. Easy hat meine Erwartungen weit übertroffen, indem er zu einem sehr sozialen Hund geworden ist, der gerne mit anderen Hunden spielt (Natürlich nur, wenn diese vorher sein Regelbuch gelesen haben! Das sollte an dieser Stelle nicht mehr erwähnt werden müssen.) Ich erzähle hiervon auch meinen Schülern mit Border Collies, die andere Hunde nicht besonders mögen. Das ist so verbreitet unter Border Collies – besonders Hündinnen –, dass wir dafür inzwischen sogar eine eigene Bezeichnung haben – BCBS (Border Collie Bitch Syndrome). Aber wir haben diese Hunde letztendlich nicht, damit sie Spaß daran haben, mit anderen Hunden zu spielen, oder? Wir haben sie, weil wir die Rasse mögen, und sie gut zu unseren Turnierhoffnungen passen.

Und trotzdem bringen mir die Leute immer wieder zickige Border Collies in der Hoffnung, ich könne sie durch einen Wink mit meinem Zauberstab dazu bringen, andere Hunde zu lieben. Die Leute sind entweder damit unzufrieden, dass ihr Hund andere Hunde nicht genug mag oder dass er sie »zu sehr« mag und Aufmerksamkeitstraining benötigt. Es schockiert mich immer wieder, wenn ein Schüler mit einem sehr sozialen, hundeliebenden Border Collie zu mir kommt und sich darüber beschwert, dass sein Hund andere Hunde zu sehr mag. Ich frage ihn dann, ob ihm bewusst ist, wie neidisch die Besitzer von reaktiven Border Collies darauf sind. Wir können viel Zeit damit verschwenden, uns zu wünschen, dass unsere Hunde anders wären, anstatt sie zu schätzen, wie sie sind und mit dem zu arbeiten, was wir haben. Es ist absurd, wieviel Zeit wir verschwenden. Unsere Hunde sind nur für eine begrenzte Zeit in unserem Leben, und einige davon verlassen uns schon viel zu früh.

Die andere Herausforderung, vor die Easy mich stellte, war sein Erstarren. Das Erstarren ist ein großes Trainingshindernis und begegnet mir bei den Hunden meiner Schüler wieder und wieder – und häufig bemerken die Leute gar nicht, was vor sich geht.

Als »erstarrt« bezeichnen wir Border Collies oder andere Arbeitshunde, die in einem angeborenen Bewegungsmuster verharren und darin feststecken. Easy begann damit, an der Gartentür zu erstarren. Ich bringe meinen Hunden bei, sich im Rahmen des »Lass es«-Trainings von der Tür abzuwenden, bevor ich sie öffne. Dann gehen sie einer nach dem anderen durch die Tür, wenn ich sie nacheinander bei ihrem Namen rufe. Es wäre sonst zu chaotisch, wenn sie alle zeitgleich versuchten, sich wie eine Herde wildgewordener Büffel durch die Tür zu zwängen. Als Easy ein Welpe war, clickte ich ihn also dafür, sich von der Tür abzuwenden. Das war keine große Sache für ihn und er konnte es zuverlässig zeigen, bis er es eines Tages plötzlich nicht mehr dazu in der Lage war. Er kroch wie in Zeitlupe auf die Tür zu und starrte sie mit dem berühmt-berüchtigten Border Collie-Blick an, eine Vorderpfote leicht angehoben, eingefroren in der Pose seiner Ahnen vom Planeten BC. Das war offensichtlich nicht das Verhalten eines ungehorsamen Welpen, sondern eines Welpen, der den Aufenthalt im Garten mit den Spielzeugen und den Agility-Hindernissen verknüpft hatte, die sich dort befinden.

Als diese Verknüpfung erst einmal geschaffen war, versetzte ihn bereits der Anblick der Gartentür und der Gedanke daran, was ihn draußen erwarten würde, in den Jagdmodus. Denken Sie daran, die Leute tendieren dazu, sich auf den Jagdaspekt des Beutetriebes zu fokussieren, aber Border Collies wurden nicht dafür gezüchtet, Schafe zu jagen, sondern deren Bewegungen mit ihren Augen und subtiler Anwendung von Druck zu kontrollieren.

Das Erstarren kann die Leistung beeinflussen. Wir sollten deswegen niemals wütend auf unsere Hunde werden, auch wenn ich schon viele Leute gesehen habe, die es zur Weißglut getrieben hat. Sie können nicht anders, als so zu reagieren; der Teil ihres Gehirns, der ihnen mitteilt »Duck dich und fang an zu kriechen« wurde aktiviert, und diese Nachricht ist so laut, dass Ihre Signale nicht mehr zu Ihrem Hund durchdringen können. Wir können ihm aber beibringen, zurück zum »Click und Belohnung«-Teil seines Gehirns zu kommen. Es geht also nicht darum, ihm den Erstarrungs-Modus zu verbieten, was Ihnen nicht weiterhelfen wird, sondern darum, dem Hund beizubringen, zwischen den verschiedenen Zuständen hin- und herwechseln zu können.

Lassen Sie uns zurück zu Easy und der Tür kommen: Ich musste von vorne damit beginnen, ihm beizubringen, sich von der Tür abzuwenden, und habe dafür meine zwei Lieblingshilfsmittel für den Umgang mit Erstarren angewendet.

Leslies zwei Lieblingshilfsmittel für den Umgang mit Erstarren

Das Premack-Prinzip: Der größte Verstärker für Ihren Hund, um aus dem Erstarren herauszukommen und Ihnen seine Aufmerksamkeit zu widmen, ist das Signal dafür, sich wieder dem Reiz zuzuwenden, der zu dem Erstarren geführt hat. So funktioniert auch das Hüten der Schafe: »Du legst Dich auf Dein Signal hin, obwohl Du am liebsten das Schaf jagen würdest, also gebe ich Dir Zugang zu dem Schaf.«

Shaping: Einzelteile des Verhaltens zu verstärken, hilft dem erstarrten Hund dabei, Sie auch in diesem Nebel des Erstarrens zu hören, und dabei, das Bewegungsmuster schneller zu unterbrechen.

Ich öffnete die Tür einen Spalt und wartete auf den kleinsten Hinweis darauf, dass er den Kopf ein winziges Stück von der Tür weg bewegte. Das clickte ich und gab ihm das Stimmsignal dafür, durch die Tür zu gehen. Jedes Mal, wenn wir nach draußen gingen, wartete ich auf eine etwas deutlichere Bewegung weg von der Tür und in meine Richtung, bis Easy die komplette Kopfdrehung zeigte. An diesem Punkt fügte ich das Sitz hinzu. Dies war eine gute Hilfe, um ihn aus dem Erstarren herauszukommen, denn er musste seinen Körper auf eine andere Weise bewegen, als sein Instinkt es ihm vorschrieb. Er konnte nicht kriechen und schleichen, wenn er saß.

Dieser Prozess dauerte ein paar Wochen. Während dieser Zeit stellte er mich vor eine neue, ungewöhnlichere Herausforderung. In der Nähe der Tür war er wieder im Click- und Belohnungsmodus, wendete den Kopf ab und setzte sich hin; aber plötzlich fing er an, bereits im Wohnzimmer zu erstarren. Ich fand heraus, dass er immer, wenn er nach draußen gehen wollte, im Wohnzimmer in den Erstarrungsmodus verfiel. Es war etwas zermürbend, auf dem Sofa zu sitzen und ein Buch zu lesen, während der Hund sich so verhielt, als ob sich hinter dem Sofa eine Schafherde versteckte. Dann begann er damit, in seiner Box zu erstarren. Um hierfür den Grund herauszufinden, brauchte ich eine Weile. Ich hatte ihm beigebracht, in der Box zu sitzen und darauf zu warten, bis ich ihn herausrufe. Wenn ich das Haus für Besorgungen verlassen musste, musste er in die Box, und wenn ich zurückkam, ließ ich ihn wieder heraus. Immer wenn ich nach Hause komme, lasse ich als Erstes meine Hunde in den Garten. Easy erstarrte in seiner Box, sobald die Tür geöffnet war und konnte sich nicht mehr setzen. Ich stellte fest, dass er meine Heimkehr damit verknüpft hatte, in den Garten gelassen zu werden. Also musste ich das Verhalten in der Box genauso neu trainieren wie das Verhalten an der Tür.

In seiner Verwandtschaft finden sich einige Hunde mit einer Neigung zum Erstarren, und ich habe mit einer seiner Cousinen gearbeitet, bei der dieses Verhalten sehr stark ausgeprägt war. Diese Hündin erstarrte sofort beim Betreten des Gartens in der Erwartung, gleich würde ein Ball geworfen werden. Sie war nicht in der Lage, auf ihre Hundeführerin zu hören oder auf deren Signal zu reagieren – sie hoffte auf einen Ball. Ironischerweise hatte ihre Agilitylehrerin großen Wert darauf gelegt, Aufmerksamkeit über Zerrspiele zu trainieren, ohne zu bemerken, dass auch das Zerren diesen Zustand bei ihr auslöste. Das ist ein gutes Beispiel für einen Trainingsansatz, der für viele andere Hunde sehr gut funktioniert, aber eben nicht für diesen Hund. Ich ließ die Hundeführerin mit ihr an der Leine durch den Garten laufen, sporadisch unterbrochen vom Signal für die Blitzwendung. Sobald die Hündin den Kopf umdrehte, bekam sie ihr Freizeichen und konnte auf der Suche nach Bällen (die ich zuvor alle aus dem Garten entfernt hatte) durch den Garten kriechen. Nach einer Reihe von Einzelstunden konnte die Hündin sich auch ohne Leine auf ihre Hundeführerin konzentrieren. Wir fingen an, ihr ein paar »Lass es«-Verhaltensweisen in Gegenwart von Spielzeug beizubringen, damit sie das Lösen aus Erstarrungsmodus üben konnte. Natürlich wurde sie dafür nach dem Premack-Prinzip belohnt. Ich war entschlossen, es bei Easy gar nicht erst so weit kommen zu lassen, also legte ich während seiner Welpenzeit großen Wert darauf, an der Auflösung des Erstarrens zu arbeiten.

Der schwierigste Ort dafür war – und ist immer noch – in der Nähe von Wasser. Schwimmen ist nach wie vor seine liebste Beschäftigung, und ich gehe mit ihm, wenn möglich, fast täglich zu einem der Bäche und Flüsse im Park. Wir haben außerdem Zugang zu einem etwas weiter entfernt gelegenen See. Die meisten von Easys Übungen in Impulskontrolle, Rückruf und »Lass es«-Verhaltensweisen fanden am Wasser statt. Wenn Easy in der Nähe von Wasser ist, wird er unglaublich langsam und kriechend. Ich nahm meinen Clicker mit (er war nicht in der Lage in der Nähe von Wasser zu fressen, und ich hielt mich nicht damit auf, ihn dazu bringen zu wollen) und formte sein Kopfabwenden vom Wasser, um ihn anschließend schwimmen zu lassen. Ich versuchte nicht, ihn zu rufen, wenn er im Wasser war. Aber jedes Mal, wenn er zu mir sah, clickte ich und rief »Geh schwimmen«, und er schwamm weiter. Auf diese Weise wendete ich kontinuierlich das Premack-Prinzip an, während er im Wasser war.

Irgendwann rief ich ihn – im Vertrauen darauf, dass er ein Muttersöhnchen ist und nicht zurückgelassen werden will – aus dem Wasser heraus. Wenn er dann aus dem Wasser herauskam, schickte ich ihn in neun von zehn Fällen mit einem »Super! Geh schwimmen!« wieder zurück ins Wasser.

Später stellte ich fest, dass ihn sein Freizeichen »Okay« schneller aus dem Wasser holte als sein Rückruf-Signal, aus dem Grund, den ich in den vorherigen Kapiteln beschrieben habe. Ein »Okay« brachte ihn dazu, wie eine Rakete aus dem Wasser zu schießen, in der Hoffnung auf die Erlaubnis wieder zurückzurennen, die er normalerweise auch bekam.

Es brauchte Monate und einiges Kopfzerbrechen, bis Easy in der Lage war, sich in der Nähe von Wasser hinzusetzen und mich anzusehen. Es ist schwer, sich vorzustellen, wie schwierig es für diese Hunde ist, aus dem Erstarrungs-Modus herauszukommen, solange Sie nicht selbst einen schlimmen Fall erlebt haben.

Vor kurzem riet eine Trainerin einer meiner Schülerinnen, ihren Border Collie-Welpen nicht schwimmen zu lassen. Er verhielt sich genauso wie Easy, und sie hatte Angst, es würde auf irgendeine Weise die zukünftige Agilityleistung des Welpen beeinflussen. Ironischerweise war es eine der besten Entscheidungen, die ich jemals für Easy getroffen habe, die Rückkehr aus dem Erstarrungsmodus in den Click- und Belohnungsmodus in der Nähe von Wasser zu üben. Wenn er in der Nähe von Wasser auf mich hören kann, kann er es überall, egal was gerade passiert. Es war außerdem das Schwierigste, was ich ihm jemals beibringen musste, und dauerte am längsten. Aber für manche Welpen ist es absolut notwendig. Wenn Sie sich diese Zeit nicht nehmen, enden Sie am Ende eventuell mit einem dieser Hunde, die auf dem Tisch erstarren oder fünf Minuten brauchen, um auf eine Kontaktzone zu kriechen.

Unabhängig von der Ressourcenverteidigung, der Reaktivität gegenüber Leuten und Hunden, die sich nicht an seine Regeln hielten, und dem Erstarren, war es ein Traum, Easy aufzuziehen und zu trainieren. Aber die Schwierigkeiten, die zusätzliche Aufmerksamkeit erforderten, sind genau die Dinge, die andere Leute vor wirklich große Herausforderungen stellen. Es waren außerdem die Dinge, auf die die Besitzer von Easys Wurfgeschwistern keinen großen Fokus legten, und während sie die Zeit mit Agilitytraining verbrachten, spielte ich das »Guck mal da«-Spiel mit ihm. Besonders wenn die Wurfgeschwister Ihren Freunden gehören und alle gemeinsam aufgezogen werden, ist es schwer, die Welpen nicht miteinander zu vergleichen oder zu versuchen, den eigenen Welpen dazu zu bringen, mit den anderen Schritt zu halten oder besser zu sein als sie. Jeder Welpe braucht seine eigene Zeit für verschiedene Dinge und hat seine eigenen Bedürfnisse.

Während des Heranwachsens gab es viele Zeiten, an denen ich eine Pause vom Agilitytraining machte und mit Easy nur spazierenging. Ich hatte dann das Gefühl, alles ginge zu schnell. Ich musste mich daran erinnern, dass er nicht alles auf einmal können musste, und die Tatsache, dass eines seiner Geschwister etwas lernte, nicht automatisch bedeutete, dass er es umgehend auch lernen musste. Das war eine wertvolle Gelegenheit für mich, an meiner eigenen Zwanghaftigkeit und meinem eigenen Konkurrenzdenken zu arbeiten, und ich nutzte sie. Easy machte schnelle Fortschritte im Agility und qualifizierte sich in allen Disziplinen für die nächste Klasse nach nur sieben Turniertagen – jeder mit Platzierungen. Er war zu diesem Zeitpunkt zwei Jahre alt und vorher wollte ich mit ihm sowieso nicht an Turnieren teilnehmen. Letztendlich spielte es überhaupt keine Rolle, dass wir uns unsere Zeit genommen haben, und ich bin froh darüber.

38 Quintessenz

Testsystem

Nach meinem ersten Buch *Stressfrei über alle Hürden* habe ich dieses Testsystem in meinen Seminaren eingeführt. Ich möchte den Hundeführern damit eine Hilfestellung bei der Entscheidung geben, wann sie die Anforderungen erhöhen oder erniedrigen sollten, wenn sie mit einem Welpen in der Nähe einer Ablenkung arbeiten und sich nicht sicher sind, ob er schon mit ihr umgehen kann. Es hilft Ihnen dabei herauszufinden, ob sie einen Schritt vorwärts oder rückwärts gehen sollten.

Das Testsystem ist eine Reihe von fünf aufeinander aufbauenden Fragen an den Hund. Wenn Ihr Hund alle diese Fragen mit »Ja« beantworten kann, können Sie die Schwierigkeit steigern. Falls die Antwort auf *irgendeine* dieser Fragen »Nein« ist, müssen Sie die Bedingungen anpassen – beispielsweise etwas in der Umgebung verändern (Der Welpe ist nicht in der Lage »Guck mal zu dem Hund, der direkt auf Dich zurennt« zu spielen, aber er kann »Guck mal zu dem Hund, der neben Dir herrennt« spielen).

Hier sind die Fragen:

1. Kannst Du auf Deiner Decke liegen und Dich zu mir orientieren, wenn Du weißt, dass das »Ding« irgendwo »da draußen« ist? Falls Ihr Welpe nicht einmal dazu in der Lage ist, ist es nicht sinnvoll, von ihm irgendetwas Schwierigeres zu fordern, bevor Sie nicht etwas verändert haben. Bei all diesen Fragen gilt, wenn die Antwort »Ja« ist, können Sie mit der nächsten Frage fortfahren, falls die Antwort aber »Nein« ist, müssen Sie etwas verändern. *Verlangen Sie nicht von Ihrem Welpen, ein komplexes Verhalten in der Nähe des Dings zu zeigen, wenn er nicht einmal in der Lage ist, auf seiner Decke zu bleiben und Sie anzusehen.* Die Leute handeln die ganze Zeit so, dabei ist es eine Verschwendung der Energie aller Beteiligten und ein sicherer Weg, Ihren Welpen dazu zu bringen, »falsch« zu reagieren. Aus diesem Grund haben wir dieses Testsystem, damit Sie besser einschätzen können, wann Sie von Ihrem Welpen verlangen können, in der Nähe von etwas Ablenkendem, Aufregendem oder Beunruhigendem zu arbeiten.

2. Kannst Du »Guck mal da« von Deiner Decke aus spielen? (Eine gute Möglichkeit, an diesem Punkt auch etwas Biofeedback einfließen zu lassen!)

3. Kannst Du vor mir sitzen und Blickkontakt halten, während sich das Ding in etwas Entfernung hinter mir befindet? Der Welpe wird darauf mit »Ja« antworten, wenn er sich vor Sie setzt und Blickkontakt aufnimmt. Er wird darauf mit »Nein« antworten, wenn er versucht, das Ding an Ihnen vorbei oder durch Ihre Beine hindurch zu beobachten, sich gar nicht hinsetzen kann oder eine andere Variation davon zeigt.

4. Kannst Du aus der Fußposition heraus »Guck mal da« spielen? Falls die Antwort »Ja« ist, ist er bereit dazu, in dieser Umgebung, an einer Station zu arbeiten.

5. Kannst Du an dem Ding vorbeigehen, ohne Dich darum zu kümmern, dass es da ist? Sie können damit beginnen, mit Ihrem Welpen zu gehen. Wenn er mit Ihnen an dem Ding vorbeigehen kann und dabei entweder auf Sie fokussiert bleibt oder sich Ihnen nach einem kurzen Blick zum Ding wieder zuwendet, teilt Ihr Hund Ihnen damit mit, dass er für die Arbeit mit Ihnen in dieser Umgebung bereit ist.

Sie können die Fragen auch dadurch verändern, dass Sie das Ding in Bewegung versetzen – an einem bestimmten Punkt ist das Testsystem einfach nur ein weiteres Parallel-Spiel mit hohem Einsatz.

Zum guten Schluss

In diesem Buch habe ich Ihnen die Bausteine für eine nichtreaktive bewusste Aufmerksamkeit, für innere Kontrolle und für den Fokus beschrieben, die ich meinen Welpen beibringe. Mit diesen Grundlagen, die Sie und Ihren Welpen als Team unterstützen, können Sie lächelnd in die Zukunft schauen.

Ich hoffe, ich konnte Sie ermutigen und inspirieren, und ich wünsche Ihnen alles Gute auf Ihrer gemeinsamen Reise mit Ihrem Welpen. Trainieren Sie voller Freude, laufen Sie voller Freude, der Rest ergibt sich von selbst.

Literaturempfehlungen der Autorin

Donaldson, Jean: *Hunde sind anders…Menschen auch. So gelingt die problemlose Verständigung zwischen Mensch und Hund.* Franckh Kosmos Verlag, Stuttgart, 2. Aufl. 2009.

McConnell, Patricia B.: *Liebst du mich auch? Die Gefühlswelt bei Hund und Mensch.* Kynos Verlag, Nerdlen, 2. Aufl. 2012.

McConnell, Patricia B.: *Spielend Freunde werden. Richtiges Spiel für Hund und Mensch.* Kynos Verlag, Nerdlen, 2012.

McDevitt, Leslie: *Stressfrei über alle Hürden. Aufmerksamkeitstraining für Hunde.* Kynos Verlag, Nerdlen, 2012.

Rugaas, Turid: *Calming Signals – Die Beschwichtigungssignale der Hunde.* Animal Learn Verlag, Grassau, 2001.